37만 구독자 유튜버, 전병칠이 알려주는

찐초보 걸음마 전기

전병칠 지음

길벗

전병칠

– 고용정책학박사
– 전기기능장
– 직업능력개발훈련교사

현) (주)다산에듀 대표이사
현) 한국기술교육대학교 능력개발교육원 강사
현) 유튜브 크리에이터(채널명 '전병칠')
현) 서울소방학교 전기분야 외래교수

37만 구독자 유튜버, 전병칠이 알려주는

찐초보 걸음마 전기

초판 1쇄 발행 • 2021년 11월 1일 | **제2판 2쇄 발행** • 2025년 7월 15일
지은이 • 전병칠 | **발행인** • 이종원 | **발행처** • (주)도서출판 길벗 | **브랜드** • 길벗캠퍼스
출판사 등록일 • 1990년 12월 24일 | **주소** • 서울시 마포구 월드컵로 10길 56(서교동) | **대표 전화** • 02)332-0931 | **팩스** • 02)323-0586
홈페이지 • www.gilbut.co.kr | **이메일** • gilbut@gilbut.co.kr
기획 및 책임편집 • 신유진(backdoosan@gilbut.co.kr) | **표지·본문 디자인** • 강은경 | **제작** • 이준호, 이진혁
마케팅 • 박성용(psy1010@gilbut.co.kr) | **유통혁신** • 한준희 | **영업관리** • 김명자 | **독자지원** • 윤정아
편집진행 • 앤미디어 | **전산편집** • 앤미디어 | **CTP 출력 및 인쇄** • 금강인쇄 | **제본** • 신정제본

• 길벗캠퍼스는 길벗출판사의 IT대학교재 출판 브랜드입니다.

ISBN 979-11-407-0852-9 13560(길벗 도서번호 060113)
정가 20,000원

머리말

전기를 공부하고 싶은데, 전기가 어려워 보인다고요?

네. 그 마음을 충분히 이해합니다.

간단히 스위치로 전등을 켜는 것과 달리 전기의 흐름과 특징을 온전히 이해하려면 원자와 전자의 특성, 나아가 기계장치의 동작 구조까지도 알아야 합니다. 그리고 필연적으로 그 과정에서 수학적인 도구를 떼어낼 수 없으니 공부 결심이 서더라도 어디서부터 시작해야 할지 길을 찾는 것도 쉬운 일은 아닙니다.

저는 전기 공부 내용이 우리의 일상에서 크게 벗어나지 않는다는 것을 먼저 말씀드리고 싶습니다. 그래서 그 과정을 자세히 알고 나면 이론과 실무가 상호작용을 하면서 융합하는 즐거운 여정으로 느껴질 수 있을 것입니다. 그러기 위해서 이 책을 다음과 같은 장점을 갖도록 구성하였습니다.

첫째, 전기와 친근해지기 위해 꼭 알아야 할 용어가 편하게 다가갑니다.

함께 여정을 떠날 전기는 사용하는 용어가 다양합니다. 그 용어나 의미의 정확한 이해를 돕고자 하였으며 충분한 예시와 간결한 표현을 사용했습니다. 예를 들어 전압, 전류, 주파수와 같이 한자어나 딱딱한 용어들을 우리 일상의 물이나 놀이터의 그네로 비유하면서 초보자도 쉽게 단어의 뜻과 내용을 이해할 수 있도록 하였습니다.

둘째, 전기의 실무적이고 실용적인 내용을 충분히 담고 있습니다.

전기를 만드는 발전부터 보내고 받는 송·수전까지 실무적인 내용의 큰 그림을 이해할 수 있도록 내용을 구성하였습니다. 게다가 일상에서 자주 볼 수 있는 스위치, 차단기, 무선충전기까지 다양한 전기 기기의 원리와 역할을 기술적으로 이해하는 것도 가능하도록 내용을 담았습니다. 필요에 따라서는 예시 사진과 최신 법령들을 보여드리며 더 높은 이해를 위해 QR코드로 동영상 설명까지 곁들였습니다.

이 책으로 말미암아 전기를 더 넓고 깊게 이해하기를 바라며, 무엇보다도 전기를 처음 알고 공부하려는 분들께 전기가 조금더 친근하게 다가오기를 진심으로 바랍니다. 마지막으로 이 책이 세상에 나올 수 있도록 도와주신 길벗출판사 관계자 여러분께 깊은 고마움을 전합니다.

전기가 원래 어렵나고요? 아니요. 전기는 원래 재밌는 겁니다.

전병칠

차례

1장 아는 만큼 보인다

2장 전기를 움직이는 기계, 기계를 움직이는 전기

3장 전기와 자기는 하나다

4장 전기를 다스린다

E

1장

아는 만큼 보인다

01

전기는 물과 비슷하다

자격증 시험범위	
전기기능사	전기이론 – 직류회로 – 전압과 전류
전기기사	전기자기학 – 전자계 – 전자계에서의 전압
전기기능장	전기이론 – 정전기와 자기 – 직류회로

멀티테스터 사용법

전기는 어떤 힘으로 흐르는 것일까요? 우리 집에 있는 전자제품은 어떤 힘으로 동작하는 것일까요? 전기가 흘러가는 힘을 이해하려면 가장 먼저 전압에 대하여 알아야 해요. 많이 들어보셨겠지만 집에서 사용하는 220V와 건전지의 1.5V는 모두 전압의 크기를 나타내지요. 여기서 V는 전압의 단위로서 '볼트'라고 읽어요. 몸무게의 단위로 킬로그램(kg)을 사용하듯이 전압의 단위로 볼트[V]를 사용하는 것이지요. 그래서 이 단위 앞의 숫자가 클수록 전압의 크기가 크다고 말합니다. 220V는 1.5V보다 전압이 146배 정도 큰 것이죠. 그리고 또 전압은 클수록 위험하기도 합니다.

볼트
볼트는 전위(electric potential), 전위차(electric potential difference), 전압(voltage)과 기전력(electromotive force)의 단위로서 국제단위계(SI)의 유도단위이다. 기호로 V를 사용한다. 최초의 실용적 전지를 만든 이탈리아의 물리학자 알레산드로 볼타의 이름에서 따왔다.

전압이 크면 전류를 많이 흘릴 수 있어서 이렇게 많이 흐르는 전류가 사람의 몸으로 통과하면 아주 위험한 상황이 되거든요.

사람마다 몸무게가 다르듯이 전압의 크기도 종류에 따라 여러 가지로 나뉘게 됩니다. 예를 들어 휴대전화 배터리는 5V로 비교적 낮은 전압에 해당하는 반면 번개의 경우는 10억V 정도로 아주 높은 전압을 가집니다. |표1|은 다양한 전압의 크기를 나타냅니다. 전압 중에는 문명생활을 하는 인간이 만들어내는 전기도 있지만, 전기 뱀장어와 같은 어류도 다른 물고기를 사냥하기 위해서 약 800V의 전압을 스스로 만들어 낸다는 사실이 흥미롭습니다.

종류	일반적인 전압
건전지	1.5V
휴대전화 배터리	5V
노트북 배터리	10.8V
자동차 배터리	12V
가정용 전원	220V
3상 전동기	380V
전기 뱀장어	800V
정전기	10,000V
배전전압	22,900V
송전전압	345,000V
번개	1,000,000,000V

| 표 1 | 전압의 종류와 크기

공학적 접근

전압이란?

일정한 전기장에서 단위 전하를 한 지점에서 다른 어느 지점으로 이동하는데 필요한 일(에너지)이다. 이때 필요한 일은 두 지점 사이의 전기 퍼텐셜 에너지의 차이와 같다.

$$전압 = \frac{한\ 일}{전기량} \Rightarrow V = \frac{W}{Q}$$

전압을 크기로 설명했지만, 아직 헷갈리는 부분이 있으시죠? 맞아요. 명확하게 한 번에 이해하는 게 쉽지는 않을 거예요. 그래서 전압을 숫자가 아닌 개념적으로 접근해 볼게요. 대략 의미를 알게 되면 조금 더 친숙해질 수 있거든요. 이해를 돕기 위해서 일상에서 쉽게 만날 수 있는 물에 비유해 볼게요. 전기를 물과 비교하면 이해하기 편하거든요. 자! 그럼 이제부터 물 이야기를 시작합니다.

우리는 하루에도 몇 번씩 수도를 이용해서 물을 사용하고 있어요. 물을 이용해서 세수하고 빨래하고 설거지도 하지요. 이렇게 물을 사용하기 위해서는 물을 저 멀리에서 우리 집까지 힘차게 보낼 힘이 필요해요. 수도관에 물이 있고 어떤 힘을 주어야 우리 집에서 수도꼭지를 열었을 때 물이 강하게 뿜어 나올 수 있죠. 이렇게 수도관에 있는 물을 보내는 힘의 근원을 수압(Hydraulic pressure, 水壓)이라고 합니다. 말 그대로 물의 압력이죠. 수압은 수도관에 있는 물을 짓누르며 강한 수압은 물을 더 멀고, 높게 보낼 수 있어요. 높은 하늘로 솟구치는 분수를 생각해보면 아주 큰 수압이 작용하고 있다는 것을 알 수 있죠. 만일 수압이 약하면 어떻게 될까요? 물을 강하게 또는 멀리 보낼 수 없겠죠. 분수의 수압이 약하다면 아마 힘차게 하늘로 솟구치는 것은 불가능할 거예요. 즉, 저 깊은 지하에서 물을 퍼내 땅 밖으로 끌어올리거나 높은 건물 위까지 보낼

수압
물의 무게에 의해 생긴 압력으로서 물속의 어느 한 점에서는 모든 방향에서 같은 세기의 압력을 받는다. 수압의 크기는 물의 깊이에 따라 달라진다.

수 있는 것은 강한 수압이 있기에 가능한 것이죠.

그렇다면 강한 수압은 어떻게 만들 수 있을까요? 인위적으로 만들려면 펌프로 가능하겠죠. 자연적으로는 물을 높은 곳에 많이 가두어두었을 때도 수압이 강해질 수 있어요. 그래서 전기를 만드는 수력발전소는 큰 수압을 얻기 위해서 물을 높은 곳에 많이 가두고, 그 힘으로 발전기를 돌리죠. 수압은 같은 뜻으로 수위로도 설명해요. 어떤 두 점에서 물의 위치에너지 차이를 수위(Water level, 水位)라고 표현하는데 위치에너지가 높을수록 이 수압이 세집니다. 결국, 수위가 높으면 수압도 세지는 것이죠.

수위
강, 바다, 호수, 저수지 등에서의 물의 높이를 말한다.

전위
어떤 점으로부터 해당 지점까지 단위 전하를 가져다 놓는 데 필요한 일을 의미하며, 이것의 차이를 전압이라고 한다.

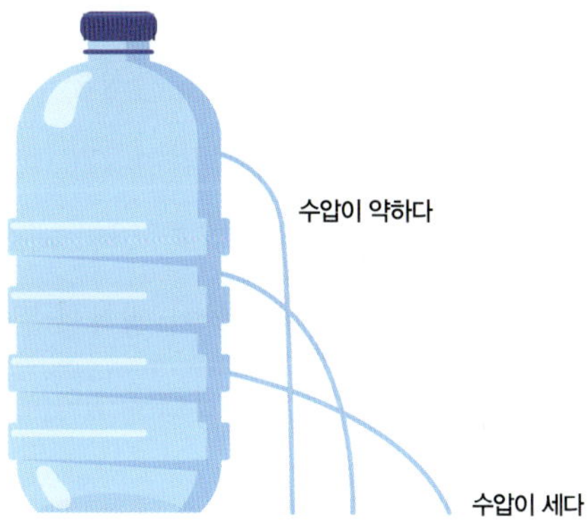

| 그림 1 | 페트병의 물은 낮은 쪽이 수압이 세다.

다시 전기로 돌아와서 물 이야기를 계속해 볼게요. 물의 위치가 가지는 힘인 수위는 전위(Electric potential, 電位)라는 단어로 표현할 수 있어요. 전위라는 것을 정의하면 어떤 두 점 사이의 전기적인 위치에너지 차이에요. 수위처럼 어떤 기준점이 있고 다른 점의 크기를 나타내는 상대적인 값이죠. 전기에서는 어떤 두 점

사이에 전기적인 위치에너지가 있을 때 이 차이를 명료하게 전압(Voltage, 電壓)이라고 부릅니다.

> **전압**
> 전기장이나 도체 안에 있는 두 점 사이의 전기적인 위치에너지 차이를 말한다. 단위는 볼트(V)를 사용한다.

우리가 몸 온도를 잴 때는 몸의 어느 한 곳을 온도계를 이용해서 잴 수 있잖아요. 온도계로 머리의 온도를 재거나 귀의 온도를 재죠. 하지만 전압은 어느 특정한 한 곳을 재는 값이 아니에요. '전압을 잰다' 또는 '측정한다'라는 것은 어느 하나의 지점만을 특정하는 것이 아니라, 두 지점의 압력 차이를 본다는 말입니다. 줄자로 길이를 잴 때 어떤 기준점과 다른 한쪽에 줄자를 갖다 대는 것처럼 두 곳의 차이를 보는 것이지요.

그래서 아래 그림처럼 멀티테스터기를 이용해서 전압을 측정할 때는 2개의 접촉 단자가 필요하답니다. 만일 이 두 개의 단자로 가정용 콘센트에 있는 두 개 구멍의 전압을 측정해보면 전기적 압력 차이인 전압이 220V인 것을 알 수 있어요. 이런 측정 방식으로 건전지의 전압도 잴 수 있죠. 만일 테스터기를 이용하여 전압을 측정하였는데 0V가 나온다면 무언가 이상이 생겨서 전기가 들어오지 않는 것이니, 이상 여부를 확인할 때도 테스터기의 전압 측정이 필요하겠네요.

| 그림 2 | 멀티테스터를 이용한 전압의 측정

전압을 하나의 지점에서만 측정할 방법은 전혀 없는 것일까요? 음, 있어요. 흔히 산의 높이를 나타낼 때 해발고도(海拔高度)라는 말을 사용하기도 합니다. 이것은 바다의 평균수면을 기준으로 산까지의 거리를 측정한 높이를 말하죠. 우리나라 백두산이 2,744m인 것은 해수면을 기준으로 산꼭대기까지의 높이를 표현한 것이죠. 이 숫자가 클수록 바다의 수면인 해수면에서 하늘로 향한 거리가 멀다는 말인 건 다들 아실 거예요.

산 높이의 기준을 해수면으로 사용하듯, 전압의 기준을 땅으로 둘 때가 있어요. 어느 하나의 지점에서 전압을 알고 싶을 때 기준점을 보통 땅으로 정하는데, 여기에서 파생된 기술적 개념을 접지(Earth; Ground, 接地)라고 부릅니다. 즉, 해수면의 높이를 0m로 놓고 상대적인 산의 높이를 측정하는 것처럼, 지구의 전압을 0V로 놓고 상대적인 전압의 크기를 측정합니다. 이 전압을 대지전압(Voltage to ground, 對地電壓)이라고 불러요.

접지
전기 회로를 동선(銅線) 따위의 도체로 땅과 연결함. 또는 그런 장치. 회로와 땅의 전위를 동일하게 유지함으로써 이상 전압의 발생으로부터 기기를 보호하여 인체에 대한 위험을 방지한다.

대지전압
회로에서 어느 한 점과 대지 사이의 전위차를 말한다.

이제 내용을 정리해볼게요. 물파이프에서는 수위가 높은 곳에서 낮은 곳으로 수압에 의해서 물이 흐르지만, 전기에서는 전위가 높은 곳에서 낮은 곳으로 전압에 의하여 전류가 흐릅니다. 이게 가장 중요한 말이에요.

02

전압이 크다고 좋은 것만은 아니다

수도꼭지를 열었을 때 사용하는 물의 압력이 너무 세거나 너무 낮으면 불편해요. 그랬던 적 한 번쯤 있으시죠? 수압이 너무 세면 물이 세차게 튀어나가서 옷에 물이 튈 수도 있고, 심하면 파이프가 파손될 수도 있어요. 그래서 세차장에서 사용하는 고압 분사 장치는 엄청난 수압이 만들어지는데 이 때문에 세차 중에 물에 맞아서 다치는 경우도 종종 있다고 해요. 반대로 수압이 너무 낮으면 어떻게 되나요? 샤워할 때를 생각해 보세요. 물이 졸졸 나오면 답답할 뿐 아니라 원하는 만큼의 물을 사용하기 위해 한참을 기다려야 하는 불편함이 있죠.

전압도 마찬가지랍니다. 발전소에서 만든 전기는 우리 집까지 오게 되는 동안 긴 여정을 거칩니다. 그래서 오는 중간중간에서는 적당한 압력으로 바꿔가며 전달이 이루어지고 있어요. 구간마다 전압의 크기가 서로 다르죠. 발전소에서 전기를 처음 만들 때, 철탑을 타고 큰 산을 넘어 지역을 가로지를 때, 변전소에서 전주를 타고 시내를 이동할 때, 우리 집과 같이 건물에 들어올 때는 각각 구간에 따라서 경제적이고 적절한 전압을 사용하고 있어요. 상황에 따라서 각자 유리한 전압이 있다는 말이죠.

물이 전기랑 비슷하다고 했었잖아요. 수압이 너무 낮으면 물이 졸졸 나오듯이 전압이 낮으면 전류도 졸졸 흐를 수밖에 없어요. 그러면, 무조건 수압을 높이면 해결되느냐? 그렇지도 않아요. 수압이 너무 높을 땐 파이프가 파손되는 것을 방지하기 위해서 배관을 두껍게 만들듯이 전압이 너무 높으면 근처에 있는 것만으로도 위험하므로 안전을 위해 전선을 보강해야 합니다. 예를 들어 전선을 둘러싸는 고무 피복의 두께를 더 두껍게 하는 것이죠. 이처럼 전기적인 절연 장치가 조금 더 복잡해지고 비싸지니, 전압이 높아지면 비용도 따라서 늘어나게 됩니다.

결국, 전압이 높으면 많은 전류를 보낼 수 있지만 우리가 사용할 때는 적절하게 낮아야 안전하고 싸게 이용할 수 있다는 것이죠. 그래서 전기를 만드는 곳, 보내는 곳, 사용하는 곳은 경제성과 안전을 고려하여 적질하게 사용하는 전압의 크기를 표준화하여 사용하게 되었어요. 이것을 공칭전압(Nominal Voltage, 公稱電壓)이라고 합니다.

공칭전압
전력 계통에서, 주어진 전압 계통을 부르기 위한 호칭 전압값. 실제의 선로 전압은 측정 장소나 부하 조건 때문에 변하므로 일치하지 않는다.

선간전압
전기회로에서 인접하는 선로 간의 전위차를 말한다.

정격전압
전기기계·기구, 선로 등의 정상적인 동작을 유지시키기 위해 공급해 주어야 하는 기준 전압으로서 전기기기의 정격출력을 정할 때 제조업자가 지정한다.

이름 그대로 공칭전압은 공식적으로 그 계통을 부르는 것이에요. 우리가 흔히 알고 있는 110V, 220V나 조금은 생소하겠지만 널리 사용되고 있는 380V, 22.9kV, 154kV, 345kV가 이 공칭전압에 해당합니다. 이때, 전압은 전기선로의 두 선 사이의 전압으로 나타내고 있어요. 두 선 사이의 전압은 선간전압(Line Voltage, 線間電壓)이라고 불러요. 전기기기를 사용하는 경우에는 정격전압(Rated Voltage, 定格電壓)이라는 표현도 자주 볼 수 있어요. 전기기계나 제품을 사용할 때 정상적인 동작 상태를 유지할 수 있는 전압이에요. 만일 정격전압이 12V라고 표기된 제품이 있는데, 이보다 높은 전압이나 낮은 전압에서 사용한다면 정상적인 동작을 보장받지 못한다는 뜻이에요. 그래서 전기제품을 사용할 때는 꼭 정격전압을 확인하고, 정격전압에 맞는 전원을 공급해 주어야 하죠.

전압이 저압, 고압, 특별고압으로 구분된다는 것을 혹시 아시나요? '♬♪ 내 동생 곱슬머리~ 개구쟁이 내 동생~ ♪ 이름은 하나인데 별명은 여러 개~ ♩♪' 이런 노래 들어보셨죠? 전압도 이름은 하나인데 별명이 여러 개라서 크기와 종류에 따라 다른 이름으로 불린답니다. 제일 먼저 전압을 크기에 따라 구분하면, 우리나라 전기법규의 기본인 한국전기설비규정에서는 저압, 고압, 특별고압의 3종류로 나누고 있어요. 이 이름은 역사가 조금 있어요. 우리나라는 전압의 구분과 명칭을 1962년에 3종류로 제정한 이후 1974년 저압과 고압의 범위를 600V와 7000V로 개정했어요. 그리고 2021년부터 |표 2|와 같이 저압의 크기를 크게 해서 사용하고 있어요. 저압은 직류 1500V, 교류 1000V 이하의 전압을 말해요. 실제로 일반인들이 보고, 제어하는 전압은 이 저압의 범위에 해당하죠. 고압부터는 전기기술자가 되어서 특별한 임무를 부여받은 사람이 제어하는 전압이에요. 그리고 저압보다는 크지만 7000V 이하까지는 고압, 특별고압은 7000V를 넘는 전압을 말합니다.

구분	직류	교류
저압	1500V 이하	1000V 이하
고압	~ 7000V 이하	
특별고압	7000V 초과	

| 표 2 | 전압의 종류

이 전압의 기준들을 어떻게 정했을까요? 1500V나 7000V가 특별한 의미가 있는 걸까요? 그렇진 않답니다. 이런 전압의 구분은 이론적으로 근거하여 복잡한 계산을 통해서 나오는 것은 아니고 위험 정도와 실용성을 고려해서 국제적인 기준에 따라 정하게 되었어요. 일반인들이 만날 수 있는 전압은 주로 저압이에요. 주로 건물 안에서 사용하고 일반인의 접촉 가능성이 있는 전압이 바로 저압이죠. 이때 직류와 교류가 기준이 조금 다른데요. 직류는 대중교통으로 많이 사용하는 전철의 사용 전압이 1500V라서 그것을 기준으로 정했어요. 그리고 교류는 일반 가정이나 건물에서 사용하는 220V, 380V와 함께 국제적 기기 기준에 따라 1000V 이내를 주로 사용하기 때문에 저압의 구분 기준으로 이 전압을 사용하게 되었습니다.

그리고 1kV(킬로볼트), 1MΩ(메가옴), 1mA(밀리암페어)처럼 아주 높은 전압이나 아주 작은 크기를 나타낼 때는 여러 가지 접두어가 사용되고 있습니다. 아래 |표 3|은 전기에서 주로 사용할 접두어를 보여주고 있으니 알아두시면 편리합니다.

구분	배수	표기하는 수	말하는 수	기호	읽는 법	예시
큰 수	10^{12}	1,000,000,000,000	1조 배	T	테라	THz(테라헤르츠)
	10^{9}	1,000,000,000	10억 배	G	기가	GHz(기가헤르츠)
	10^{6}	1,000,000	100만 배	M	메가	MΩ(메가옴)
	10^{3}	1,000	1천 배	k	킬로	kV(킬로볼트)
	10^{2}	100	1백 배	h	헥토	hm(헥토미터)
	10	10	10배	da	데카	dam(데카미터)
작은 수	10^{-1}	0.1	10분의 1	d	데시	dB(데시벨)
	10^{-2}	0.01	100분의 1	c	센티	cm(센티미터)
	10^{-3}	0.001	1000분의 1	m	밀리	mA(밀리암페어)
	10^{-6}	0.000001	100만 분의 1	μ	마이크로	μF(마이크로패럿)
	10^{-9}	0.000000001	10억 분의 1	n	나노	nm(나노미터)
	10^{-12}	0.000000000001	1조 분의 1	p	피코	pF(피코패럿)

| 표 3 | 단위에 붙는 배수와 기호 접두어

03

왜 위험한 높은 전압을 사용하나요?

전압이 높아지면

수도관을 바꾸지 않고 같은 크기의 수도관으로 더 많은 물을 보내려면 어떻게 해야 할까요? 가장 간단한 방법은 아마 수도관에 가해지는 수압을 크게 하는 것이겠죠. 수압이 높아질수록 토출량이라는 물의 배출량이 커지게 되니 똑같은 수도관을 이용해서 수압을 높인다면 더 많은 물을 보낼 수 있을 거예요.

| 그림 3 | 수압이 높을수록 토출량이 많아진다.

토출량을 전기회로로 생각을 바꿔보면 몇 가지 아이디어가 떠오릅니다. 전기도 똑같은 전선에 어떻게 하면 더 많은 전류를 보낼 수 있을까 고민이 많거든요. 그렇게 생각해보니 전선에 흐르는 전류의 크기는 전압과 상관관계가 있네요. 전압을 높이면 전류도 많이 흐르게 되니, 전압이 높거나 전류가 많으면 전기가 일을 많이 하는 것과 같습니다.

전기가 하는 일은 전력(Electric power, 電力)이라고 합니다. 전력은 전압과 전류의 곱으로 계산하고 단위는 W(와트)라고 읽어요. 전압에 전류를 곱한 것이 전력이에요. 전류는 흐르는 전기의 양이라고 하며 단위는 A(암페어)라고 읽죠.

조금 복잡할 수도 있는데, 전력을 계산하는 연습을 해 볼게요. 만일, 200V를 사용하는 곳에서 어떤 전기기구에 1A가 흘렀다면 전력은 몇 W가 될까요? 계산은 다음과 같아요. 200V×1A=200W이니, 전기기구는 200W의 전력을 소비했다는 뜻이 되네요. 또, 이런 방법으로 만일 200V에서 사용하는 전기히터가 소비전력이 1000W라면 전류는 몇 A가 흘렀을까요? 전력을 전압으로 나누면 전류가 되니 1000W/200V=5A. 약 5A가 흐른다고 계산 결과가 나오네요.

전력
전류가 일정한 시간 동안 하는 일. 또는 일정한 시간 동안 사용되는 에너지의 양이다.

W(와트)
일률의 국제단위. 주로 전력의 단위로 쓴다. 1와트는 1초에 1줄(joule)의 일을 하는 것으로, 1볼트의 전압으로 1암페어의 전류가 흐를 때의 전력의 크기이다. 영국의 기계 기술자 와트의 이름에서 유래한다. 기호는 W이다.

A(암페어)
전류의 세기를 나타내는 국제 기준 단위. 암페어는 두 개의 평행 도선에 전류가 있을 때 도선 간에 작용하는 힘으로 정의한다. 프랑스의 물리학자 앙페르의 이름에서 유래한다. 기호는 A이다.

공학적 접근

전력이란?

어떤 시간 동안 전류가 할 수 있는 일의 양이다. 전압과 전류의 곱으로도 나타낸다.

$$\text{전력} = \text{전압} \times \text{전류}\ [W]$$
$$P = V \times I\ [W]$$

똑같은 전력을 다른 전압으로 보내면 어떻게 전류가 흐를까요? |표 4|에서는 같은 2000W의 전력을 서로 다른 전압으로 보낸다고 가정해 볼게요. 각각 100V, 200V, 1000V의 전압일 때 흐르는 전류가 얼마인지 계산 결과를 보여주고 있어요. 계산 결과를 보면 100V를 사용할 때 전류는 20A가 흘러요. 200V일 때는 10A가 흐르고, 1000V를 사용할 때는 2A가 흐르죠. 같은 전력을 보내더라도 전압이 높아질수록 전류는 작게 흐르는 것을 볼 수 있어요. 전류가 작게 흐르면 전선이 얇아져도 괜찮아요. 그래서 전주에 있는 큰 전기를 보내는 전선은 얇아 보이지만 전압이 22.9kV처럼 아주 커서 전력을 많이 보낼 수 있답니다.

구분	100V를 사용할 때	200V를 사용할 때	1000V를 사용할 때
전력	2000W	2000W	2000W
전압	100V	200V	1000V
전류	20A	10A	2A
전력식 표현	$I = \frac{P}{V} = \frac{2000}{100} = 20A$	$I = \frac{P}{V} = \frac{2000}{200} = 10A$	$I = \frac{P}{V} = \frac{2000}{1000} = 2A$
저항이 1Ω일 때 전력손실	$P = I^2R = 20^2 \times 1 = 400W$	$P = I^2R = 10^2 \times 1 = 100W$	$P = I^2R = 2^2 \times 1 = 4W$

| 표 4 | 전력을 높은 전압으로 보내면 전류와 손실은 작아진다.

전력을 보내는 데 모두 도움만 되는 것은 아니에요. 방해꾼도 있어요. 아무리 좋은 전선도 전기의 흐름을 방해하는 일정한 성분을 가지고 있거든요. 그것을 전기저항(Electric Resistance, 電氣抵抗)이라고 해요. 그리고 저항의 크기 단위는 Ω(옴)이라고 읽어요. 저항은 그 크기가 클수록 전기의 흐름을 방해하는 정도가 크다는 뜻이에요.

전기저항
도체에 전류가 흐르는 것을 방해하는 작용. 전압을 전류로 나눈 값으로 나타낸다. 단위는 옴(Ω)이다.

Ω(옴)
전기저항의 실용 단위. 1Ω(옴)은 두 끝에 1V(볼트)의 전위차가 있는 도선에서 1A(암페어)의 전류가 흐를 때 나타나는 저항이다. 독일의 물리학자 옴의 이름에서 유래한다.

똑같은 전선이 있다고 해볼게요. 즉, 저항이 같다는 뜻이죠. 이렇게 똑같은 전선에 서로 다른 전압을 가할 때 전기적 손실도 서로 다를까요? 나중에 뒤에서 배우겠지만 전력손실도 이 전압과 관련이 있어요. 만약에 어떤 전선의 저항이 1Ω이고 2000W의 전력을 보낸다고 가정해 볼게요. 이때 전력손실은 100V를 사용하면 400W, 200V를 사용하면 100W, 1000V를 사용할 때는 4W가 됩니다. |표 4|에서 100V와 1000V를 비교하면 전압의 크기를 10배로 올렸을 때 흐르는 전류는 1/10로 줄지만, 전력손실은 1/100로 줄어드는 것을 알 수 있어요. 전압을 10배 올리면 전력손실이 100배 줄어드니 전압을 높이려는 노력을 왜 하는지 알만도 하죠?

결국, 전압을 크게 올리면 같은 전선을 이용하였을 때 더 많은 전력을 보낼 수 있어요. 그리고 전력손실도 줄어드는 경제적인 효과가 있으니 높은 전압으로 전기를 보내는 노력과 연구는 계속되고 있답니다. 전기를 만드는 것을 발전이라고 하고, 그다음으로 우리가 사용하는 곳까지 보내는 것을 송배전(Power transmission & electric power distribution, 送配電)이라고 불러요. 우리나라는 송배전 구간에서 전압을 높이는 승압 사업을 지속해서 진행하고 있어요. 특히, 1973년부터 시작하여 2005년까지 가정용 전압을 110V에서 220V로 올리는 승압 사업은 전 국민의 노력으로 어려운 환경 속에서도 순조롭게 완료하였죠. 이렇게 성공적으로 전압을 올리는 것은 세계적으로도 드문 사례로 인정받고 있어요.

송배전
송전과 배전을 아울러 이르는 말이다. 송전은 생산된 전력을 다른 곳으로 보내는 것이고, 배전은 발전소에서 보내온 전력을 수용자에게 분배하거나 공급하는 일이다. 우리나라는 송배전을 한국전력이 담당하고 있다.

이 시기에는 가정에서 사용하는 전기제품의 보급이 급격히 늘어나서 많은 전기가 필요했어요. 그런 수요의 증가에 대해 건물 벽 안에 있는 전선은 교체하지 않고 전압만 2배 높임으로써 더 많은 전력을 전송할 수 있었죠. 예를 들어 어느 가정의 물 사용량이 늘어서 파이프로 가져오는 물이 더 많이 필요했다고 해보죠. 그런데 수도 파이프를 굵은 것으로 바꾸는 것은 돈이 많이 들고 어려우니 수압만 2배 높여서 더 많은 물의 공급이 가능하게 한 것이라고 보면 됩니다.

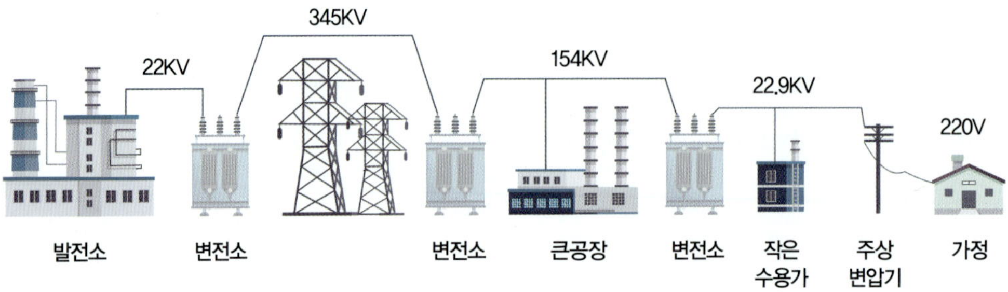

| 그림 4 | 발전부터 가정까지의 표준전압

| 그림 4 |는 발전소부터 가정까지 전기가 오는 과정에서 각 구간의 표준전압을 보여주고 있어요. 발전소에서 22kV로 만들어진 전기는 발전소 안에 있는 변전소를 통해서 345kV나 765kV로 전압을 높인 후 철탑을 타고 먼 곳으로 이동하죠. 다시 전압을 154kV로 낮춘 후 큰 공장 등의 수용가(Consumer, 需用家)는 직접 전압을 받아 공장 내부에 있는 변전소를 통해서 전압을 알맞게 바꾸어 사용해요. 그러나 작은 전기를 쓰는 소비자는 22.9kV로 낮아진 전압을 받아 저압으로 바꾸어 사용하는데, 보통의 아파트 단지나 큰 빌딩이 이런 방식으로 전기를 사용하고 있습니다. 그리고 단독주택과 같은 가정은 전주 위에 있는 변압기인 주상변압기에서 220V나 380V로 낮춰진 저압 전기를 받아 이용하고 있어요.

수용가
자신이 사용할 목적으로 전기를 구매하는 고객을 말한다.

잠깐만! 다음으로 넘어가기 전에 생각해볼 것이 있어요. 높은 전압이 손실이 적고 많은 전기를 보낼 수 있으니까 무조건 좋을까요? 아니에요. 발전소부터 가정에 올 때까지 전압은 높고 낮아짐을 반복하는데 전압을 높게 올려서 보내는 것이 항상 좋은 것만은 아니에요. 수압을 많이 올리면 높아진 수압으로 인하여 수도 파이프, 패킹 등 부속 자재들의 기계적인 부담이 높아지잖아요. 그래서 전압도 높아질수록 감전의 위험, 절연의 어려움도 함께 올라가기 때문에 전기적 효율성만을 고려하여 전압을 올리는 것도 한계가 있어요. 결국, 실용 가능한 기술력과 효율성을 고려한 경제성이 담보되고 사회적 합의가 이루어졌을 때 적정한 전압을 사용하게 되는 것이랍니다.

외국의 전압을 살펴볼까요? 영국, 프랑스, 독일, 스위스, 벨기에, 이탈리아 등 유럽 대부분의 나라에서는 200V~250V를 사용하는 반면, 미국, 일본, 대만은 110V의 전압을 표준으로 사용하고 있어요. 이렇게 세계 각국에서도 정치적 상황, 경제성, 효율성, 환경적 요인들로 다양한 전압을 사용하고 있어서 꼭 높거나 낮은 전압이 기술적으로 우위라고 단정 짓기는 어려워요. 그렇다면 나라마다 전압이 조금씩 다른데, 서로 전압이 다른 나라에서 전자제품을 사용하려면 어떻게 해야 할까요? 그 나라에 맞게 제품을 따로 만들어야 할까요? 예전에 기술력이 부족할 때는 꼭 그 나라에서만 쓰는 전자제품이 따로 있었는데 이제는 그렇지 않아요. 전자제품의 외부에 '프리 볼트(Free voltage)'라고 적혀있다면 정격전압의 범위가 넓어서 전압이 다른 여러 나라에서도 편리하게 이용할 수 있어요. 그래서 해외여행을 갈 때 드라이기 같은 전자제품을 챙기신다면 그 나라의 정격전압에 맞거나 전자제품에 이런 표시가 있는지를 확인해 보는 것도 중요하겠죠?

프리 볼트
전압의 크기와 관계없이 사용할 수 있는 전자 기기 또는 그 특성을 말한다.

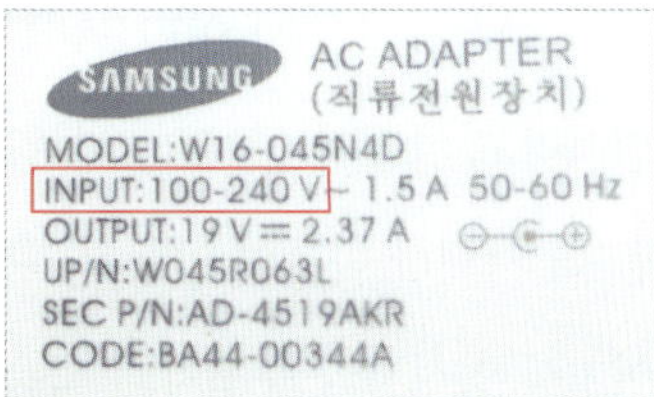

| 그림 5 | 정격전압의 범위가 넓은 프리 볼트 전자제품

04

전기가 흐르면 전류다

자격증 시험범위	
전기기능사	전기이론 – 정전기와 콘덴서 – 전기의 본질
전기기사	전기자기학 – 진공중의 정전계 – 정전기 및 전자유도
전기기능장	전기이론 – 정전기와 자기

전하

어떤 물질을 계속 작게 쪼개고 쪼개면 결국 눈에 보이지 않는 아주 작은 입자가 됩니다. 원자라는 말을 들어보신 적 있으시죠? 어떤 물질을 쪼개고 쪼개면 가장 작은 단위가 되는 것이 바로 원자(Atom, 原子)랍니다. 이 원자는 화학 원소로서 어떤 특성을 잃지 않는 물질의 가장 작은 입자라고 알려져 있어요. 이 원자도 작은 크기지만 이것을 조금 더 자세히 나누면 양성자, 중성자, 전자로 이루어져 있는데 여기서 양성자와 중성자의 묶음을 원자핵이라고 합니다. 원자는 어떻게 생겼을까요? 사실 이 원자는 너무 작은 크기라서 현

원자
물질의 기본적 구성단위. 하나의 핵과 이를 둘러싼 여러 개의 전자로 구성되어 있고, 크기는 반지름이 $10^{-7} \sim 10^{-8}$cm이며, 한 개 또는 여러 개가 모여 분자를 이룬다.

재의 과학기술로도 아직 생김새를 명확하게 설명하기에 부족함이 있어요. 그래서 원자의 생김새를 표현하는 모형은 시대에 따라서 변천사를 가지고 있어요.

돌턴, 1803년	톰슨, 1903년	러더퍼드, 1911년	보어, 1913년	현대 원자 모형 1926년~현재
	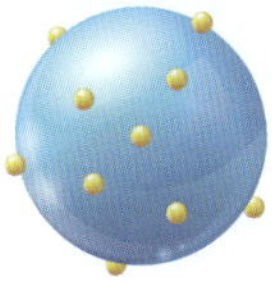		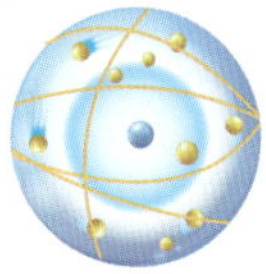	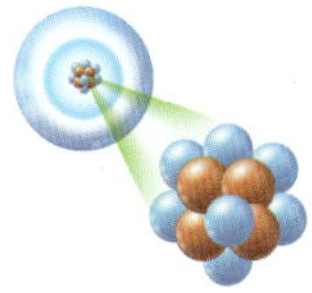
원자는 더는 쪼갤 수 없는 단단한 작은 공과 같은 모양이다.	양전하가 가득 차 있는 곳을 음전하를 띤 전자가 움직여 건포도가 든 푸딩 모양이다.	원자의 중심에 크기가 매우 작고 질량이 큰 양전하의 원자핵이 있고 그 둘레를 음전하를 띤 전자가 움직인다.	전자는 원자핵 주위에서 불연속적인 원궤도를 그리면서 운동한다.	핵 주위에 전자가 구름처럼 퍼져있는 전자구름모형이다.

| 그림 6 | 원자 모형의 변천사는 시대에 따라 다르다.

아래 | 그림 7 | 에서 표현한 원자 모형은 변천사 중 하나인 보어의 원자 모형으로 전자가 원자핵 주변을 도는 궤도 운동을 한다고 설명합니다. 현재는 핵 주위에 전자가 분포되어 있는 구름과 같은 모형으로 알려져 있어요. 그래서 전자가 원자핵 주변을 도는 것도 아니라 원자핵 주변에 분포되어 있는 형태이지만, 일단 원자를 이해하는 데는 이 모형이 직관적이기 때문에 이를 중심으로 설명해 볼게요.

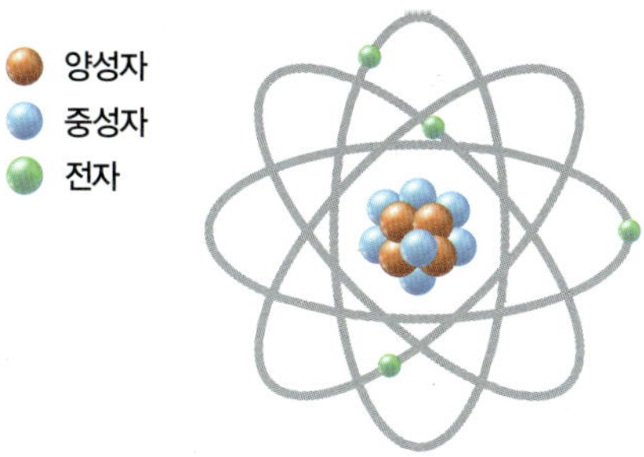

| 그림 7 | 보어의 원자 모형에서는 전자가 원자핵 주변을 돈다.

겨울철에 옷을 벗을 때나 빗으로 머리를 빗을 때를 잠시 생각해보죠. 옷을 벗을 때 딱! 딱! 거리면서 기분 나쁜 전기가 만들어지고, 머리카락이 빗에 달라붙었던 경험들 있으시죠? 이것들이 모두 전기가 만들어지는 현상이에요. 이러한 전기는 어떻게 만들어질까요?

원자의 작은 세상에서 볼 때 아래 |그림 8|처럼 원래 양성자와 전자가 4개씩 있었다고 해보죠. 여기서 −(마이너스) 성질을 띤 전자가 외부에서 오면 전자가 5개로 양성자보다 많게 되어 −(마이너스) 전기 성질을 갖게 됩니다. 반대로 전자가 외부로 나가면 이제는 전자가 3개로 양성자보다 적게 되어 +(플러스) 전기 성질을 갖게 돼요. 이렇게 원래 중성 상태에서 +(플러스)나 −(마이너스)로 전기적 성질이 바뀌는 것을 대전(Electrification, 帶電)이라고 합니다. 아주 작은 전기가 만들어진 것이죠. 이렇게 빗으로 머리를 비빌 때 발생하는 대전 현상을 마찰대전이라고 불러요. 그 외에도 비닐포장지를 벗길 때 발생하는 박리대전 등 다양한 종류의 대전이 있죠.

대전
중성 원자로 이루어진 물질이 외부 힘으로 인해 전하가 재배치되어 전하량의 평형이 깨어짐으로써 양전하 또는 음전하를 띠게 되는 현상이다.

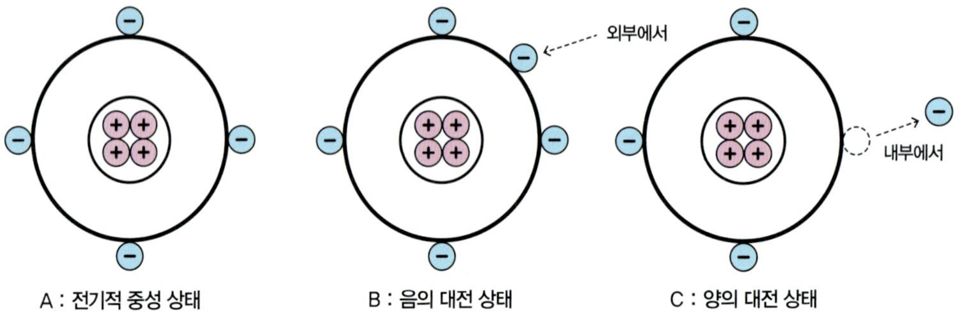

|그림 8| 전자가 외부에서 오거나 나가면 원자는 전기적 성질을 띠게 된다.

이제 원자가 전기적인 성질을 띠게 되었네요. 태권도에서 검은 띠를 딴 사람에게 '유단자'라는 호칭을 붙이는 것처럼 우리는 전기의 관점으로 이 물질에 새로운 이름을 붙여주고 싶어요. 이제 전기적인 성질을 띤 이 이름을 전하(Electric charge, 電荷)라고 부르기로 합니다. 사실, 이름은 그 성질에 따라 두 가지로 나뉘어요. +(플러스)로 대전되었다면 양전하, −(마이너스)로 대전되었다면 음전하라고 부릅니다. 그런데 이 전하는 이름을 부르기에는 아직도 너무너무 양이 적어요. 아주 작은 물 입자도 최소한 한 방울 정도 되어야 부를 만 하잖아요. 하나의 전자가 갖는 전하량은 너무 적기 때문에 이렇게 대전된 전기가 무려 6.25×10^{18}개 만큼 모이면 그것을 1C(쿨롬)이라고 부르죠. 이를테면 물 입자가 엄청 많이 모여서 물방울 1개가 완성된 거예요. 안녕~ 반가워. 양전하! 음전하! 널 이제부터 전기라고 부를게!

전하
전기 현상을 일으키는 물질의 물리적 성질

원자가 이제는 전기적 성질을 띠게 된 어엿한 전하가 되었어요. 전기가 된 것이죠. 어서 전기가 여러 가지 멋진 모습을 보여주길 바랍니다. 그런데, 여기에 움직일 줄 모르는 전하가 있어요. 보통 마찰로 만든 전기는 나무늘보처럼 움직이길 싫어하는 모습을 갖고 있어요. 전기 중에서도 정지하고 있다는 뜻으로 사용되는 이 전기를 정전기(Static electricity, 靜電氣)라고 합니다. 좀처럼 움직이길 싫어하죠.

정전기
분포가 시간적으로 변화하지 않는 전하 및 그 전하에 의한 전기 현상. 마찰 전기 같은 것에서 볼 수 있다.

우리가 가진 오해 중 하나가 정전기를 피해만 주는 못난이로 생각하는 거예요. 옷이나 빗에서 발생하는 정전기와 정전기 폭발 같은 부정적인 것들이 이런 오해를 더 크게 만들었어요. 하지만 정전기의 원리를 잘 이용한 사례도 적지 않아요. 복사기나 프린터기는 정전기로 토너를 드럼에 붙이고 이것을 다시 종이에 옮겨 글씨를 인쇄하죠. 미세먼지 마스크도 정전기로 처리된 정전 필터가 사용되고요. 이 외에도 음식을 싸는 비닐랩, 먼지떨이, 자동차의 페인트 도장 같은 곳에도 정전기가 사용되니 알고 보면 참 고마운 존재랍니다.

반면 가만히 있지 않고 움직이는 전기가 있어요. 정지한 전기를 정전기라고 부르는 것처럼, 주로 금속과 같은 도체를 따라서 움직이는 전기는 동전기(Dynamic electricity, 動電氣)라고 하며 이를 통상적으로 전류(Electric current, 電流)라고 부릅니다. 전류라는 말을 많이 들어보셨죠? 맞아요. 이 책에서 아마 가장 중요한 단어가 될 거예요.

동전기
움직이고 있는 전기. 반드시 자기(magnetism) 작용을 동반한다.

전류
전하가 연속적으로 이동하는 현상. 도체 내부의 전위가 높은 곳에서 낮은 곳으로 흐르며 이는 양전기가 흐르는 방향이다. 크기는 단위 시간당 통과하는 전기량으로 표시한다. 단위는 암페어(A)이다.

마치 물이 수도관에서 흘렀던 것처럼 전류도 전선을 따라서 이동합니다. 그리고 수도관의 물이 많이 흐르고 적게 흐르는 것을 물의 양인 l (리터)로 비교하는 것처럼 전류도 많이 흐르는 것과 적게 흐르는 것을 비교할 수 있어야겠죠? 이때 사용하는 단위가 A(암페어)입니다. 1A라고 하면 보통 1초 동안 1C 만큼의 전하가 이동한 것을 의미합니다. 조금 복잡해 보이기도 하죠? 간단히 말하면 전하가 얼마만큼 이동했는지 그 양을 전류라고 하는 것이죠. 전류가 크다는 것은 그만큼 전하가 많이 이동했다는 뜻이니 '전기가 많이 흘렀다.', '전류가 많이 흘렀다.', '전하가 많이 이동했다.'라는 말들은 표현만 다르지 결국 같은 뜻이에요. 이 내용이 복잡하게 느껴진다면 간단히 'A(암페어)의 숫자가 높을수록 더 많은 전기가 이동했구나!'라고 생각하면 됩니다.

공학적 접근

1A(암페어)란?

전하의 흐름을 의미하며, 단위시간에 이동한 전하의 양을 의미한다.

$$\text{전류} = \frac{\text{전기량}}{\text{시간}} \Rightarrow I = \frac{Q}{t}[A]$$

전류의 흐름

전류의 의미

펌프를 이용해서 수압을 만들면 물이 흐르게 되는 모양을 아래 |그림 9|처럼 나타낼 수 있어요. 이것과 비슷한 개념으로 전류의 이동도 설명할 수 있죠. 전류는 어떤 전위차가 가해지면 원자에서 −(마이너스) 성질을 가진 전자들이 이동하게 됩니다. 여기서 살짝 조심해야 할 것이 우리는 보통 전기가 +(플러스)에서 −(마이너스)로 흐른다고 하잖아요. 그런데 실제 아주 작은 세상에서 보면 전자가 −(마이너스)에서 +(플러스)로 이동하게 되어 전자와 전류의 방향은 사실 반대에요. 왜 이렇게 다르게 사용하냐고요? 전자의 이동을 알기 전에 이미 정해놓은 규칙을 나중에 바꾸기 어려워서 이렇게 계속 사용하게 된 것이랍니다.

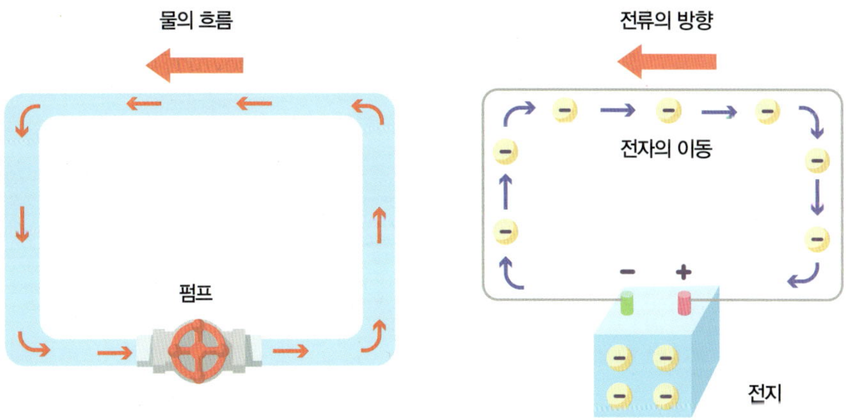

|그림 9| 전류는 물의 흐름과 비슷하다.

전류의 속도는 어느 정도일까요? 자동차보다, 로켓보다 빠를까요? 전류가 흐르는 것은 실제로 엄청나게 빨라서 빛의 속도라고 알려져 있어요. 빛의 속도는 1초에 지구 7바퀴 반을 도는 속도인데, 전기도 이같이 초속 30만 km죠. 전자는 그

렇게 빠르지 않은 것으로 알고 있는데, 어떻게 전류는 이처럼 빠른 걸까요? 자세한 것을 이해하려면 물리학으로 깊게 들어가야 하는데, 여기서는 전기를 중심으로 공부하니까 초점을 잃지 않도록 간단히 설명할게요.

전기는 금속(Metal, 金屬)을 좋아해요. 금속은 이 전자들이 잘 움직일 수 있도록 도와주기 때문이죠. 그래서 구리, 금, 은, 알루미늄들은 전기를 보내는 길을 만드는 재료로 많이 사용되고 있어요. 전선의 재료는 주로 구리(Copper, 銅)를 사용하죠. 이 금속에 만일 전압이 가해지면 금속 안에 있는 전자가 움직이게 됩니다. 당구공을 여러 개 일렬로 놓고 첫 번째 공을 치면 제일 끝에 있는 공이 튕겨 나가는 것처럼 전자도 이런 식으로 움직이게 됩니다. 이렇게 되면 아주 빠른 속도로 전자가 이동하는 것처럼 보이기 때문에 전류의 속도가 마치 빛과 같다고 하는 거예요. 정말 눈 깜짝할 사이에 이동하죠.

금속
열이나 전기를 잘 전도하고, 펴지고 늘어나는 성질이 풍부하며, 특수한 광택을 가진 물질을 통틀어 이르는 말. 수은을 제외하고는 모두 상온에서 고체이다.

구리
붉은색을 띤 금속 원소. 자연에서 순수한 금속으로 존재하며 가늘고 길게 늘어나는 연성과 넓게 펴지는 전성이 우수하고, 전기와 열의 전도성이 뛰어나다. 원자 기호는 Cu, 원자 번호는 29, 원자량은 63.54이다.

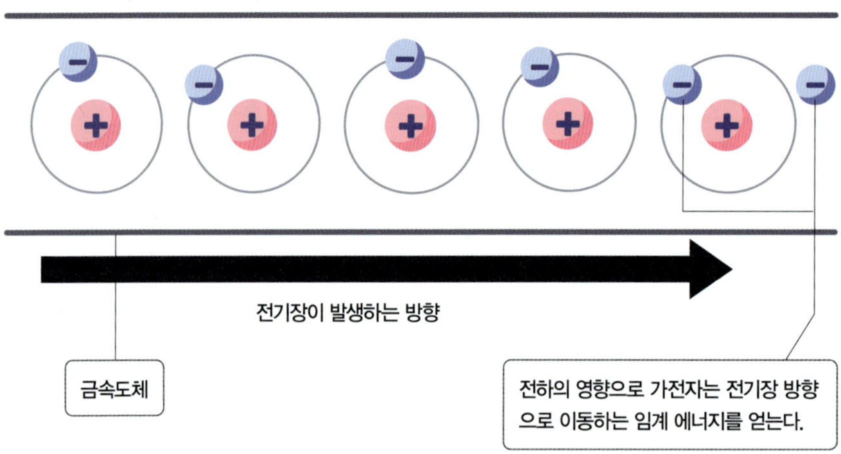

| 그림 10 | 당구공이 이동하는 것처럼 전기장을 가하면 전류가 흐른다.

전기기술자는 전기가 잘 흐르기를 바랍니다. 수도관에서 물이 콸콸 쏟아져야 편하게 물을 쓸 수 있는 것처럼 전기가 잘 흘러야 편리하게 전기를 사용하거든요. 그런 면에서 전기와 관련된 대부분의 문제는 전기가 잘 못 흐르거나, 너무 많이 흘러서 발생하는 것이에요. 우리 몸도 동맥경화처럼 혈관이 딱딱해져서 피가 잘 흐르지 못하면 문제가 발생하는 것처럼, 전기도 그 통로가 시원시원하게 뚫려 있어야 하죠.

이를 더욱 깊게 이해하기 위해 전류라는 것이 무엇이고, 어떻게 흐르는지 알아보려고 했던 것입니다. 이 내용까지 이해하셨다면 여러분은 이미 전기의 반은 이해하셨다고 해도 과언이 아니랍니다.

05

전기를 방해하는 저항

자격증 시험범위	
전기기능사	전기이론 – 직류회로 – 전기저항
전기기사	전기자기학 – 전계의 특수해법 및 전류 – 저항률 및 도전율 회로이론 및 제어공학 – 회로이론 – 직류회로
전기기능장	전기이론 – 직류회로 – 직류회로 등

저항이란

멋진 전기기술자를 꿈꾸는 우리는 전기가 잘 흐르도록 도와주고 싶어요. 만일 도로기술자라면 자동차가 길로 쌩쌩 잘 다닐 수 있게 하려고 여러 노력을 할 거예요. 어떤 방법이 있을까요? 일반인의 시각으로 단순히 생각해보더라도 몇 가지 방법이 떠오르죠. 우선 도로 폭을 최대한 넓게 하고, 도로의 구간을 최대한 짧게 하고, 도로의 재질을 주행이 쉬운 아스팔트로 만들면 쉽게 차가 이동할 수 있을 것 같아요. 전기도 이와 비슷합니다. 자동차가 잘 다니게 하려면 좋은 도로를 만들어야 하는 것처럼 전기를 잘 흐르게 하기 위해서는 좋은 전기길이 있어야 하죠. 여기서, 저항이라는 개념을 알아야 한답니다.

저항은 '어떤 힘이나 조건에 굽히지 않고 거역하거나 견딤'을 뜻해요. 예를 들어 물체가 이동하려는데 저항을 크게 한다는 것은 반대 방향으로 작용하는 힘이 크다는 의미이죠. 무슨 일을 하려는데 저항이 크다고 하면 그 일을 진행하는데 방해하는 힘이 크다는 뜻이기도 하죠. 그러고 보니 병균에 대해서 견뎌내는 힘이 클 때도 '저항력이 크다.'라고 표현하는 걸 보니 의외로 일상에서도 자주 사용되는 단어네요.

전기에서는 이 저항을 어떤 의미로 사용할까요? 바로 전류의 흐름을 방해하는 정도로 사용해요. 그래서 전기회로(Electric Circuit, 電氣回路)에서 저항이 크다는 것은 곧, 전류를 제대로 못 흐르게 한다는 뜻이죠. 이를 전기저항(Electrical resistance, 電氣抵抗)이라고 합니다. 전기저항의 단위는 옴이라고 읽고 Ω이라고 써요. 예를 들어 전기저항이 100Ω이라면 10Ω보다 전기를 방해하는 크기가 10배라는 뜻이죠. 전기기술자가 '저항'이라고 하면 보통이 '전기저항'을 뜻하는 것이니 지금부터는 편하게 '저항'이라고 부를게요.

전기회로
여러 개의 회로 소자를 서로 접속하여 구성한 전류가 흐르는 통로. 저항, 콘덴서, 유도자 등의 수동 회로 소자와 전압원, 전류원의 전원으로 구성된다.

전기저항
도체에 전류가 흐르는 것을 방해하는 작용. 전압을 전류로 나눈 값으로 나타낸다. 단위는 옴(Ω)이다.

다시 수도 파이프를 빌려서 설명을 이어나가 볼게요. 아래 |그림 11|처럼 수도 파이프의 중간이 구겨져 있다고 해보죠. 그렇게 되면 물이 어떻게 나올까요? 아마도 물은 파이프 중간에 저항이 크게 되어 잘 흐르지 못할 거예요. 그래서 두 그림을 비교하면 오른쪽의 그림이 왼쪽보다 저항이 커서 물이 잘 흐르지 못하죠.

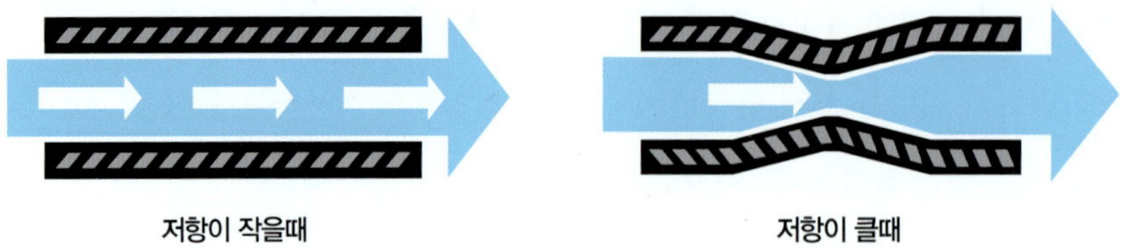

| 그림 11 | 수도관도 저항이 크면 물이 잘 흐르지 못한다.

전기회로에서도 마찬가지예요. 전기가 흐르는 전선이나 도체에 섞여 있는 불순물 때문에 전자의 흐름이 방해받게 되는 일이 있거든요. 그렇게 되면 전기저항이 커져서 전류가 잘 흐르지 못해요. 아래 |그림 12|를 보면 왼쪽보다 오른쪽이 전자가 이동하는데 장애물이 많아 보여요. 그래서 더 흐르기 어려워하고 있어요. 이렇게 비교해 보면 오른쪽에 있는 도체가 저항이 더 크고, 왼쪽에 있는 도체가 저항이 더 작다고 할 수 있죠.

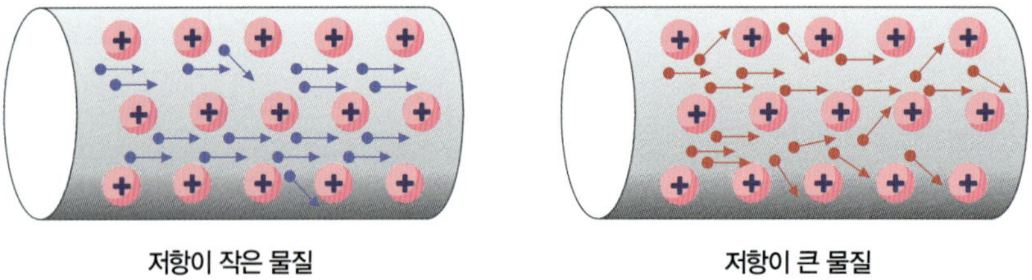

| 그림 12 | 금속 내에서도 저항이 크면 전자가 잘 움직이지 못한다.

그렇다면 저항의 크기는 무엇으로 정해질까요? 도로는 폭이 넓고, 길이가 짧고, 재질이 좋을수록 저항이 작다고 한 것 기억하시죠? 전기저항은 전자가 이동하는 도체의 단면적이 넓고, 길이가 짧고, 고유저항이 작을수록 저항이 작습니다.

도체의 면적이 넓으면 전자는 쉽게 이동하고, 길이가 짧으면 이동구간이 짧아서 저항이 작아지는 원리죠. 고유저항은 어떤 물질이 가지고 있는 고유한 특성을 나타내는 저항값인데, 이 고유저항값이 작을수록 전하의 움직임을 덜 방해해서 전기가 잘 통하게 됩니다.

공학적 접근

전기저항은?

물체의 저항은 고유저항이 클수록, 물체의 길이가 길수록, 단면적이 작을수록 더 커지게 된다.

고유저항을 ρ, 길이를 L, 단면적을 A라고 할 때 저항은 다음과 같다.

$$R = \rho \frac{L}{A} [\Omega]$$

아래 |표 5|는 각 물질에 따라 고유한 전기저항을 나타낸 거예요. |표 5| 중 금속들을 살펴보면 은이 전기저항이 가장 작고 동, 금, 알루미늄 순서로 저항이 커지고 있네요. 이런 물질들은 전기저항이 작아서 전류가 흐르기 쉬운 물질이라는 뜻으로 도체(Conductor, 導體)라고 합니다. 반면 유리, 고무 등은 전기저항이 커서 전류가 흐르기 어려운 물질이라는 뜻으로 부도체(Non-conductor, 不導體)라고 불러요. 부도체는 전선의 재료로서는 좋은 역할을 못 하지만 그렇다고 꼭 쓸모가 없는 것은 아니에요. 왜냐하면, 전류가 흐르는 것을 막는 전선의 피복 재료나 절연물질로서는 아주 좋은 재료이기 때문에 절연체(Insulator, 絕緣體)의 역할은 충분히 해낼 수 있기 때문이죠. 마지막으로 저마늄(게르마늄), 실리콘, 규소와 같은 물질들은 도체

도체

열 또는 전기의 전도율이 비교적 큰 물체를 통틀어 이르는 말. 열에는 금속, 전기에는 금속이나 전해 용액 등이 이에 속한다.

부도체

전기 또는 열에 대한 저항이 매우 커서 전기나 열을 잘 전달하지 못하는 물체

절연체

전도체나 소자로부터 전기적으로 분리되어 있어 열이나 전기를 잘 전달하지 아니하는 물체. 전기의 절연체에는 유리, 에보나이트, 고무 등이 있고, 열의 절연체에는 솜, 석면, 회(灰) 등이 있다.

와 부도체 사이의 성질을 띠고 있는 물질이라는 이름으로 반도체(Semi-conductor, 半導體)라고 부릅니다. 반도체 공학의 눈부신 발전을 이끈 핵심적인 재료가 바로 이 반도체입니다.

반도체
상온에서 전기 전도율이 도체와 절연체의 중간 정도인 물질. 낮은 온도에서는 거의 전기가 통하지 않으나 높은 온도에서는 전기가 잘 통한다. 실리콘, 저마늄(게르마늄) 등이 있으며 정류기, 다이오드, 집적 회로, 트랜지스터 등의 전자 소자에 널리 쓴다.

물질	고유저항[Ω · m]	물질	고유저항[Ω · m]
은	1.62×10^{-8}	순 니켈	7.24×10^{-8}
순동	1.7241×10^{-8}	납	22×10^{-8}
경동선	1.7774×10^{-8}	니크롬	150×10^{-6}
금	2.44×10^{-8}	카본	3.5×10^{-5}
순 알루미늄	2.75×10^{-8}	저마늄(게르마늄)	0.46
텅스텐	5.6×10^{-8}	실리콘	640
철	9.8×10^{-8}	유리	$10^{10}\sim10^{14}$
백금	10.6×10^{-8}	고무	10^{13}

| 표 5 | 고유저항은 물질마다 달라서 역할도 다르다.

06

온도가 변하면 저항도 변한다

혹시 컴퓨터에 달린 작은 선풍기 같은 것들을 본 적이 있나요? 이 작은 선풍기를 보통 팬이라고 부르죠. 팬의 용도에는 열을 식혀주기 위한 기능이 있어 냉각팬이라고도 합니다. 냉각팬은 본체에 한두 개가 달린 것뿐만 아니라 컴퓨디의 파워유닛, CPU, 그래픽카드 등에 부가적으로 설치되어 과열된 컴퓨터 온도를 낮춰줍니다.

| 그림 13 | 컴퓨터는 냉각을 위해 팬이 많이 부착되어 있다.

이렇게 온도가 올라가는 것을 막기 위한 냉각장치는 컴퓨터 이외에도 자동차 엔진에서도 볼 수 있고, 모터에서도 찾아볼 수 있어요. 자동차나 모터는 온도가 올라가면 기계적인 특성이 변하기 때문에 냉각이 중요하다는 사실을 많이 알고 있죠. 그런데 컴퓨터같은 전자제품에는 왜 이렇게 냉각팬이 많이 달린 걸까요? 바로 이 부분이 온도계수와 관련이 있답니다.

공학적 접근

온도계수란?

대부분 금속은 온도가 변화하면 저항도 비례하여 변화한다. 이 비례상수를 온도계수라고 한다.

조금 깊게 들어가 볼게요. 전기저항은 물질의 굵기, 길이, 고유저항과도 관련이 있지만, 온도에 따라서도 저항이 변화해요. 그리고 저항이 변화하는 상태나 크기는 물질에 따라 다르죠. 보통 금속 도체는 온도가 올라갈수록 저항이 증가해요. 전선도 뜨거워지면 전기를 방해하는 크기가 더 커진다는 것이죠. 그래서 저항 온도가 1℃ 올라갈 때 원래의 저항값에 대한 저항의 증가 비율을 알 필요가 있는데 이것을 저항의 온도계수(Temperature coefficient, 溫度計數)라고 합니다. 즉, 온도계수가 클수록 저항이 온도에 민감하게 반응한다는 뜻이죠.

온도계수
전기저항이나 기체의 반응 속도 등이 온도 변화에 따라 변하는 정도.

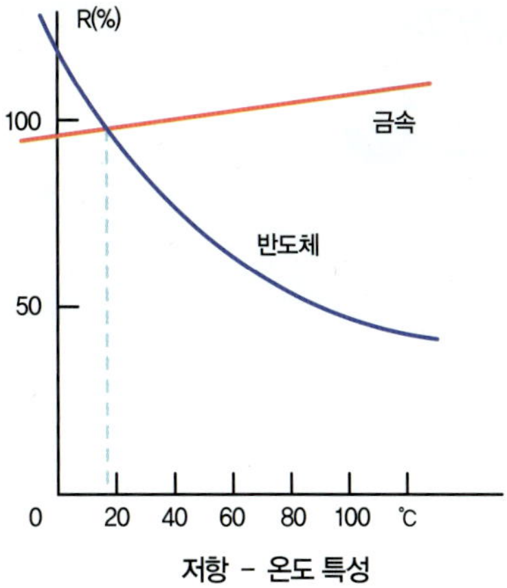

| 그림 14 | 금속과 반도체의 저항–온도 특성

예를 들어, 실내 온도 20℃인 곳에서 어떤 구리선의 저항이 10Ω인데 온도가 점점 올라가면 이 저항값이 10Ω보다 더 커지게 됩니다. 이렇게 온도와 저항이 서로 비례(Proportion, 比例) 관계에 있어서 양(+)의 저항특성이라고도 불러요. 그런데 |그림 14|를 보면 반도체는 금속과는 다른 특징이 보이죠? 온도가 올라갈수록 오히려 저항이 감소하고 있어요. 네, 맞아요. 반도체는 온도가 올라갈수록 오히려 저항이 감소하게 되어 높은 온도에서 오히려 전류가 더 잘 흐른답니다. 그것이 컴퓨터나 노트북에 팬이 많이 달린 이유랍니다. 바로, 반도체가 가진 부(–)의 저항특성 때문이죠. 수많은 반도체 조합인 컴퓨터는 사용하면서 자연스럽게 온도가 올라가는데 온도가 올라가면 오히려 저항이 감소하게 되어 반도체 회로에서는 많은 전류가 흐를 수 있는 위험이 있어요. 그래서 과전류로 인한 손상을 막기 위해서 온도가 많이 올라가지 않도록 온도를 민감하게 확인하고 냉각장치를 돌려서 회로를 안정적으로 유지하는 것이랍니다.

비례
한쪽의 양이나 수가 증가하는 만큼 그와 관련 있는 다른 쪽의 양이나 수도 증가하는 것이다.

07

저항에도 종류가 있다

저항의 종류

세균이라는 말을 들으면 무언가 나쁜 일을 할 것 같은 부정적 느낌이 들죠? 세균은 생물체 가운데 가장 미세하고 하등에 속하는 단세포 생활체인데 사실 자세히 알아보면 종류와 역할도 엄청나게 다양하죠. 우리 몸속에도 다양한 세균이 살고 있고, 그 종류만 해도 수백 가지가 넘는다고 해요. 이런 다양한 세균들을 인간의 시각에서 보면 어떻게 나뉠까요? 세균이 우리 몸에 해로운 기능을 하는 '유해균'처럼 모두 나쁜 것만은 아니에요. 예를 들어 우리 몸에서 이로운 활동을 하는 '유익균'은 우리 몸에 필요한 대사물질을 생성해주는 소중한 존재입니다.

전기에서는 저항도 세균과 비슷하게 구분됩니다. 처음에 저항을 알게 되었을 때는 전기를 방해한다는 이유로 부정적으로만 바라봤어요. 그런데 상황과 역할을 따지면 마치 세균처럼 종류에 따라 우리에게 유익한 저항과 유해한 저항으로 나눌 수 있어요. 우리는 이 저항을 4가지로 나누어 고유저항, 절연저항, 접촉저항,

접지저항으로 살펴볼게요.

첫째, 고유저항(Specific resistance, 固有抵抗)

고유저항은 앞에서 이미 소개했기 때문에 여기서는 짧게만 설명할게요. 어떤 물질이나 재료가 가진 고유한 저항 특성을 말해요. 고유저항은 물질의 재료와 종류, 온도, 길이, 단면적에 따라 결정돼요. 같은 물질이라면 길이가 길수록, 단면적이 작을수록 고유저항이 크죠. 고유저항을 표기할 때는 그리스어로 ρ 라고 쓰고, '로'라고 읽어요. 단위는 $\Omega \cdot m$를 사용하고 있어요. 전기를 잘 흐르게 하려면 이 고유저항이 작은 물질을 재료로 이용해야 해요. 가격 대비 성능을 적절히 따지다 보니 전선으로는 주로 구리가 이용되고 있네요.

고유저항
단위길이(m)와 단위면적(mm^2)을 가진 도체의 전기저항이다.

둘째, 절연저항(Insulation resistance, 絶緣抵抗)

절연(Insulation)은 전기를 통하지 않게 하는 성질을 말해요. 아래 |그림 15|처럼 구리 전선은 전기가 잘 통하는데 혹시 이것을 직접 만지게 되면 굉장히 위험하니까 전기가 통하지 않는 물질로 둘러야 하죠. 이렇게 사용하는 물질을 절연체 또는 절연물이라고 하며, 이 절연물의 저항을 절연저항이라고 합니다. 구리 도체는 전기에너지가 이동하는 통로이므로 저항이 작아야 좋지만, 절연물은 전기가 외부로 유출되지 않아야 하므로 절연저항이 높아야 좋습니다. 그래야 전선에는 전기가 통하더라도 사람이 전선 피복을 만질 때 감전되지 않고 아무런 문제가 없죠. 만일 전선을 둘러싼 절연체에 이상이 생겨서 전기적인 절연 상태가 유지되지 못하면 그것을 '절연이 파괴되었다'라고 표현합니다. 전선을

절연저항
절연된 두 물체 사이의 저항. 절연 물체에 전압을 가했을 때 인가전압과, 이 물체의 내부 또는 표면으로 흐르는 누설 전류의 비를 말한다.

접속할 때 피복을 벗겨서 구리선끼리 접속을 하면 그 부분은 절연이 충분하지 못한데 이럴 때 절연테이프를 이용해서 구리 부분을 충분히 감아주게 되면 원래처럼 절연 성능을 유지할 수 있게 됩니다.

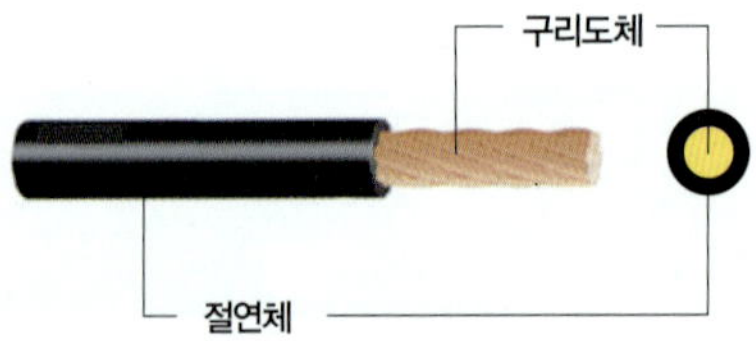

| 그림 15 | 전선은 절연체로 둘러싸여 있다.

| 그림 16 | 절연테이프는 절연 성능을 유지한다.

절연이 잘 되었는지 확인할 방법도 있을까요? 만일 집에서 사용하는 전선의 어느 부분이 절연이 파괴된다면 전기가 새어나가는 누전(Electric leakage, 漏電) 현상이 일어날 수 있어요. 그래서 절연 상태가 양호하게 유지되는지 확인할 필요가 있는데 이때 사용하는 장치가 절연저항계입니다. 흔히 '메거'라고도 불러요. 절연저항계(Insulation resistance tester, 絕緣抵抗計)를 이용하면 전선이 확실하게 절연이 잘 되었는지 알 수 있어요. 만약에 절연이 잘 되어있지 않다면 그 전선이나 기기는 감전이나 누전의 위험성이 있으므로 사용해서는 안 됩니다.

누전
절연이 불완전하거나 시설이 손상되어 전기가 전깃줄 밖으로 새어 흐름. 또는 그 전류를 말한다.

절연저항계
주어진 온도와 전압 아래에서 절연 재료의 저항을 측정하는 장치. 고전압을 절연 재료에 가하고 미소 전류를 측정하여 저항값으로 환산한다.

절연저항은 높으면 높을수록 우리에게 좋다고 할 수 있어요. 그래서 보통 신규로 건축물을 만들었을 때는 절연저항이 1㏁ 이상이어야 하고, 평소에도 0.5㏁ 이상을 유지하여야 합니다.

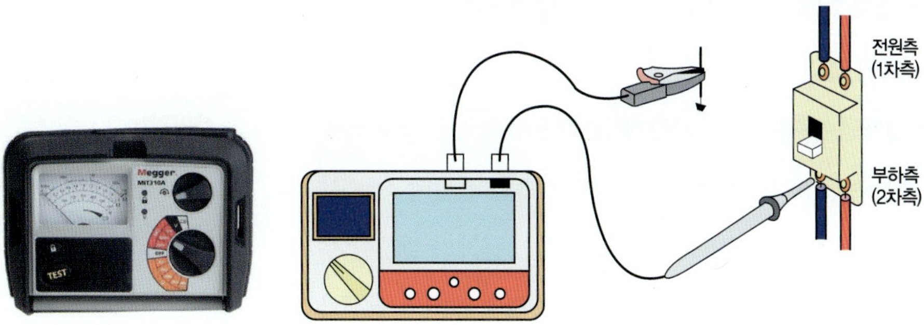

| 그림 17 | 절연저항계로 절연저항을 측정한다.

공학적 접근

절연저항 측정시 유의사항

① 사용전압이 저압인 전로에서 정전이 어려운 경우 등 절연저항 측정이 곤란한 경우에는 누설전류를 1㎃ 이하로 유지할 것

② 신설 시의 절연저항 값은 1㏁ 이상일 것

③ 최대 누설전류 한도 : 저압 전선로 중 절연 부분의 전선과 대지 간 및 전선의 심선 상호 간의 절연저항은 사용전압에 대한 누설 전류가 최대 공급 전류의 1/2000을 넘지 않도록 유지할 것

아래 | 표 6 | 은 한국전기설비규정에서 정하고 있는 절연저항의 크기를 나타내고 있어요. 측정값은 | 표 6 | 에 주어진 기준 절연저항보다 더 커야 합니다.

전로의 사용전압[V]	DC 시험전압[V]	절연저항[MΩ]
SELV 및 PELV	250	0.5
FELV, 500V 이하	500	1.0
500V 초과	1000	1.0

[주] 특별저압(Extra low voltage:2차 전압이 AC 50V, DC 120V 이하)으로 SELV(비접지회로 구성) 및 PELV(접지회로 구성)은 1차와 2차가 전기적으로 절연된 회로, FELV는 1차와 2차가 전기적으로 절연되지 않은 회로

| 표 6 | 사용 전압과 절연 저항값

셋째, 접촉저항(Contact resistance, 接觸抵抗)

콘센트에 플러그를 끼웠을 때 헐렁하여 제대로 접촉되지 않으면 가전제품이 제대로 동작하지 않거나 접촉 부분에서 불꽃이 발생할 수도 있어요. 혹은 전선끼리 접속을 했는데 접속 부분이 제대로 연결되지 않았을 때도 전기적인 문제가 발생할 수 있죠. 이런 문제들은 모두 접촉저항이 적절하지 않아서 발생합니다. 접촉저항은 서로 접하고 있는 두 도체의 접촉면을 통하여 전류가 흐를 때, 그 접촉면에 생기는 전기저항이에요.

접촉저항
두 물체의 접촉면을 통하여 전기가 흐를 때, 그 사이에서 생기는 전기저항. 그 값은 도체의 종류, 압력, 전류 밀도 등에 따라 달라진다.

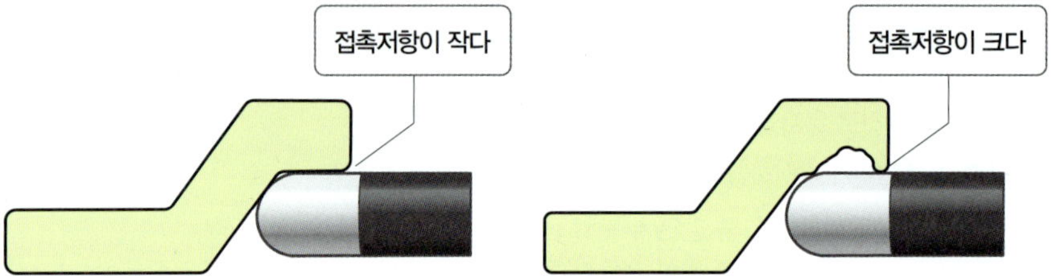

| 그림 18 | 접촉저항이 작은 것과 큰 것의 비교

두 개의 전선이 함께 맞닿아 있는 모양이 |그림 18|처럼 되어 있다고 생각해 보죠. 왼쪽은 서로 밀접하게 맞닿아 있기 때문에 전선 서로 간에 전류가 원만하게 흐를 수 있어요. 이런 경우에는 전선끼리의 접촉저항이 작은 것이죠. 반면, 오른쪽 그림은 두 전선 사이에 공간이 있어서 제대로 접촉되지 않는 모습이네요. 이렇게 되면 전류가 잘 흐르지 못하니 접촉저항이 큰 것입니다.

콘센트에 플러그를 꽂을 때는 접촉저항을 작게 하기 위해 제대로 끝까지 꽂아 주어야 합니다. 만약에 콘센트가 헐렁하거나 확실하게 꽂히지 않아 접촉저항이 크면 접촉저항이 큰 부분에서는 열이 발생하여 화재사고 같이 일이 커질 수 있으니까요.

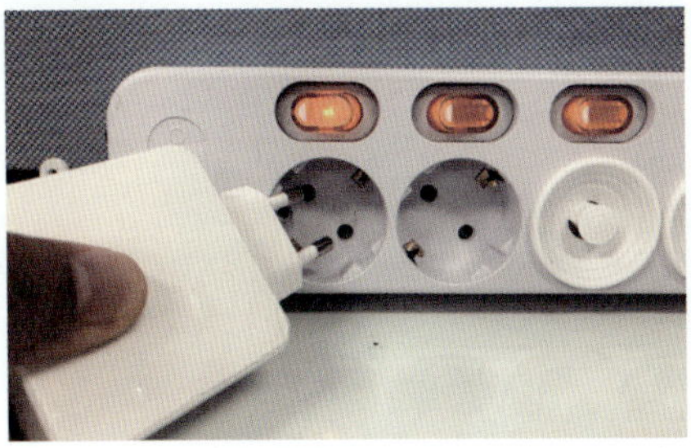

| 그림 19 | 콘센트에 플러그를 꽂을 때는 접촉저항을 작게 하기 위해 끝까지 제대로 꽂는다.

| 그림 20 | 통신케이블은 접촉저항을 작게 하기 위해 단자 부분이 도금되어 있다

|그림 20|은 컴퓨터 모니터 케이블로 많이 사용되는 단자의 모습이에요. 이 단자는 끝부분의 접속이 되는 핀 쪽에 기계적인 부식을 방지하고 접촉저항을 작게 하기 위해 도금이 되어 있죠.

아래 |그림 21|처럼 납땜을 하는 것도 두 도체 사이에 납을 녹여서 접촉되는 면적을 넓게 만듦으로써 일종의 접촉저항을 줄이려는 노력이라고 볼 수 있어요.

| 그림 21 | 전자 기판의 납땜도 접촉저항을 줄이는 방법이다.

넷째, 접지저항(Grounding resistance, 接地抵抗)

전기적 안전을 위해 누설전류를 땅으로 보내는 것을 접지라고 해요. 접지에 대해서는 뒤에서 다시 자세히 배울 기회가 있으니 여기서는 간단히 설명할게요. 전력선이 땅과 만날 때 그 저항을 접지저항이라고 하며 접지저항은 주로 접지전극과 대지(땅)가 얼마나 접속이 양호하게 되었는지를 나타내는 것으로써 그 값이 작을수록 전기적인 접속이 잘 되었다는 뜻입니다. 즉, 접지저항은 작을수록 좋다고 할 수 있어서 전기안전과 관련된 접지 규정에는 접지저항을 특정 값 이하로 유지하도록 정해놓고 강제하고 있어요.

접지저항
땅에 매설한 접지 전극과 땅 사이의 전기 저항이다.

08

전기를 땅과 연결하는 접지

자격증 시험범위		
	전기기능사	전기설비 - 배선설비공사 - 접지공사
	전기기사	한국전기설비규정 - 접지시스템
	전기기능장	한국전기설비규정 - 총칙 - 접지시스템

접지 이해하기

본격적으로 흥미로운 주제인 접지에 대해서 알아볼게요. 비가 많이 오는 여름날의 배수관을 상상해 보세요. 만일 도시의 배수로가 막힌다면 물이 강이나 바다로 흘러가지 못해서 큰 피해를 겪을 수도 있어요. 그래서 배수로는 낙엽이나 이물질이 없도록 주기적으로 청소를 해야 하고 크기를 충분하게 만들어서 한 번에 많은 양의 물이 지나갈 수 있게 준비가 되어있어야 하죠. 세면대나 싱크대에 있는 작은 구멍인 오버플로도 보신 적이 있으시죠? 오버플로는 |그림 23|처럼 세면대의 물 배출구가 막혀 있는 상태에서 수도꼭지가 틀어져 있을 때 어느 정도 물이 차면 물을 강제로 빠져나가게 하는 구멍이에요. 만일 이 구멍이 막혀있거나 없다면 물이 철철 넘쳐 엉망이 될 테니 상상만 해도 아찔합니다.

| 그림 22 | 배수로는 물을 안전하게 외부로 흘려준다.

| 그림 23 | 세면대 오버플로는 물이 넘치지 않게 한다.

전기에서의 오버플로 같은 역할은 바로 접지가 해줍니다. 잠시 이 책의 앞부분에서 공부한 내용이 얼마나 기억에 남아있는지 확인해 볼까요? 질문 들어갑니다. 전기는 어디에서 어디로 흐른다고 했었죠? 기억이 가물가물할 수도 있는데, 전기는 전위가 높은 곳에서 낮은 곳으로 흐른다고 했어요. 그렇다면 전기가 높은 곳에서 흐를 때 가장 낮은 곳의 기준점은 보통 어디로 둘까요? 그 기준은 이 세상 어느 곳에서도 쉽게 접근할 수 있는 지구, 땅입니다.

만일 수도 파이프에 구멍이 생겨서 누수 현상이 일어나게 된다면 그 물은 수위차 때문에 결국 땅 쪽을 향해서 흐를 거예요. 물은 높은 곳에서 낮은 곳으로 흐르니까요. 전기도 마찬가지로 전기절연이 파괴되거나 이상 전류가 만들어졌을 때는 전위가 가장 낮은 쪽을 향해서 흐르게 되는데 우리는 보통 그 기준점을 전위가 0V(볼트)인 땅으로 하고 있어요. 그래서 전선을 땅과 연결하는 것을 한자로 쓰면 접지(接地)라고 하고 영어로는 Grounding(GND)이나 Earthing이라고 합니다.

전기제품 중에 세탁기의 절연이 정상적이지 않은 상태라고 가정해 볼게요. 세탁기 안의 전선 피복이 손상되어 세탁기 외함에 전기가 충전된 채로 머물러 있으면서 호시탐탐 빠져나갈 길을 찾고 있다고 해볼게요. 현재의 전위보다 낮은 전위를 향해서 이동하고 싶은데 통로가 없어서 발을 동동 구르며 기회를 엿보고 있는 상황인 거죠. 바로 그때! 사람이 세탁기를 손으로 건들면 세탁기에서 사람의 '손 → 몸통 → 다리'를 통해서 전위가 낮은 땅으로 전류가 이동하게 됩니다. 이런 식으로 원래의 정상적으로 설계된 회로가 아닌 다른 곳으로 전류가 흐르는 것을 '누전'이라고 하며, 신체를 통해서 전류가 흐르는 것을 '감전'이라고 합니다. 사람이 감전되었을 때 작은 전류가 흐르면 불쾌한 느낌 정도로만 끝날 수 있지만, 큰 전류가 흐르면 치명적인 피해를 가져오게 됩니다. 전류는 사람에게 30mA, 즉, 0.03A로도 생명에 지장을 줄 수 있습니다.

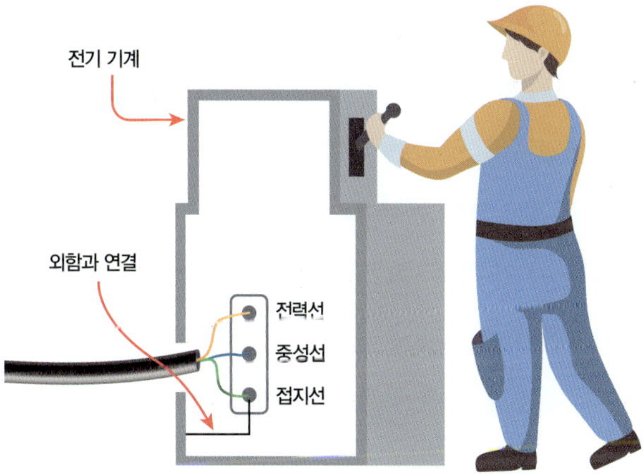

| 그림 24 | 접지가 되어있으면 사람으로 전류가 흐르지 않는다.

접지가 감전을 예방할 수 있다는 말이 무슨 뜻일까요? 일단 접지의 종류는 몇 가지가 있는데, 그중에서 감전을 방지하기 위한 보호접지를 설명해 볼게요. 접지의 기본개념은 전기기기의 철 외함을 전선으로 땅과 연결하는 작업을 말합니다. 그렇게 되면 이상 전압이 발생하거나 고장 전류가 생겼을 때 사람보다는 더 전류가 잘 흐르는 전선을 통해서 표면 전위가 0V인 땅으로 전류가 흐르죠. 자연스럽

게 누전된 전기기기를 접촉한 사람은 인체에 흐르는 전류의 크기가 아주 작아 감전을 예방할 수 있습니다. 일반 가정집에서도 이와 같은 원리를 이용한 접지를 쉽게 찾아볼 수 있어요. 한번 찾아볼까요?

지금 방을 한 바퀴 둘러보면 콘센트가 있죠? 콘센트를 자세히 보면 콘센트 큰 구멍에 있는 작은 금속 쪼가리가 바로 접지를 위한 단자입니다. 그 금속 부분을 접지극이라고 하는데, 플러그에 있는 철편 부분과 접속되었을 때 전기적으로 만나게 되죠. 플러그의 접지극은 케이블 내부에서 전선으로 연결되어 전자제품의 외함에 주로 연결이 되고, 콘센트의 접지극은 건축물의 전선으로 연결되어 결국 땅으로 연결됩니다.

전체적인 맥락을 보면 전기기기의 외함에 누설전류(Leakage current, 漏泄電流)가 생기면 그 전류는 외함과 연결된 전선을 타고 플러그로 이동하고, 플러그는 콘센트와 만나서 건축물을 따라 다시 땅으로 이동하는 것이죠. 플러그를 콘센트에 꽂을 때는 이 단자를 잘 살펴보아야 합니다. 플러그의 접지 단자 부분과 콘센트의 접지 단자 부분을 오래 사용하다 보면 탄력이 약해져서 접촉이 잘 안 될 수도 있거든요. 이때 전기적인 안전을 위해서 수리하거나 교체를 해야 비로소 접지가 잘 되었다고 볼 수 있습니다.

누설전류
절연 재료의 내부 또는 표면을 따라 새어서 흐르는 일정한 값의 아주 적은 양의 전류. 대개의 절연 재료에서는 표면 전류가 대부분을 차지한다.

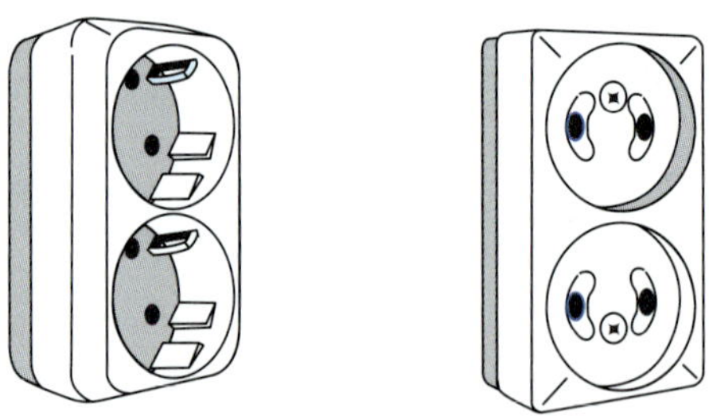

| 그림 25 | 접지극 콘센트와 무접지 콘센트 비교

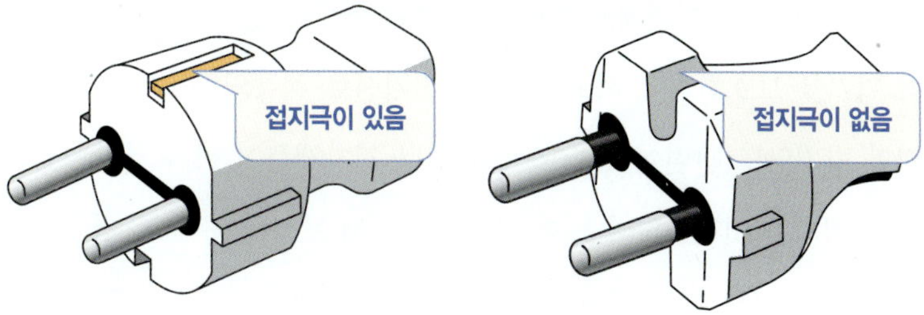

| 그림 26 | 접지극 플러그와 무접지 플러그의 비교

|그림 25|와 |그림 26|의 오른쪽은 접지극이 없는 콘센트와 플러그를 보여주고 있어요. 관련 법규에 따라 무접지극이 허용되는 일부 경우를 제외하고는 모든 콘센트는 접지극이 있는 접지극 플러그와 콘센트를 사용하여야 안전합니다. 이런 내용은 벽에 붙이는 콘센트뿐만 아니라 멀티탭과 같이 이동하면서 사용하는 콘센트에도 공통으로 적용되는 사항이에요. 만약 주변에 비접지용 콘센트를 사용 중이라면 안전을 위해서 접지 콘센트로 교체하길 적극적으로 권장합니다.

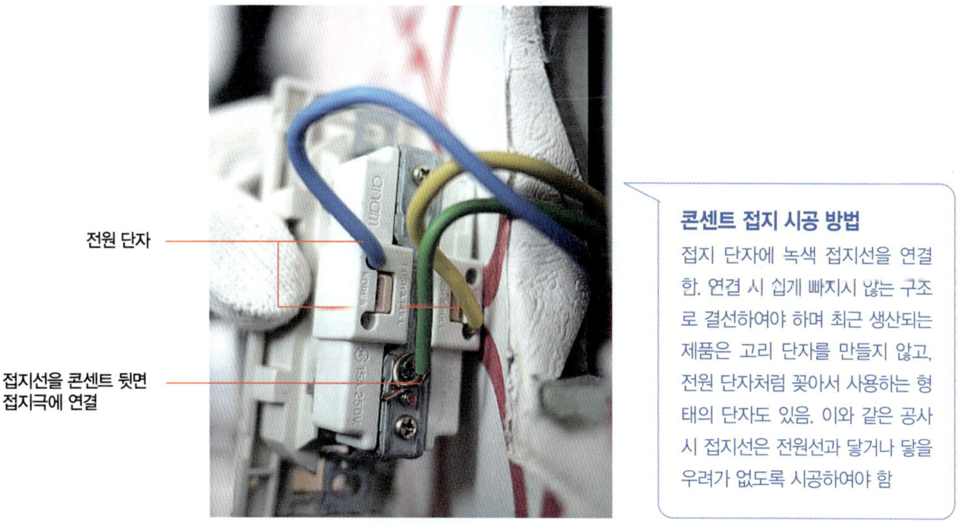

| 그림 27 | 콘센트의 접지선을 시공하는 방법이다.

접지는 감전을 방지하는 목적 이외에도 여러 가지 좋은 역할을 할 수 있어요. 특정한 전류로부터 기기를 보호하기도 하고, 복잡한 전기선로 계통의 신뢰도도 높여주죠. 또, 전자파 방지와도 관련이 있어요. 컴퓨터나 전자제품이 팔과 같은 곳에 살짝씩 닿으면 전기가 찌릿찌릿하며 느껴지는 경험을 해 보셨을 거예요. 일반적으로 이렇게 전자제품을 사용하면 때에 따라 전기적인 이상으로 전기가 약간 누설되는 누설전류가 생겨요. 이 누설전류는 상황에 따라 달라서 피부에 닿아 따끔하게 하여 기분이 나쁜 정도로 끝날 때도 있지만 정밀한 기기를 손상시킬 수도 있죠. 이러한 기기의 보호도 역시 접지의 목적에 해당한답니다.

가정의 분전함(Distribution box, 分電函)이나 사무실의 배전반(Distributing board, 配電盤)을 보면 그림처럼 녹색으로 된 선들이 연결된 것을 볼 수 있어요. 이런 결선이 바로 접지 공사입니다. 대부분 접지에 사용하는 전선의 색깔은 녹색을 사용하고 있어요. 이 전선이 결국 땅으로 향하고 최종적으로 접지판이나 접지봉에 연결하여 대지와 만나게 됩니다. 대지와 만날 때는 땅의 상태나 조건에 따라 접지저항이 변할 수도 있어요. 그래서 접지저항을 낮추기 위해서 접지 저감제를 사용하거나 판이나 봉을 더 깊게, 여러 개 시공하기도 합니다.

분전함
분전반을 넣는 플라스틱 함이나 철함. 분전반을 건물의 벽면이나 벽체 속에 설치할 때 흔히 이용한다.

배전반
발전소나 변전소 또는 전기 시설이 되어 있는 건물 같은 곳에 장치한 반(盤). 안전장치, 계기, 표시등, 계전기, 개폐기 따위를 배치하여 전로(電路)의 개폐나 기기(機器)의 제어와 감시를 쉽게 한다.

| 그림 28 | 접지 공사가 된 배전반의 모습

공학적 접근

접지극의 시설 방법(한국전기설비규정 142.4)

① 접지극은 지하 75㎝ 이상으로 매설한다.

② 접지도체를 철주 기타의 금속체를 따라서 시설하는 경우에는 접지극을 철주의 밑면으로부터 0.3m 이상의 깊이에 매설하는 경우 이외에는 접지극을 지중에서 그 금속체로부터 1m 이상 떼어 매설하여야 한다.

③ 지중에 매설되어 있고 대지와의 전기저항 값이 3Ω 이하의 값을 유지하고 있는 금속제 수도관로는 접지극으로 사용이 가능하다.

④ 접지도체는 지하 0.75m부터 지표상 2m까지 부분은 합성수지관(두께 2㎜ 미만의 합성수지제 전선관 및 가연성 콤바인덕트관은 제외한다) 또는 이와 동등 이상의 절연효과와 강도를 가지는 몰드로 덮어야 한다.

09

전기의 힘을 전력이라고 한다

자격증 시험범위	
전기기능사	전기이론 – 전력
전기기사	전기자기학 – 전계의 특수해법 및 전류 – 전류에 관련된 제현상
전기기능장	전기이론 – 직류회로 – 줄열과 전력

전력이란?

전력과 전력량

전기를 많이 사용하는 전자제품은 일단 일을 많이 한다고도 볼 수 있어요. 그렇다면 일을 많이 하는 전자제품을 어떻게 숫자로 표현할까요? 전기가 한 일을 숫자로 표현하는 방법이 바로 전력(Electric power, 電力)입니다. 전력은 기호로 P라고 쓰는 것이 일반적이고 단위는 W인데, 이는 보통 Watt(와트)라고 읽죠. 예를 들어 선풍기의 소비전력이 200W(와트)이거나 다리미가 800W(와트)를 사용한다는 것은 모두 전자제품이

전력
전류가 단위 시간에 하는 일. 또는 단위 시간에 사용되는 에너지의 양. 값은 전압과 전류의 곱으로 나타낸다. 단위는 와트(W)와 킬로와트(kW)이다.

일을 얼마나 하는지를 나타낸 것입니다. 전력은 일종의 전기가 내는 힘(Power)이라고 생각해도 괜찮습니다. 전력이 크면 힘도 큰 것이죠. 그리고 초등학생 정도의 눈높이로 낮추어 본다면 와트를 돈으로 생각해 볼 수도 있어요. 선풍기가 200W라면 200원 정도의 전력을 쓰고, 다리미가 800W라면 800원 정도의 전력을 사용한다는 것처럼 말이죠.

잘 정리가 안 되는데 전력이 200W면 어느 정도의 전력을 사용한 것일까요? 정확한 정의가 어떻게 될까요? 여러 가지 정의로 전력을 표현할 수 있지만, 일반적으로 가장 이해하기 쉬운 것은 '전력=전압×전류'라는 것입니다. 아래와 같이 식으로 나타낼 수 있어요.

전력 = 전압 × 전류 [W]

$$P = V \times I \text{ [W]}$$

만약, 200V를 사용하는 선풍기에 1A의 전류가 흘렀다면 전력은 둘을 곱해서 200V×1A=200W가 됩니다. 전력이 200W를 사용했다는 것은 곧 1A의 전류가 흘렀다는 것이죠. 이를 응용하면 200V를 사용하는 곳에서 1000W의 전력이 소비되었다면 5A의 전류가 흘렀다는 것과 같습니다. 전력의 크기가 클수록 일을 더 많이 한 것이고 일을 많이 했다는 것은 전압은 같더라도 더 많은 전류가 흘렀다는 것이죠. 우리 가정은 대부분 220V를 사용하고 있으므로 가전제품마다 전력의 크기를 살펴보면 그 크기가 큰 것이 전기를 더 많이 사용하는 것이 됩니다. 아래 그림을 살펴보면 가전제품마다 전기를 얼마만큼 소비하는지 대략 보여주고 있습니다. 여기에서 전력이 클수록 더 많은 전기를 소비한다는 뜻이니 한번 살펴보세요.

| 그림 29 | 가전제품 소비전력 예시

전기제품 중에서 어떤 제품들은 전력을 거의 열을 발생하는 데 소비합니다. 예를 들어 다리미, 드라이기, 전기장판 같은 부하들은 전력을 주로 열로 소비하죠. 소비 과정은 전기회로에서 저항을 통과하는 전자들이 원자들과 충돌하면서 전기적 위치에너지를 잃으며 열이 발생한다고 알려져 있고, 이런 관계를 정리한 것이 줄의 법칙입니다. 하지만 전기제품이라도 모두 전력을 열로 소비하진 않아요. 선풍기, 냉장고, 에어컨 등은 주로 전동기를 돌리는 데 전력을 소비합니다.

전력량이란?

전력량계 동작원리

조금 전까지 전력에 대해서 알아보았어요. 전력이 일의 크기라고 하면 지금부터 알아갈 전력량은 일의 양이라고 할 수 있어요. 예를 들어 건강을 위해서 달리기 운동을 할 때 순간적인 힘은 같지만, 1초를 뛰는 것과 1시간 뛰는 것은 그 운동량에 차이가 있죠. 시간이 많을수록 운동량이 아주 많이 커지는 것이니까요. 전력도 이처럼 200W짜리 선풍기를 1초 동안 동작하는 것과 1시간 동작하는 것은 차이가 있으며, 그 차이의 개념을 전력량(Electrical energy, 電力量)이라고 합니다.

전력량
전기가 한 일의 총량. 전력과 시간의 곱으로 나타낸다. 단위는 와트시(Wh).

본래 W(와트)의 시간 단위는 '초'입니다. 그런데 전력량은 단위로 '시(hour)'를 사용하므로 와트 뒤에 시(h)를 넣어 Wh(와트시)로 표기하죠. 그래서 전력량은 전력×시간으로 나타냅니다.

만일 전력이 200W 선풍기를 1시간 사용하면 소비한 전력량은 200Wh(와트시), 2시간 사용하면 200W×2시간=400Wh(와트시)입니다. 이런 전력량은 전기를 사용하는 요금인 전기요금을 산정하는 기준이 되기 때문에 전기요금 청구서 같이 실생활에서 가까이 접할 수 있습니다. 아래 |표 7|은 한국전력의 전기요금을 나타냅니다. 소규모의 주택에 해당하는 금액인데, 자세히 보면 여름(하계)의 구간이 조금 더 넓어서 전기요금이 다른 계절보다 약간 싼 것을 볼 수 있어요. 최근에는 겨울철에 난방을 위한 전자제품들을 많이 사용해서 겨울(동계)에 전기가 더 부족하다 보니 여름철보다 비싸게 가격을 매기고 있습니다.

$$전력량 = 전력 \times 시간 \ [W]$$

$$W = P \times t \ [W]$$

구간	하계(7.1~8.31) 요금 (원/kWh)		기타계절 요금 (원/kWh)	
1	300kWh 이하 사용	88.3	200kWh 이하 사용	88.3
2	301~450kWh	182.9	201~400kWh	182.9
3	450kWh 초과	275.6	400kWh 초과	275.6

| 표 7 | 주택용 저압 전기요금표

전력요금은 어떻게 산정할까요? 우리 집에서 전기를 사용하는 양은 어떻게 알 수 있을까요? 바로, 집마다 아래 |그림 30|, |그림 31|처럼 생긴 전력량계(Watt Hour Meter; WHM, 電力量計)가 있어 집에 들어오는 전기의 총량을 측정하여 전기요금을 계산합니다. 전력량계는 전기 사용량을 측정하는 계기로서 일반 가정뿐만 아니라 전기를 사용하는 어느 곳에서나 설치되어 있습니다. 예전에는 |그림 30|처럼 기계식 전력량계를 많이 사용했는데, 지금은 |그림 31|처럼 전자식을 많이 사용하고 있어요.

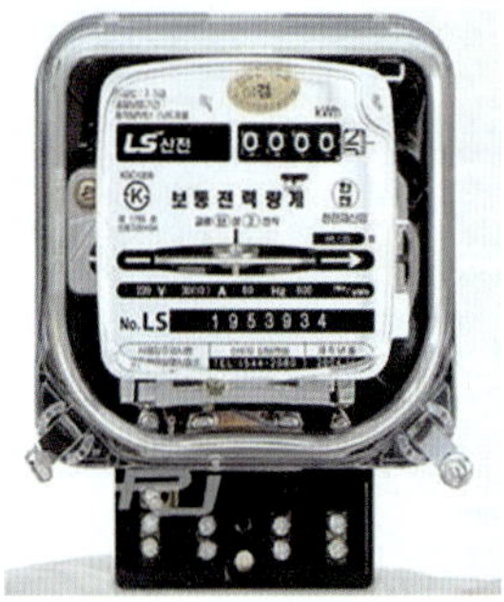

|그림 30| 기계식 전력량계

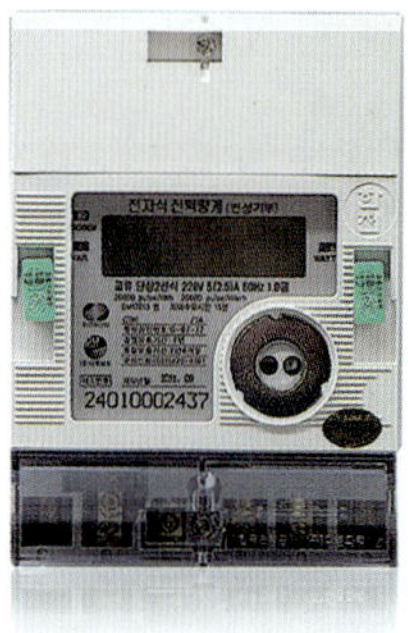

|그림 31| 전자식 전력량계

기계식 전력량계의 원리는 간단히 다음과 같아요. 이런 방식을 유도형 전력량계라고 부르는데, 전류가 이 기계로 들어오게 되면 자기장이 만들어져서 가운데 있는 원판을 회전시켜요. 회전하는 원판은 전기 사용량이 많을 때는 빨리 돌고, 사용량이 적을 때는 천천히 돌죠. 이렇게 회전하면서 내부에 있는 톱니바퀴를 돌리고 그것이 전기요금을 표시하는 숫자판의 숫자를 바꾸게 되어있답니다. 이번 달에 표기된 숫자에서 지난달의 숫자를 빼면 한 달 동안 사용한 전력량이 되는 것이죠.

참, 지금까지 전력량에 대해서 배웠으니 생각해볼 문제가 있어요. 전기요금을 아끼려면 어떻게 해야 할까요? 이 문제를 풀어가기 위한 접근 방법은 여러 가지가 있지만 저는 집에서 사용하는 전자제품 중에서 비교적 소비전력이 큰 제품의 사용시간을 줄이는 것을 권장해요. 무슨 얘기냐면 집의 곳곳에 있는 사용하지 않는 전등을 하나씩 살펴 가며 끄는 것도 중요하지만, 비교적 소비전력이 큰 전자제품인 밥솥, 세탁기, 에어컨, 청소기 등의 사용시간을 줄이는 노력도 중요하답니다. 예를 들어 전기밥솥은 보온기능으로 놓더라도 소비전력이 약 100W입니다. 이것은 선풍기를 정상적으로 사용할 때인 50W보다 오히려 소비전력이 두 배 더 크고, 25W 형광등 4개를 계속 켜고 있는 것과 같죠. 그러니 적정량의 밥을 지어 한 번에 먹고, 보온을 사용하지 않는 것이 전기절약적 측면에서는 더 유리하답니다. 즉, 지혜로운 생활습관이 전기요금을 줄일 수 있다고 말할 수 있어요.

10

효율을 높이자

자격증 시험범위	
전기기능사	전기기기 – 변압기 – 변압기 이론 및 특성
전기기사	전기기기 – 직류기 – 직류기의 손실과 효율
전기기능장	전기기기 – 변압기 – 변압기의 손실과 효율

효율이란?

효율이란

공부도, 일도 효율이 높으면 좋겠죠? 효율은 어떤 것에 투입한 것과 산출된 것을 비교하는 비율을 말해요. 공부시간을 조금 투자했는데 많은 결과를 얻으면 공부효율이, 일에 시간을 조금 투자했는데 많은 성과를 냈다면 일 효율이 높은 것이죠. 이런 효율은 전기에서도 중요한 용어입니다. 바로, 전기기기에 투입된 에너지 대비 출력한 에너지의 비율로 효율(Efficiency, 效率)을 자주 언급하거든요.

효율
들인 노력과 얻은 결과의 비율. 기계에서는 일한 양과 공급되는 에너지와의 비(比)를 나타낸다.

가전제품에는 아래 |그림 32|처럼 '에너지소비효율등급'이라는 스티커가 붙어있어요. 이 제도는 냉장고, 세탁기, 텔레비전, 청소기 등 가정에서 사용하는 29개 품목에 대해서 최소한의 에너지 효율 기준을 정해 이를 소비자들이 알기 쉽게 1~5등급으로 표시한 제도입니다. 1등급에 가까울수록 에너지 절약형 제품이며 5등급과 비교했을 때는 약 30~40%의 에너지를 절감할 수 있다고 하니 같은 성능과 같은 값이면 1등급에 가까운 제품을 고르는 것이 좋겠네요.

잠깐 만요 에너지소비효율등급이란?

에너지소비효율등급이란 1부터 5까지의 등급에 따라 가전제품의 에너지 사용량이나 에너지 소비 효율을 구분해 표시한 것입니다. 이것은 한국에너지공단의 에너지소비효율등급 표시제도에 따르며 에너지 절약형 제품의 보급 확대를 위하여 국내 제조업자(국산 제품)와 국내 수입업자(수입제품)에게 에너지소비효율등급라벨 등의 표시와 제품신고, 최저소비효율기준 적용이라는 3가지 의무를 부여합니다. 이를 통하여 고효율 제품의 생산 기술 개발을 촉진하고, 소비자의 원천적 에너지 절약 제품 구매를 유도하는 제도입니다.

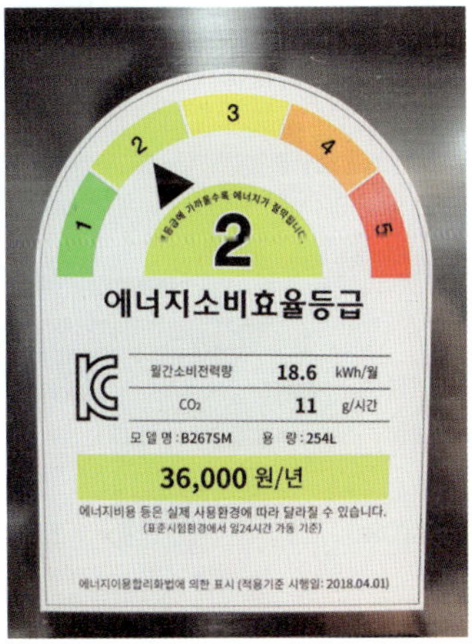

|그림 32| 냉장고에 표시된 에너지소비효율등급

전기에서 말하는 효율을 조금 더 알아볼게요. 보통 일상에서 '효율이 높다.'라고 하는 것과 전기에서의 효율은 같은 의미일까요? 어떤 기계에서 효율은 일한 양과 공급되는 에너지와의 비(比)율을 말해요. 어떤 기계에 100만큼의 에너지를 넣었는데, 일을 70만큼 했다면 그 비율은 0.7이고, 백분율로 나타내면 70%가 되지요. 그리고 에너지 효율(Energy efficiency)은 넓은 의미로는 투입한 에너지에 대해 이용할 수 있는 에너지의 비율을 나타냅니다. 예를 들어 선풍기는 전기에너지를 받아 회전에너지로 바람을 만들어내지요. 이때 전기에너지를 100만큼 받아서 회전에너지로 100만큼 출력했다면 효율이 100%이지만, 30만큼만 내보냈다면 효율은 30%가 되는 것이죠.

아래 |그림 33|에서 왼쪽은 효율을 돈으로 비유한 내용이에요. 월급을 받아서 지출하고 남은 돈은 저축할 수 있고, 수입 대비 저축의 금액을 저축률로 나타내 볼게요. 만일 200만 원을 월급으로 받고 50만 원을 저축했다면 저축률은 25%가 되겠네요. 오른쪽은 이 내용을 에너지의 흐름으로 나타낸 것이에요. 어떤 기계에 입력된 에너지 중 손실을 제외한 것이 출력인데, 그 비율을 바로 효율로 표기하는 것이지요. 선풍기의 경우 전기에너지를 입력하면 중간에 손실로서 구리 전선에서 발생한 저항손실, 회전하는 전동기에서 발생하는 베어링 손실, 바람을 가르면서 발생하는 바람 손실과 같은 손실을 뺀 나머지가 날개로 가서 기계적 에너지 형태로 출력됩니다.

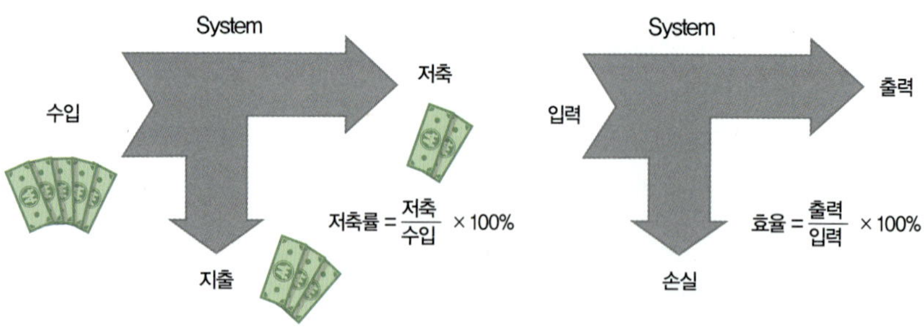

|그림 33| 저축률과 효율의 다이어그램

그래서 보통 '효율이 높다.'라고 하면 입력한 에너지에 비해서 출력이 좋다는 뜻이고, 이는 곧 손실이 적다는 말과 같아요. 전기기술자들은 효율이 좋은 전기제품을 만들기 위해서 이 손실을 어떻게 하면 더 줄일 수 있을지 아주 깊은 고민을 한답니다. 왜냐하면 최소한의 투입으로 최대한의 출력을 얻을수록 효율이 높은 것으로 평가되기 때문에 |그림 32|처럼 전자제품에 부착된 큰 스티커로써 소비자에게 이를 보여주고 선택받을 수 있기 때문이죠.

공학적 접근

실측효율과 규약효율

효율은 실제로 입력과 출력의 비로 계산하지만, 직접계산이 어려울 수가 있어 아래와 같이 기기특성에 약속된 계산 방법을 이용하는 규약효율도 있습니다.

① 실측효율 : 실제로 부하를 연결하여 입력과 출력을 측정하여 계산하는 효율

$$\eta = \frac{\text{출력}}{\text{입력}} \times 100\ [\%]$$

② 규약효율 : 규정된 방법에 따라 각 손실을 측정, 산출하고 이를 계산하는 효율

$$\text{발전기} : \eta_G = \frac{\text{출력}}{\text{출력}+\text{손실}} \times 100\ [\%]$$

$$\text{전동기} : \eta_M = \frac{\text{입력}-\text{손실}}{\text{입력}} \times 100\ [\%]$$

손실을 줄이는 방법은?

전기기기에서 효율을 높이려면 어떻게 해야 할까요? 무엇보다도 손실을 줄이려는 노력이 필요합니다. 일종의 가계부를 생각해 볼 수 있어요. 가계부를 작성하는 이유는 사실상 고정된 수입에서 지출 내용을 꼼꼼하게 작성함으로써 줄일 수 있는 손실을 더 줄여보기 위한 것입니다. 지출 내용을 꼼꼼하게 기록하고 나중에

분석해보면 어떤 곳에서 불필요하게 비용이 지출되었는지를 알 수 있기 때문이죠. 전기기기도 마찬가지예요. 예를 들어 선풍기는 전기를 입력받은 다음 기계구조를 이용하여 회전운동을 하는 힘을 만들어냅니다. 그런데 선풍기도 모든 전기에너지가 회전운동으로 전달되는 것은 아니에요. 선풍기가 받은 전기에너지 중에서 일부는 전동기의 코일에서 저항손실로 나가고, 일부는 전자석을 만들기 위해 철심에서의 손실로 빠져나가게 되죠. 이렇게 철에서 생기는 손실에는 와류손실(Eddy current loss, 渦流損), 히스테리시스 손실(Hysteresis loss)이 있답니다. 잘 돌고 있는 선풍기의 모터 부분을 만져 보면 따뜻한 온기가 느껴지죠? 그렇게 열이 나는 것도 전기에서는 일종의 손실입니다. 선풍기는 될 수 있으면 전기에너지가 모두 회전력으로 전달되어야 하는데 일부가 소리나 열의 형태로 중간에 잃어버리는 것이거든요.

와류손실
철심(鐵心) 표면을 흐르는 맴돌이 전류가 도체의 저항 때문에 줄열(Joule熱)이 발생하여 생기는 전력 손실이다.

히스테리시스 손실
자성 물질에서 이력 현상 때문에 생기는 에너지 손실. 철손 구성 성분의 하나로, 이 손실 에너지는 강자성체 속에서 열을 내는 데 소비된다.

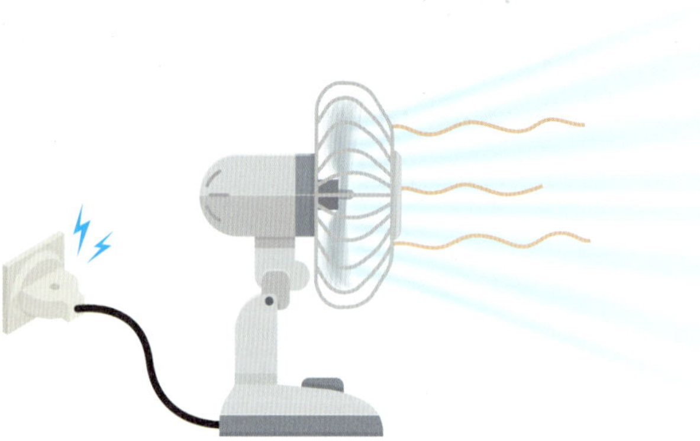

| 그림 34 | 선풍기는 전기에너지를 받고 바람을 만들어낸다.

다시, 가계부 이야기를 해 볼까요? 가계부에서 지출은 고정지출과 변동지출로 나눌 수 있어요. 고정지출은 매월 정기적으로 일정 금액이 지출되는 것으로서

보험료, 월세, 인터넷 요금처럼 처음 정한 액수를 좀처럼 바꾸기 어려운 특징이 있죠. 반면 유흥비, 의류비 같은 것은 상황에 따라 아껴 쓸 수 있는 여지가 있어 변동지출이라고 합니다. 수입이 일정한 샐러리맨이 지출을 줄인다면 고정지출보다는 변동지출을 줄이는 것이 더 효과적일 겁니다.

전기기기에서의 손실도 두 종류로 나뉘어요. 전기를 많이 쓰든 적게 쓰든 일정한 고정손실이 있고, 많이 쓸수록 손실이 커지는 가변손실이 있어요. 고정손실은 주로 철심에서 생기는 철 손실로서 그 크기가 일정하지만, 구리에서 발생하는 손실은 전류가 많이 흐를수록 손실이 커져서 가변손실이라고 합니다. 고정손실은 다른 이름으로 부하가 있든 없든 일정해서 무부하손(No-load loss, 無負荷損), 가변손실은 부하의 크기에 따라 변하므로 부하손(Load loss, 負荷損)이라고도 부릅니다.

무부하손
무부하 상태의 전동기에서 정격 전압과 정격 주파수 하에 정격 속도로 운전한 경우, 전동기 입력으로 표현되는 손실. 철손, 기계손, 여자 전류에 의한 손실의 합이다.

부하손
부하 시에만 발생하는 손실. 1차, 2차 부하 전류에 의한 권선의 저항 손실과 부하 전류에 의한 누설 자속에 의해 생기는 표유 부하 손실이 있다.

E

2장

전기를 움직이는 기계,
기계를 움직이는 전기

01

전기를 움직이는 발전

자 격 증 시험범위	
전기기능사	전기기기 - 직류기 - 직류기의 원리와 구조
전기기사	전력공학 - 발 · 변전 일반
전기기능장	전기기기 - 직류기 - 직류기의 원리와 구조 및 유기기전력

발전의 종류

양수발전소

전기는 도대체 어디서부터 나오는 것일까요? 정전기나 번개처럼 자연현상에서 발생하기도 하지만 우리 인류가 사용하는 전기는 대부분 직접 만들어서 사용하고 있습니다. 농부가 씨를 뿌리고, 가꾸어 그 열매를 거둬들이듯 전기도 적절한 장치들을 이용하면 만들 수 있습니다. 인류는 그렇게 발전해 왔죠. 이렇게 전기를 만드는 기계나 장치를 발전기(Generator, 發電機)라고 부릅니다. 발전기는 기계적 에너지, 힘, 열, 태양광 등의 역학적인 에너지를 전기에너지로

발전기
도체가 자기장에서 운동할 때 전기가 발생하는 것을 이용하여, 역학적 에너지를 전기에너지로 바꾸는 장치를 통틀어 이르는 말이다.

바꾸는 장치를 말합니다. 그리고 이런 발전기가 있는 장소를 발전소(Power Station, 發電所)라고 부르죠. 세계 최초의 발전소는 1868년 영국의 수력 발전이라고 기록돼 있고, 우리나라는 1887년 대한제국의 경복궁에서 전등을 위한 석탄 화력 발전기를 처음으로 사용하였습니다.

발전소
전기를 일으키는 시설을 갖춘 곳을 말한다.

발전소는 여러 가지 에너지의 형태를 바꾸는 방법에 따라서 다음과 같은 종류로 나뉩니다. 이 외에도 최근에는 바이오, 신재생 등 다양한 발전 형태가 존재하지만 아직 그 발전량은 주요 발전보다 상대적으로 미미한 수준입니다.

발전소의 종류	특징
화력 발전소	가스, 석탄 등의 연료를 연소하여 증기를 발생한다. 증기를 이용하여 터빈을 돌리고 그 운동에너지를 전기로 바꾼다. ① 기력 발전소 : 열을 고온 · 고압의 스팀으로 만들어 증기터빈을 돌린다. ② 내연력 발전소 : 디젤엔진 등 엔진을 발전기에 직접 연결하여 발전한다. ③ 가스 터빈 발전소 : 가스를 터빈에서 연소시켜 발전기를 구동한다.
원자력 발전소	원자로에서 중성자가 우라늄과 같이 무거운 원자와 충돌하여 원자핵이 분열하면 2~3개의 중성자가 방출된다. 이 방출된 중성자들이 다른 원자들과 충돌하며 계속 같은 현상이 반복하는 연쇄 반응이 일어난다. 이때 우라늄 원소가 핵분열을 진행하면서 발생한 막대한 열에너지로 원자로를 가열한다. 가열된 냉각수는 수증기로 바뀌고 이 수증기로 터빈을 돌린다. 우리나라는 한빛, 한울, 월성, 새울, 고리 원자력 발전소에서 24기의 발전기가 운영 중이다.
수력 발전소	강물, 호수 등의 물을 가두었다가 방류하면서 수차를 구동하여 전기를 얻는다. 일종의 물레방아처럼 물의 낙차를 이용하여 전기를 얻는다. 전력 사용이 적은 저녁 시간에 물을 높은 곳으로 끌어올렸다가 낮에 발전하는 방식인 양수 발전소도 있다.
태양광 발전소	빛을 받으면 전기가 만들어지는 물리적 변환을 이용하여 전기를 만든다. 광기전 효과를 이용한 장치인 태양 전지(solar cell)가 빛을 받으면 전류가 흐르게 되는 원리를 이용한다.
태양열 발전소	태양이 가진 열에너지를 한곳으로 집중하여 이것으로 물을 데워 터빈을 돌려 전기를 생산하는 방식이다. 태양광 발전이 빛을 전기로 만드는 것이라면 태양열 발전은 태양열을 기계에너지로 만들고 이것을 전기로 바꾸는 것이다.

| 표 8 | 발전소의 종류

여러 발전 방식 중에서 재밌는 발전 형태가 있어요. 바로 수력 발전의 한 종류인 양수 발전으로 그 원리를 살펴보면 |그림 35|와 같습니다. 양수 발전은 상부와 하부에 저수지를 만들어 물의 옮김을 반복하며 전기를 만들어내는 수력 발전의 한 종류입니다. 왼쪽 그림은 전기에너지가 남아 요금이 비교적 저렴한 심야 시간대에 하부 저수지에 있는 물을 상부 저수지로 옮기는 활동을 보여줍니다. 오른쪽 그림은 전기요금이 비싼 낮 시간대에 상부 저수지에 가둔 물을 하부 저수지로 떨어뜨리며 발전기를 돌리는 활동을 보여줍니다.

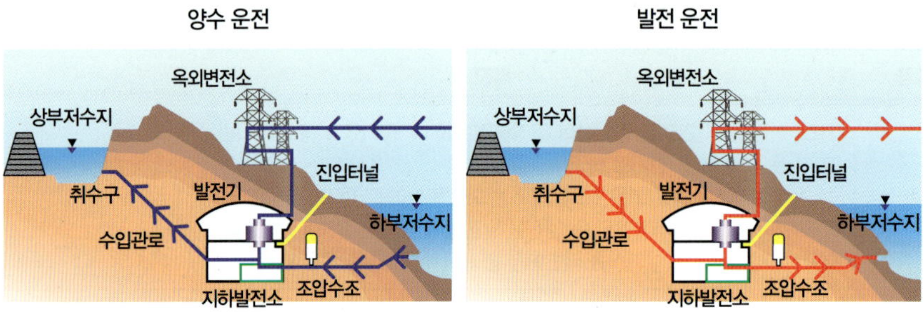

| 그림 35 | 양수 발전의 원리(왼쪽 : 물을 저장, 오른쪽 : 발전)

우리나라의 양수 발전소는 현재 7곳(청평, 삼랑진, 무주, 산청, 양양, 청송, 예천)이 운영 중입니다. 1995년에 건설된 무주의 양수 발전소는 이러한 발전이 하루에 약 6시간 가능합니다. 하루에 2번씩 양수와 발전을 반복하므로 큰 이상이 없다면 1년 내내 수력 발전으로 전기를 얻을 수 있어 댐을 이용한 수력 발전보다 이용률이 높죠.

| 그림 36 | 세계에서 가장 큰 시화호 조력 발전소 (출처 : 한국수자원공사 홈페이지)

|그림 36|은 우리나라 경기도에 있는 시화호의 조력 발전소를 보여줍니다. 조력 발전은 하루 두 번 밀물과 썰물 때 발생하는 수위차를 이용하여 수차 발전기를 돌려 전기를 생산하는 방식입니다. 시화호 조력 발전소는 밀물 때 바닷물을 시화호로 유입하면서 발전을 합니다. 그리고 썰물 때는 유입된 바닷물을 수문으로 배수하는 방식을 사용하는, 세계에서 가장 큰 규모의 조력 발전소입니다. 이곳의 발전기는 밀물 때 발전을 하므로 하루에 2번 발전할 수 있습니다.

패러데이의 전자기유도법칙

자격증 시험범위	전기기능사 전기기사 전기기능장	전기자기학 - 전자유도 현상 - 패러데이의 법칙

현재 전기를 만드는 대부분 방식은 패러데이의 전자기 유도작용(Electromagnetic induction, 電磁氣 誘導作用)을 이용하고 있습니다. 전자기 유도란 자석 주위에 코일을 감아 놓고 이 자석을 움직이면 코일에 전기가 만들어지는 현상을 말하죠. 1831년 영국의 물리학자 마이클 패러데이(M. Faraday, 1791~1867)는 실험을 통해 이렇게 전기가 만들어지는 현상을 발견하고, 이러한 현상은 시간이 지남에 따라 자기장이 코일을 통과하는 크기가 바뀌면 만들어진다고 설명하였습니다. 아래 |그림 37|과 같이 전선을 여러 번 감고 여기에 자석을 가까이하거나 멀리하면 전선 안에 있는 전자가 이동하게 되면서 전기가 만들어집니다. 전기는 코일을 많이 감을수록, 자석의 크기가 클수록, 자석의 변화 속도가 빠를수록 더 크게 만들어지며 이것을 '패러데이 전자 유도 법칙'이라고 해요. 그리고 아래 식과 같이 나타냅니다.

유도작용
폐쇄된 회로를 관통하는 자기력선속이 시간의 흐름에 따라 변화하면, 자기력선속의 변화를 방해하는 방향으로 그 변화율에 비례한 기전력이 생기는 일. 영국의 물리학자 패러데이가 발견하였다.

$$e = -N\frac{\Delta\Phi}{\Delta t}\,[\mathrm{V}]$$

여기서, N : 코일 감은 수, Φ:자기장의 크기, t : 시간

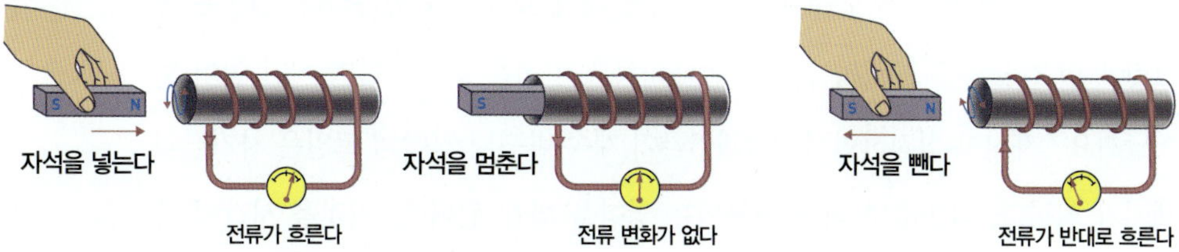

| 그림 37 | 코일을 감고 자기장의 변화를 주면 전류가 흐른다. 이것이 발전의 원리이다.

실제 발전기에서는 이 자석을 움직이는 힘을 강한 물리력으로 이용하고 있습니다. 특히, 강한 회전력을 가해서 자기장의 변화를 만듭니다. 전자기 유도 원리를 이용하여 크기를 아주 크게 만들면 실용상 전기를 사용할 수 있는 발전의 형태가 되지요. 또한, 자석을 움직이는 방식과 함께 코일을 움직여도 전기는 만들어지기 때문에 자석을 그대로 두고 코일을 움직여 전기를 만들기도 하죠. 자석을 돌리는 방식을 회전 계자형이라고 하고, 코일을 돌리는 방식을 회전 전기자형이라고 부릅니다.

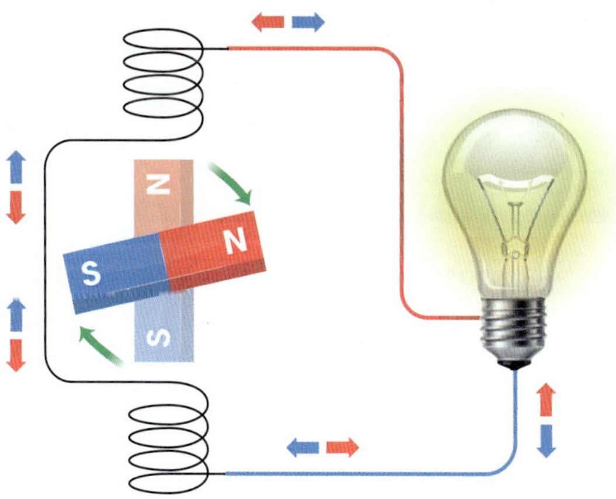

| 그림 38 | 코일 사이에 자석을 놓고 돌리면 전기가 만들어진다.

|그림 38|은 발전의 모습을 조금 더 단순하게 보여주고 있습니다. 전선을 동그랗게 말은 코일을 자석의 위아래에 배치하고 자석을 회전시키면 어떤 일이 일어날까요? 자석이 회전하면서 N극과 S극이 계속 바뀌니 양쪽의 코일은 자기장의 세기가 커졌다, 작아졌다 하며 반복되는 영향을 받게 됩니다. 이것을 시간에 따른 자기장의 변화라고 합니다. 이렇게 자기장의 변화가 생기면 코일에 있는 전자는 이동하게 되는데 이렇게 이동하면 전기가 만들어지는 것이죠. 자석을 빨리 돌리면 자기장의 변화가 더 크게 코일에 작용하고, 자석이 더 큰 것일수록 자기장의 변화도 더 커지게 되어 더 높은 전압이 만들어집니다. 마지막으로 코일이 감긴 횟수를 더 많이 늘리면 자기장의 영향을 받는 코일의 부분이 많아져서 더 많은 전기가 만들어집니다.

| 그림 39 | 자전거에 부착된 전조등용 발전기는 전자기유도법칙으로 전기를 만든다.

전기의 특성에 따른 발전기 종류

이제 본격적으로 발전기의 종류와 구조에 대해서 알아보겠습니다. |그림 40|

은 자석을 고정하고 코일을 회전시켜 전기를 만드는 방식을 설명하고 있습니다. 날개를 회전시키면 코일도 따라서 회전하게 되는데, 이 코일이 자석 사이에서 회전하므로 코일에는 전기가 만들어집니다. 그렇게 되면 이 코일과 연결된 회로에는 전류가 흘러서 전구의 불이 켜지게 되지요. 이처럼 코일이나 자석을 회전시키는 힘을 무엇을 이용할지 정하는 것이 바로 발전 방식이라고 할 수 있어요. 그리고 만일 물, 바람, 증기의 힘을 이용하려면 반드시 그 힘을 회전력으로 만들어주는 장치가 필요합니다.

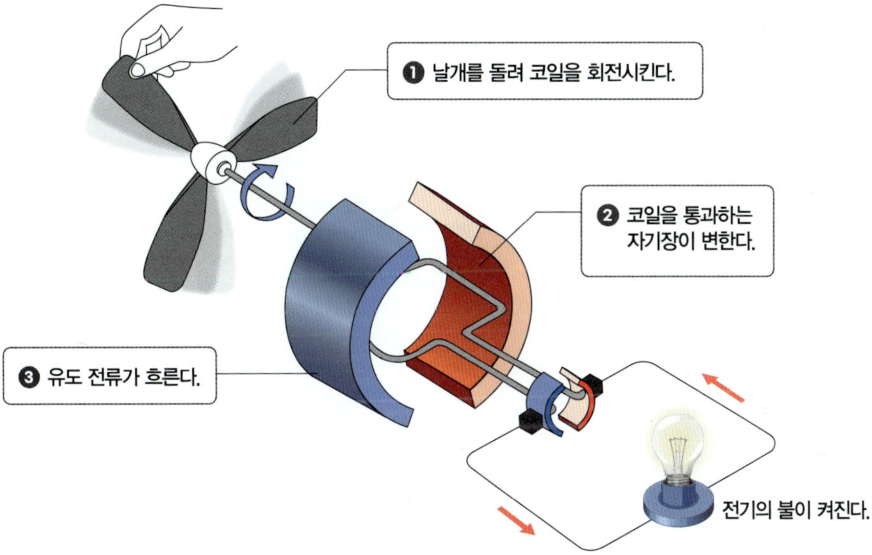

| 그림 40 | 발전기가 전기를 만드는 원리

회전력을 만들려면 어떤 설비가 있어야 할까요? 물의 낙차를 이용해서 회전하는 장치로는 물레방아가 있죠. 전기를 만드는 기본적인 원리는 물, 바람, 증

기 등 유체의 흐름을 회전운동으로 바꾸어 주는 장치인 터빈(Turbine)을 이용하는 것입니다. 주요 발전원리인 화력, 원자력, 수력, 풍력 등은 모두 이런 터빈이 사용되죠. 터빈은 기본적으로 바람개비와 같은 모양을 여러 개 겹쳐놓은 것처럼 보이는데 터빈에도 여러 가지 종류가 있어요. 물레방아처럼 물의 힘을 받아 전기를 만드는 수력 발전에서 사용하는 수력 터빈, 화력이나 원자로에서 증기를 사용하는 증기 터빈, 연료를 태워 팽창력으로 터빈을 돌리는 가스 터빈, 바람의 힘을 받아 돌리는 풍력에서 이용하는 풍력 터빈이 있습니다. |그림 41|은 우리나라 기업에서 만든 최초의 가스 터빈입니다. 실제 발전기에 사용되는 것이니 규모가 상당히 크네요.

터빈
높은 압력의 유체를 날개바퀴의 날개에 부딪치게 함으로써 회전하는 힘을 얻는 원동기. 사용하는 유체의 종류에 따라 수력 터빈, 증기 터빈, 가스 터빈 등이 있다.

| 그림 41 | 발전용 가스 터빈 (출처 : 두산중공업)

|그림 42|는 우리나라 발전 방식별 전력량을 나타냅니다. 가장 많은 비중은 기력 발전입니다. 기력 발전은 유류, 가스, 석탄 등의 연료를 태워 이 열로 보일러의 물을 끓이고, 이 때 발생한 증기로 터빈을 돌려 전기를 만드는 방식입니다. 그

다음으로 비중이 높은 발전 방식은 원자력 발전입니다. 원자력 발전은 기력 발전과 비교하였을 때 연료가 핵분열을 이용하는 것만 다를 뿐 나머지 방식은 같다고 볼 수 있어요. 복합화력은 가스 터빈 발전과 증기 터빈 발전을 조합하여 이용한 발전 방식입니다. 가스 터빈을 돌리고 나온 배기가스는 약 500℃ 이상의 고온인데 이를 그대로 공기 중으로 방출하지 않고 에너지 이용 효율을 높이기 위해서 배기가스의 폐열을 활용해 다시 증기를 발생시켜 증기 터빈을 구동합니다. 우리나라의 발전량은 아직 기력, 원자력, 복합화력이 중심을 이루고 있고, 신재생에너지는 점점 증가하는 추세입니다.

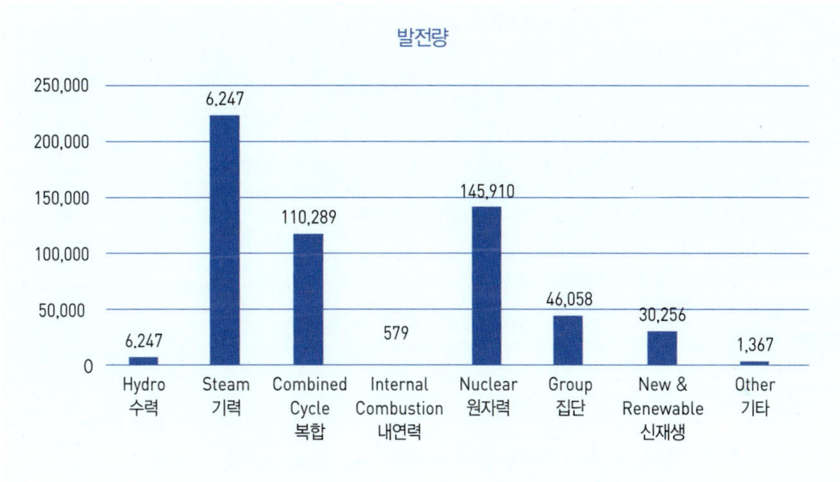

| 그림 42 | 우리나라 발전 방식별 발전 전력량 (한국전력통계, 2019)

02

교류전기는 어떻게 흐를까?

자격증 시험범위	
전기기능사	전기이론 - 교류회로 - 정현파 교류회로
전기기사	회로이론 및 제어공학 - 회로이론 - 교류회로
전기기능장	전기이론 - 교류회로

교류전기의 흐름

직류와 교류의 차이

전기는 물이 흐르는 것과 같다고 했었죠. 물은 위에서 아래로 흐르듯이 전기도 전위가 높은 곳에서 낮은 곳으로 흐른다는 사실을 우리는 알고 있습니다. 그런데, 전위가 높은 곳과 낮은 곳이 어떻게 정해지느냐에 따라서 또 방향이 바뀌게 됩니다. 조금 복잡하죠. 즉, 전기가 어느 방향으로 흐를까? 하는 것이 지금 알아볼 내용입니다. 전기는 흐르는 방향 즉, 일하는 방향에 따라서 두 가지로 나뉘는데 직류(Direct current(DC), 直流)와 교류(Alternating current(AC), 交流)가 그것입니다. 둘의 가장 큰 차

직류
시간이 지나도 전류의 크기와 방향이 변하지 아니하는 전류이다.

이는 직류가 한쪽 방향으로만 전류가 흐르면서 일을 한다면, 교류는 그 방향이 바뀌어 가며 일을 합니다. 한쪽으로만 바람을 내보내는 선풍기와 양쪽으로 바람이 부는 선풍기와 같은 차이랄까요?

교류
시간에 따라 크기와 방향이 주기적으로 바뀌어 흐름. 또는 그런 전류를 말한다.

|그림 43|은 회로에서 직류가 흐르는 모습을 보여주고 있습니다. 우선 직류를 만들어내는 대표적인 전원이 바로 건전지입니다. 우리 주변에서 쉽게 구할 수 있는 건전지는 직류를 이용하기 때문에 변하지 않는 +극과 −극이 있죠. 이 극성을 맞게 연결해야 전기가 통하게 되며 일을 제대로 할 수 있습니다. 그리고 제대로 연결이 되었다면 전기는 +극에서 −극으로 이동합니다. 이 방향은 절대 변하지 않아 직류 전기를 사용하려면 항상 연결에 주의해야 해요. 리모컨에 건전지를 넣을 때 표시된 극성을 잘 확인하면서 넣는 것처럼요. 만일 극성을 반대로 연결한다면 전자제품은 제대로 동작되지 않겠죠. 이처럼 우리 주변에서 극성이 있는 건전지, 자동차 배터리, 휴대전화 충전기 등은 모두 직류를 사용하고 있어요. 그리고 극싱이 있다고 표현하죠.

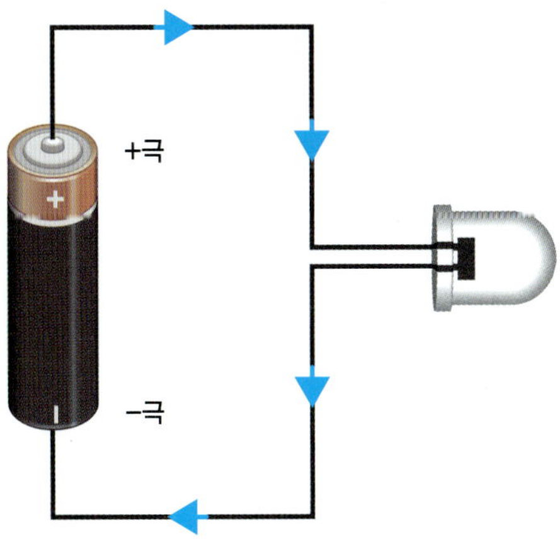

| 그림 43 | 직류는 +극에서 −극으로 전류가 흐른다.

하지만, 전류의 방향이 계속 바뀌는 교류도 있답니다. 쉽게 이해하기 위해서 아래 |그림 44|를 한번 볼게요. 왼쪽의 그림이 직류를, 오른쪽 그림이 교류를 설명하고자 하는 모습입니다. 아주 무더운 여름날에 바람을 만들어서 시원하게 몸을 식히고 싶을 때, 선풍기로 바람을 만들어 그 시원한 바람이 사람으로 향한다고 해보죠. 왼쪽 그림은 선풍기의 바람이 왼쪽에서 오른쪽으로 일정하게 한쪽으로만 불고 있으니 바람의 방향이 변하지 않습니다. 이것을 보면 선풍기 바람이 한쪽으로 일을 한다고도 볼 수 있겠네요. 그래서 왼쪽을 플러스(+), 오른쪽을 마이너스(-)라고 하면 바람이 플러스에서 마이너스로 한쪽으로만 이동하면서 일을 하고 있는 모습입니다.

반면, 오른쪽 그림을 살펴보면 선풍기의 바람이 왼쪽에서 오른쪽으로 불고 있다가, 잠시 뒤에 선풍기를 오른쪽으로 옮기면 이제 바람은 오른쪽에서 왼쪽으로 붑니다. 즉, 선풍기의 위치에 따라서 양쪽으로 번갈아 가며 바람이 부는 것이지요. 그래서 왼쪽을 플러스(+)라고 하고, 오른쪽을 마이너스(-)라고 하면 처음에는 플러스에서 마이너스로 바람이 불었다가 다음에는 마이너스에서 플러스로 바람이 분다고 할 수 있어요. 이 내용은 이후에 조금 더 자세하게 알아보도록 할게요.

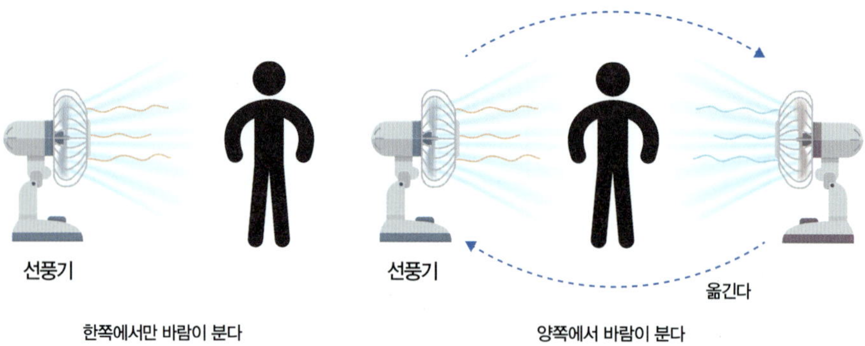

| 그림 44 | 선풍기의 바람과 일하는 방향

이렇게 바람의 방향으로 간단하게 비유해 보더라도 교류가 조금 더 복잡해 보이는 건 사실입니다. 그래서 전기회로를 해석하는 학문에서도 교류를 해석하느라 여러 가지 수학적인 기법들이 사용되지요. 조금 복잡해 보이지만 실제로 우리 가정으로 들어오거나 콘센트까지 연결된 전기는 모두 교류입니다. 그러니 사실 교류가 우리한테는 더 익숙한 존재이지요.

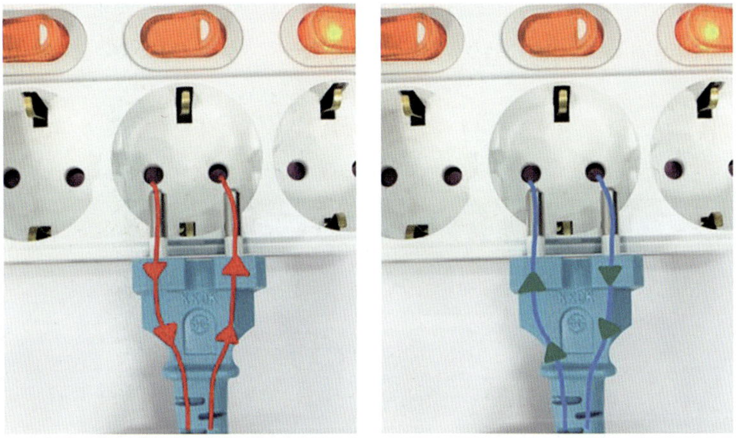

| 그림 45 | 콘센트와 연결된 플러그의 전기 흐름은 1초에 60번 바뀐다.

콘센트에 플러그를 꽂고 흐르는 전류의 흐름을 살펴볼게요. 우리 가정에서 사용하는 콘센트에는 교류 220V 전기가 들어옵니다. 플러그를 콘센트에 꽂게 되면 위 |그림 45|처럼 한번은 왼쪽에서 오른쪽으로, 또 한번은 오른쪽에서 왼쪽으로 전류가 번갈아 가며 흐르게 되지요. 이렇게 한 번씩 전류가 왕복하며 변화하는 것을 1 사이클이라고 합니다. 우리 가정에 사용하는 교류는 사이클의 변화가 1초에 무려 60번이나 이루어지죠. 이런 상황을 조금 더 전문적으로 말하면 1초에 변화하는 수를 주파수(Frequency, 周波數)라고 하는데, 우리나라에서 쓰는 교류전기

주파수
교류 전기에서 1초 동안에 전류의 방향이 바뀌는 횟수를 말한다.

는 주파수가 60㎐(헤르츠)라고 합니다. 교류는 전원이 양쪽으로 계속 번갈아 가며 전기를 공급하기 때문에 특별히 극성을 구분하지 않아도 되므로, 우리가 콘센트에 플러그를 꽂을 때 직류의 건전지처럼 방향에 개의치 않고 꽂아 사용할 수 있는 것이죠.

교류의 발생

그렇다면 교류는 어떻게 만들어질까요?

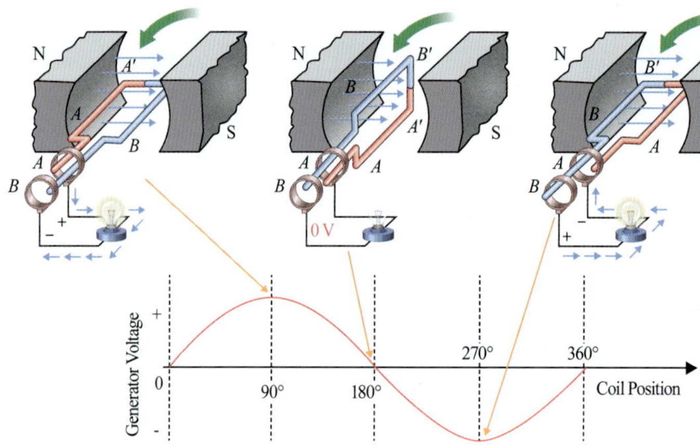

| 그림 46 | 자석 사이에 코일을 넣고 회전시키면 교류전기가 만들어진다.

위 | 그림 46 | 에서는 교류의 파형이 만들어지는 발전 과정을 보여줍니다. 첫 번째 그림에서는 자석 사이에 코일을 넣고 A 쪽이 좌측에, B 쪽이 우측에 있는 그림을 설명합니다. 이 코일을 반시계방향으로 회전시킬 때 플레밍의 법칙에 따라서 A 쪽 코일에는 전구 쪽으로 나오는 전기가, B 쪽 코일에는 전구 쪽으로 들어가는 전기가 만들어집니다. 그리고 가운데 그림처럼 코일과 자석이 서로 영향을 받지 않을 때는 전기가 만들어지지 않죠. 그리고 계속 회전시켜 B 쪽 코일이 좌측

에, A 쪽 코일이 우측에 위치할 때는 전기가 만들어지는 것이 반대가 됩니다. 즉, A 쪽 코일에는 들어가는 전기가, B 쪽 코일에는 나오는 전기가 만들어지므로 코일이 0°에서 180°까지의 전기와는 다르게 180°부터 360°까지는 전류의 방향이 반대가 되지요. 이렇게 코일이 자석 안에서 계속 회전을 반복하게 되면 자석과 코일이 이루는 각도에 따라 크기와 극성이 계속 변화하면서 만들어지는 전압의 크기도 커졌다 작아지기를 반복해서 파형도 |그림 46|처럼 부드럽게 변화합니다. 코일이 1회전을 하면 교류 파형은 1 사이클이 만들어지는데, 우리가 사용하는 교류전기는 이런 사이클이 1초에 60개가 만들어지는 것이죠. 이렇게 60㎐의 교류 전원이 만들어지게 됩니다.

잠깐만요! 이 그림에서는 설명의 편의를 위해서 자석을 고정하고 코일을 돌렸어요. 그런데, 실제 발전기의 대부분은 코일을 고정하고 자석을 돌리는 형태가 더 많아요. 자석을 '계자'라고 불러서 그런 형태를 '회전 계자형'이라고 부른답니다. 하지만, 코일이든 자석이든 둘 중 하나가 계속 회전하면 자기장의 변화가 코일에 다다르게 되어 교류전기가 만들어진다는 사실은 변함이 없습니다.

교류의 장점

자 격 증 시험범위	전기기능사 전기기사 전기기능장	전력공학 - 송 · 배전 방식과 그 설비 및 운용

인류가 만드는 전기의 형태는 직류와 교류의 두 가지 방식인데, 왜 발전기부터 우리 가정의 콘센트까지 오는 전체 구간에서는 대부분 교류를 사용하는 것일까요? 교류가 직류보다 훨씬 유리한 무언가가 있는 것 같은 느낌이 들지 않으시나요? 교류가 직류보다 장점이 그렇게 큰 것일까요?

어떤 기술이 널리 이용된 이유를 찾다 보면 그 기술이 채택되었을 당시의 시대적 상황이나 기술 수준을 잘 살펴볼 필요가 있습니다. 왜냐하면, 지금 관점에서는 다소 부족하거나 이해가 되지 않는 기술들도 당시의 정치적, 경제적인 시각까지 고려해서 본다면 그 기술을 채택한 타당한 이유가 분명히 있을 테니까요. 전기 분야에서도 마찬가지입니다. 발전소에서 전기를 만들어서 멀리 사용 장소까지 보내는 것을 '송전'이라고 하는데, 송전에서는 직류가 교류보다는 다소 유리합니다. 직류송전은 주파수가 없어서 주파수 때문에 발생하는 전선에서의 전력 손실이 훨씬 적죠. 그리고 교류처럼 전압이 들쑥날쑥 변하지 않아서 전기절연의 수준도 상대적으로 낮고, 전기적 효율도 좋습니다. 현대에 와서는 직류송전이 교류송전보다 유리한 면이 훨씬 많아요.

그런데, 전기기술이 본격적으로 발전을 거듭할 1880년대 후반의 상황을 보면 지금과는 조금 다른 양상입니다. 그 당시에는 전기를 직류로 보내는 기술이 많이 부족해서 교류 방식이 표준으로 채택되었습니다. 직류 송전을 주장한 에디슨을 이기고 교류가 표준으로 채택된 것은 교류의 아버지라고 불리는 니콜라 테슬라(Nikola Tesla)의 공학적 기여가 컸어요. 전기 송전 시스템의 표준을 직류로 할 것인가, 교류로 할 것인가를 두고 싸움을 벌인 이 전쟁이 전기사(史)에서 가장 유명한 '전류전쟁(Current war)'입니다. 당시 에디슨이 주장한 직류송전은 전압을 쉽게 올리지 못하는 단점으로 발전소가 소비 지역과 가까이에 있어야 해서 경제적이나 지리적으로 불리했어요. 반면, 교류 방식은 발전소가 멀리 있어도 소비 지역 근처에 와서 구조가 아주 간단한 변압기만으로 쉽게 전압을 바꿀 수 있었기 때문에 장거리 송전에 유리하면서 비용도 많이 절감할 수가 있었죠. 그 결과, 직류의 장점보다 교류가 가진 장점이 더 시대적으로 두드러져서 교류가 표준 방식으로 채택되었고, 그 결과 우리가 사용하는 발전, 송배전 방식으

니콜라 테슬라
크로아티아 태생의 미국 전기 공학자·발명가(1856~1943). 전기 회사를 설립하고, 변압기·발전기·교류 유도 전동기를 제작·개량하였다.

로 교류를 사용하게 된 것입니다.

교류가 직류보다 유리한 것을 설명하면 다음과 같습니다.

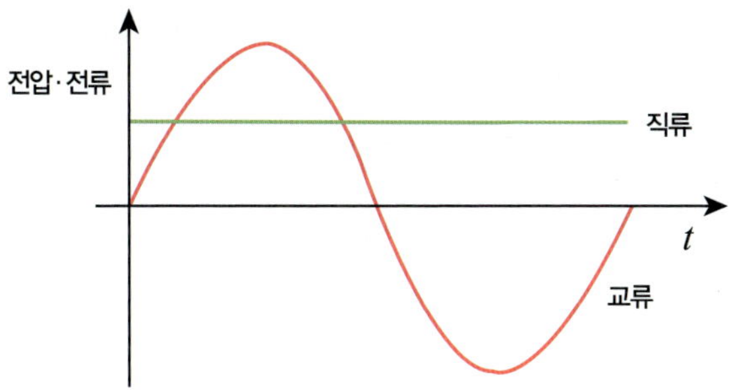

| 그림 47 | 교류는 극성이 바뀌고, 직류는 바뀌지 않는다.

첫째, 전압을 쉽게 바꿀 수 있다.

이 내용은 나중에 조금 더 어려운 공부를 하면 알게 될 수 있어요. 쉽게 말하자면 교류는 전압의 크기를 간단히 바꿀 수 있지만, 직류는 그렇지 못해요. 교류는 시간에 따라서 파형의 크기가 변화하기 때문에 전자기 유도가 가능합니다. 이 원리를 이용해서 변압기(Electric transformer, 變壓器)를 동작시키면 전압을 높이는 승압과 전압을 낮추는 강압이 쉽게 이루어집니다. 발전소에서 만든 전기를 멀리 보내려면 일단 전압을 높게 만드는 게 효율적인 면에서 좋습니다. 높은 전압으로 만든 전기를 철탑에 실어 보낸 다음 소비하는 지역의 변전소에서 받아, 전주를 타고 도시의 곳곳을 누비게 되는 것이죠. 그리고 가정에서 사용하기 위해서는 다시 낮추는 과정이 필요한데, 이 모든 과정이 변압기만으로 가능합니다. 변압기만 있으면 전압을 올리고 내리는 방법이 쉬울 뿐 아니라 전력 손실도

변압기
전자 상호 유도 작용을 이용하여 교류 전압을 높이거나 낮추는 장치이다.

작게 그 일을 해낼 수가 있거든요. 반면, 직류는 보통의 변압기로는 전압을 높이는 것과 낮추기가 쉽지 않습니다. 지금은 주로 반도체소자를 이용해서 전력을 변환하는데 이 과정이 큰 전력을 변환하기가 다소 복잡하죠. 그래서 보통 전력의 송전에는 불리한 면이 있어요.

둘째, 교류기기는 구조가 간단해요.

실제 교류 발전기는 코일을 고정하고 자석을 돌리는 구조로 이루어집니다. 이 구조는 직류 발전기에 비해서 비교적 간단한 구조이고 전기가 만들어지는 코일은 고정되어 있어서 큰 전기를 생산하는데 어렵지 않습니다. 수력이든, 풍력이든, 화력이든, 어떤 회전 운동에너지만 발전기에 공급된다면 큰 자석을 돌려 비교적 쉽게 교류전기를 만들 수 있어요. 하지만, 직류 발전기는 회전할 때 교류로 만들어진 전기를 직류로 바꾸는 정류자라는 부분이 있어야 해요. 이 부분에서 브러시라는 부속은 전류가 흐르는 부분이 직접 움직이는 금속에 닿으면서 전기를 흘려주어야 하므로 불꽃이 튀기도 하고 마모가 발생하기도 하죠. 그래서 직류 발전기나 전동기는 이 브러시의 마모를 주기적으로 관찰하거나 유지보수하는 번거로움이 있답니다. 하지만, 교류 전동기는 브러시가 없어서 직류 전동기보다 구조가 훨씬 간단하고 수명이 깁니다. 그리고 물리적인 접촉으로 인한 불꽃도 발생하지 않아서 전기적으로 더 안정적으로 사용할 수 있죠.

셋째, 계통의 연계가 쉽다.

우리가 만드는 전기의 반 이상은 전동기를 움직이는 데 소모됩니다. 전동기는 전기에너지로 회전운동을 만드는 기기를 말하는데 전기는 상당량이 회전에너지로 소모가 되죠. 우리 가정을 살펴보더라도 선풍기, 세탁기, 청소기, 냉장고를 이루는 핵심 부품은 전동기가 사용됩니다. 그뿐만 아니라 산업 전반에서는 컨베이어벨트, 공기압축기, 유압기, 운반기 등이 대부분 전동기로 회전운동을 하여 동작하는 기기이죠. 이렇게 회전운동을 할 때는 직류 전기를 사용하는 직류전동기보다 교류 전기를 이용하는 유도전동기가 구조가 훨씬 간단하고, 수명이 깁니다. 무엇보다도 발전소에서부터 만든 교류 전기를 그대로 사용하면 되기 때문에 별 어려움 없이 전동기 부하를 사용할 수 있게 되죠. 만일 직류를 사용한다면 교류를 직류로 변환하는 장치가 중간에 필요하거든요.

그런데도, 최근에는 직류가 가진 장점도 만만치 않게 주목받고 있어 교류를 최종 승자라고 표현하기에는 적절하지 않습니다. 우리가 컴퓨터, 휴대전화, 소형 전기기기에 자주 사용하는 전원 방식인 USB(Universal Serial Bus, 유니버설 직렬 버스) 전원은 모두 직류입니다. 송배전 기술에서도 그 전에는 반도체 전력 소자가 발전하지 못해서 직류 전기의 사용이 기술적으로 한계를 가진 부분이 있었지만, 지금은 그 한계들이 기술의 발전으로 점차 극복되고 있죠. 그래서 앞으로는 직류 전기에 거는 기대도 만만치 않습니다.

USB
정보기기에 주변 장치를 연결하기 위한 직렬 버스 규격의 하나이다.

03

주파수란?

자격증 시험범위	
전기기능사	전기이론 – 교류회로 – 정현파 교류회로
전기기사	회로이론 및 제어공학 – 회로이론 – 교류회로
전기기능장	전기이론 – 교류회로 – 정현파 교류

진동과 주파수

주파수 이해하기

이제 교류의 주파수를 알기 위해서 잠시 그네를 떠올려 봅니다. 그네를 밀어보신 적이 있지요? 뒤에서 그네를 밀면 앞으로 나아갔다가 다시 원래의 자리로 오게 되는 왕복운동을 하는 놀이기구입니다. 시계에 달린 추처럼 앞뒤를 왔다 갔다 하며 움직이죠. 이렇게 왕복운동을 하는 것을 우리는 '물체가 진동한다'라고도 표현합니다. 만일 1분에 그네가 앞뒤로 20번 왔다 갔다 했다면 우리는 이와 같은 상황을 진동에 빗대어 '1분에 20번 진동했다'라고 이야기할 수 있죠.

| 그림 48 | 그네는 앞뒤로 진동한다고도 볼 수 있다.

물체가 특정한 시간 동안 몇 번을 진동했는지를 진동수(Frequency, 振動數)라고 합니다. 이러한 진동수를 전기에서는 주파수(Frequency, 周波數)라고 하며 영문으로는 같은 표현을 씁니다. 그리고 그 단위는 Hz(헤르츠)를 사용합니다. 헤르츠라는 용어는 전자기파가 존재한다는 것을 실험적으로 입증한 독일의 물리학자 '하인리히 헤르츠(Heinrich Hertz)'의 이름에서 따온 것입니다. 1Hz는 1초 동안 물체가 1번 진동한 것을 말해요. 보통 전자기파는 1초에 진동하는 수가 워낙 커서 수십Hz부터 수백만Hz까지 넓은 범위로 사용합니다. 백만Hz는 MHz(메가헤르츠)라고도 말하죠. 우리가 듣는 라디오에서 주파수를 맞춘다고 하며 97.5MHz, 98.5MHz라고 맞춘 것들은 모두 라디오 전기신호의 주파수인 거예요. 즉, 라디오 신호를 보내는 방송국과 내가 가진 수신기의 주파수를 맞추면 음악이나 음성을 들을 수 있게 되는 것이죠. FM 라디오(Frequency Modulation)는 보통 87.5MHz ~108.0MHz의 주파수를 사용하고 있거든요. 보통 전기에서는 주파수를 표기할 때 주파수의 영문 표기인 frequency의 첫 글자를 따서 f를 사용합니다. 만일 f=100Hz라면 주파수가 100Hz라는 뜻입니다. 그래서 우리가 사용하는 전기를 220V 60Hz라

진동수

진동운동에서 물체가 일정한 왕복운동을 지속적으로 반복하여 보일 때 단위 시간당 이러한 반복운동이 일어난 횟수를 말하며 소리, 전자기파나 전기신호 등의 진동수를 측정할 때에는 같은 모양의 파동이 1초에 몇 번 반복되는가로 나타낸다.

주파수

진동하거나 변화하는 전류에서, 초당 교류의 방향이 바뀌는 완전한 사이클 수를 말하며 단위는 헤르츠(Hz)를 사용한다.

FM 라디오

주파수 변조(Frequency Modulation, FM, 波數變調)는 방송 신호를 전달하는 방식으로 일정한 진폭의 주파수 신호를 전기신호에 따라 변화시키면서 통신하는 방식이다. 주파수 변조는 진폭을 일정하게 하는 방식으로 송신하기 때문에 전송 중에 진폭이 주변의 영향으로 변화하여도 다시 진폭을 조정하여 잡음을 제거할 수 있어 진폭변조(AM; Amplitude Modulation)보다 더 좋은 음질로 신호를 보낼 수 있다.

고 하는데, 이것은 전압의 크기가 220V이고 파형은 1초에 60개의 사이클이 만들어진다는 것으로 해석할 수 있습니다.

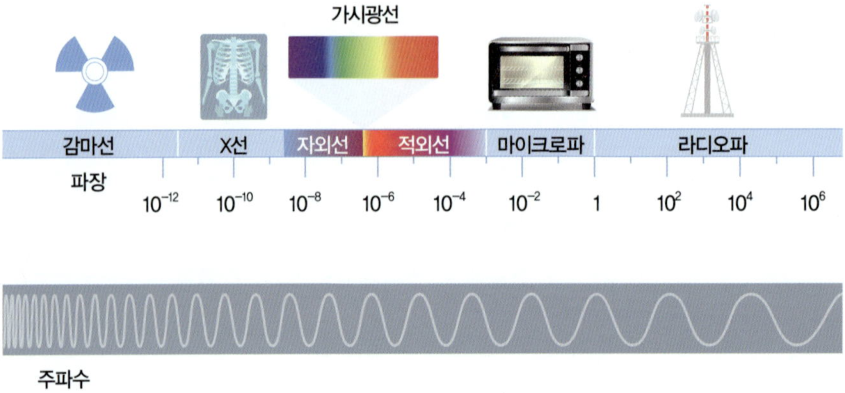

| 그림 49 | 전자기파의 스펙트럼

주파수의 표현이 꼭 전기신호에서만 이용되는 것은 아닙니다. 주파수는 빛, 소리 등에서도 널리 사용합니다. 의자에 앉아 있을 때 누군가 내 의자를 흔들면 진동이 느껴지죠? 그건 흔드는 사람의 진동이 의자를 통해서 내 몸으로 전달이 된 것입니다. 이렇게 보통의 진동은 기계나 물건을 통해서 전달되지만, 전자파는 공간을 통해서 이동하죠. |그림 49|는 무선주파수의 영역을 보여줍니다. 보통 소리도 진동수로 나타내는데 주파수가 클수록 높은음이 나타나며, 낮은음은 주파수가 작습니다. 그리고, 그 소리의 주파수 영역에서 사람이 들을 수 있는 주파수를 가청주파수(Audio Frequency, 可聽周波數)라고 하며, 가청주파수의 대역은 약 20~20000㎐ 사이입니다. 혹시, 사람이 들을 수 없는 아주 높은 주파수를 무엇이라고 하는지 아세요. 많이 들어보셨을 텐데 이를 초음파(Ultrasonic wave, 超音波)라고 해요.

가청주파수
사람의 귀가 소리를 느낄 수 있는 음파의 주파수 영역으로, 보통 20㎐~20k㎐의 주파수 대역이다. 주파수가 너무 높거나 너무 낮으면 사람이 들을 수 없으며, 돌고래는 아주 높은 주파수를 들을 수 있다.

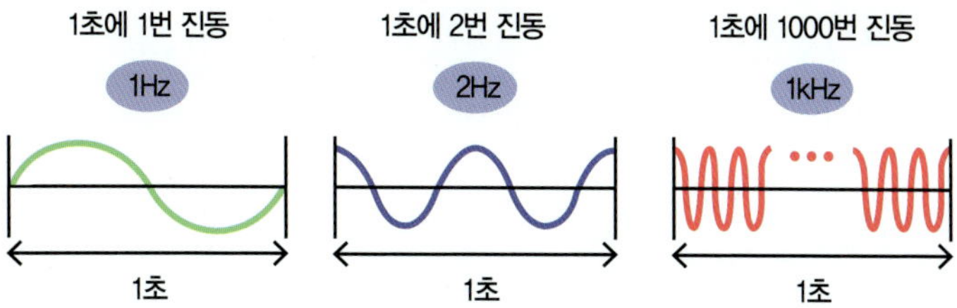

| 그림 50 | 주파수가 낮으면 파장이 길고, 주파수가 높으면 파장이 짧다.

초음파
사람이 들을 수 있는 음파의 진동수는 20kHz 이하이므로 그 이상을 보통 초음파라고 한다. 일부 동물들은 이 초음파를 들을 수 있으며 초음파는 파장(음파의 길이)이 짧아서 이 신호를 보내고 물체에 부딪혀 반사되는 과정을 통해서 물체의 형태를 세밀하게 파악하는 데 도움이 된다. 초음파 영상검사장치, 초음파 세척기, 리모콘 등은 모두 초음파를 이용한다.

파장
연속적인 두 파동의 동일한 지지점 간의 거리로서 한 주기의 길이를 파장이라고 한다.

주파수와 파형의 특징을 나타내는 다른 말은 무엇이 있을까요? 혹시, '어떤 일의 파장이 매우 크다'라는 표현을 들어보신 적이 있으신가요? 어떤 충격적인 일이 끼치는 영향이나, 미치는 정도나 동안을 비유해서 이르는 말인데요. 이런 말과 같이 어떤 파형이 시작된 점부터 다시 원래까지의 점 사이의 거리를 파장(Wavelength, 波長, 결 너비)이라고 합니다. |그림 50|에서 보는 것처럼 1㎐는 1초에 파형이 1개 만들어지지만, 2㎐는 1초에 파형이 2번 진동해서 파형이 2개 만들어집니다. 낮은 주파수가 상대적으로 긴 파장을 갖고 있으며, 높은 주파수일수록 파장이 짧습니다. 마지막으로, 주기(Period)라는 표현도 알고 있으면 좋습니다. 주기는 어떤 진동이나 파동이 똑같은 모양을 두고 계속 반복될 때 그 반복이 일어나는 데 걸리는 시간을 말합니다. 예를 들어 봄, 여름, 가을, 겨울의 4계절 주기는 1년이 되죠. 그리고, 그네가 왕복운동을 할 때 뒤에서 출발해서 앞으로 갔다가 다시 원래 자리로 돌아오는 시간도 주기라고 합니다. 보통 전기에서는 한 파형이 반복되는데 걸리는 시간으로 사용되어서 주기의 단위는 '초'로 사용합니다. 주기는 주파수와 서로 역수의 관계가 성립됩니다. 자세히 설명하자면, 2㎐라는 것은 1초에 사이클이 2개 만들어진다는 뜻인데, 이것은 사이클이 1개 만들어지는 시간, 즉, 주기가 0.5초라는 뜻이기도 하지요. 그래서 주기를 T, 주파수를 f라고 하면 $f=1/T$가 되고,

T=1/f이 됩니다. 우리 가정의 60㎐의 주기를 계산해 보면 T=1/f=1/60=0.01667초가 되네요. 즉, 0.01667초마다 1 사이클이 만들어지는 것이죠.

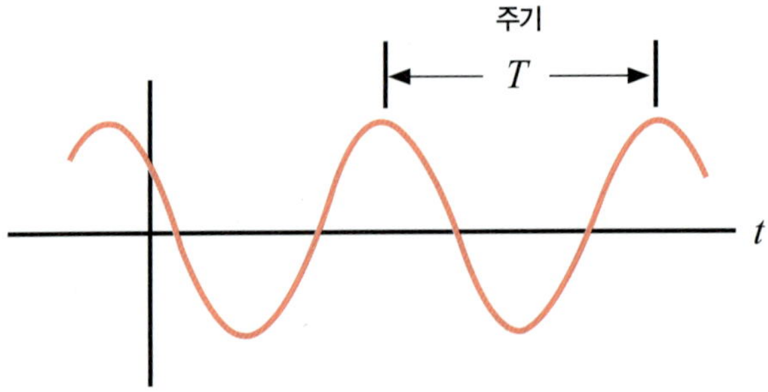

| 그림 51 | 교류 파형의 주기

전기와 주파수

해외의 전기 방식

해외여행을 하기 위해서 짐을 챙길 때 전자제품을 가져가는 경우가 있습니다. 충전기나 헤어드라이어 같은 것을 챙기다 보면 이런 생각들이 들 때가 있어요. 이거 외국에 가서도 사용할 수 있을까? 이렇게 우리나라에서 사용하는 전자제품을 외국에서도 사용하려면 두 가지 조건이 맞아야 합니다. 첫째는 전압, 둘째는 주파수입니다. 이제 주파수에 대해서 조금 더 알아볼게요.

전기 중에서 교류는 시간이 흐르면서 극성이 계속 바뀐다고 말했었어요. 그래서 이와 같은 전기를 말할 때는 1초에 몇 번 극성이 바뀌는지에 대해서 주파수라는 표현을 사용할 수도 있어요. 우리나라에서 사용하는 교류는 1초에 60번 극성이 바뀌므로 60㎐라고 했습니다. 그렇다면 다른 나라에서는 어떤 주파수를 사용할까요?

전 세계는 아주 많은 국가가 있지만 사실상 두 가지 주파수를 사용합니다. 바로, 50㎐와 60㎐이죠. 국가마다 사용 주파수가 다른 것은 전기를 도입할 당시 정치, 문화, 경제적인 영향이 독일과 미국의 영향으로 나뉘었기 때문입니다. 발전기를 도입할 때 독일의 발전기를 선택한 나라는 50㎐를 사용하게 되었고, 미국의 발전기를 도입한 나라는 60㎐를 사용하게 되었죠. 우리나라는 고종이 개화의 바람을 불러오면서 1887년 경복궁에 미국의 제너럴 일렉트릭에서 만든 발전기가 처음 전기를 만들기 시작했기 때문에 60㎐의 전기 시스템이 도입되었습니다. 일반적으로 한 나라에서는 한 가지 주파수를 사용하는 반면, 일본은 조금 독특한데요. 관동지방(도쿄 근처)과 관서지방(오사카 근처)의 전력회사가 다르고, 서로 도입한 발전기 시스템도 달라서 50㎐와 60㎐를 함께 사용합니다. 그 이외에는 특별한 사정이 없으면 한가지 주파수를 이용하죠. 아래 | 표 9 | 에서는 세계 각국의 주요 도시에서 사용하는 전압과 주파수에 대해서 보여줍니다. 해외를 갈 때 전자제품을 가져간다면 전압과 함께 꼭 주파수를 확인하여야 합니다. 주파수는 미세한 차이에도 특성이 크게 변할 수 있거든요.

나라 이름	주요 도시	전압(V)	주파수(Hz)	나라 이름	주요 도시	전압(V)	주파수(Hz)
한국	서울	220	60	**미국**	워싱턴	120	60
일본	도쿄/오사카	100	50/60	**캐나다**	오타와	120	60
중국	북경	220	50	**멕시코**	멕시코시티	127	60
베트남	하노이	220	50	**호주**	캔버라	240	50
인도	뉴델리	230	50	**뉴질랜드**	웰링턴	230	50
이탈리아	로마	125/220	50	**칠레**	산티아고	220	50
영국	런던	240	50	**케냐**	나이로비	240	50
스위스	베른	220	50	**이집트**	카이로	220	50
독일	베를린	220	50	**브라질**	브라질리아	127/220	60

프랑스	파리	127/220	50	러시아	모스크바	127/220	50

| 표 9 | 세계 각국 주요 도시의 사용 전압과 주파수

주파수가 다르면 어떤 영향이 있을까요? 주파수는 전동기를 사용할 때 전동기의 속도에 직접적인 영향을 미치며 전자제품에서도 그 수명과 효율에 직접적인 영향을 미치므로 공급되는 주파수에 맞는 전자제품을 사용하여야 합니다. 최근에는 전압과 주파수를 구분하지 않고 사용하는 겸용 제품들도 많이 있지만 그렇지 않으면 반드시 구분해야겠죠. 특히 전동기는 회전수가 주파수에 비례하므로 정격 주파수보다 높은 주파수를 사용하면 회전수가 정상보다 빨라집니다. 그래서 유도 전동기를 사용하는 청소기, 냉장고, 세탁기 같은 전자제품은 외국에서 사용 시 특히 주의해야 합니다.

어떤 물건을 살 때 우리는 품질에 관해서 이야기합니다. 품질이 좋은 물건도 있고, 품질이 나쁜 물건도 있기 때문이죠. 이런 품질은 사용자의 요구를 만족하게 하는 수준을 평가하는 성질이죠. 전기도 소비자가 요구하는 품질이 있습니다. 이 품질을 구분하는 기준을 '전기품질의 3요소'라고 부르는데 이 3요소에 정전 시간, 공급 전압의 유지율과 함께 주파수 유지율이 들어갑니다. 즉, 1년 동안 전기가 끊어지지 않고 얼마나 연속적으로 공급되느냐, 전압의 변동이 얼마나 적느냐와 함께 주파수가 안정 범위 안에 들어와야 하죠.

우리나라는 60㎐를 표준 주파수로 사용하고 있기에, 전기를 만드는 사업자에게 이 주파수를 안정적으로 공급하도록 법령에서 정하고 있어요. 전기사업법 시행규칙 제18조(전기의 품질)에서 전기를 공급하는 사업자는 주파수를 60㎐에서 상하로

전기사업법
전기사업에 관한 기본제도를 확립하여 전기사업을 합리적으로 운용함으로써 전기사용자의 이익보호와 전기사업의 건전한 발전을 도모하고 전기설비의 공사·유지 및 운용에 관하여 필요한 사항을 정함으로써 공공의 안전을 확보함을 목적으로 한 법률이다. 주요 내용은 다음과 같다. ① 전기 사업법의 허가 ② 전기사업자의 전기 공급 의무 ③ 전기 요금 규칙 ④ 전기의 질(전압, 주파수)의 유지 ⑤ 전기 시설의 보안 규제 ⑥ 주임 기술자의 선임의무

0.2㎐까지 허용범위에서 전기를 만들어서 공급하도록 정하고 있죠. 즉, 주파수는 59.8㎐~60.2㎐ 안에 들어야 사용하기에 적절한 품질이라는 뜻입니다.

04

단상과 3상

자격증 시험범위	
전기기능사	전기이론 - 교류회로 - 3상 교류회로
전기기사	회로이론 및 제어공학 - 3상 회로
전기기능장	전기이론 - 교류회로 - 3상 및 다상 교류

'상'이란 무엇인가?

단상과 3상의 차이

사람의 얼굴 생김새로 운명을 점치는 것을 '관상을 본다.'라고 합니다. 관상학에서는 사람의 생김새에 따라 그 사람의 성격, 수명, 운명, 재물 같은 것이 어찌 될 줄 미리 안다고 하죠. 여기에서 쓰인 '상'을 물리학으로 가져와 보겠습니다. 물리학에서 상(Phase, 相)은 어떤 물질이 가지는 일정한 물질의 상태를 말합니다. 예를 들어 고체, 액체, 기체의 상태와 함께 플라스마, 액정, 자석들도 모두 물리학에서는 상이라고 말하죠. 만일 음료수 캔에 액체와 기체가 들어있다면 이때 상의 개수는 두 개가 됩니다.

상
공간상에 어떤 물질들이 모여서 거시적 관점에서 균일한 물리적 성질을 말한다.

전기에서 '상'이란 무엇일까요? 아래 |그림 52|는 단상 발전기를 나타낸 것입니다. 자기장을 만드는 자석 역할을 하는 계자 사이에 도체인 전기자를 넣고 회전시키면 전기가 만들어집니다. 전기자는 계속 회전하면서 일을 하므로 여기에서 전기를 빼내려면 회전하면서도 선이 꼬이지 않는 역할을 하는 슬립링이 필요합니다. 이렇게 만들어진 전기는 슬립링을 통해서 밖으로 나오게 되지요. 전기자가 회전하면서 전류의 방향이 한번은 빨간색에서 파란색으로, 또 다른 한 번은 파란색에서 빨간색으로 일정 시간마다 바뀌게 됩니다. 시간에 따라서 바뀌지만, 전기는 어느 한 선을 기준으로 했을 때 다른 한쪽의 파형이 오르락내리락을 반복하며 만들어지기 때문에 파형은 1개로 보이죠. 이를 단 하나의 위상이라고 하여 단상(Single phase, 單相)이라고 합니다.

단상
시간에 따라 흐르는 방향과 크기가 하나의 교류 전압과 그에 대응하는 전류만이 있는 경우를 단상 교류라고 한다.

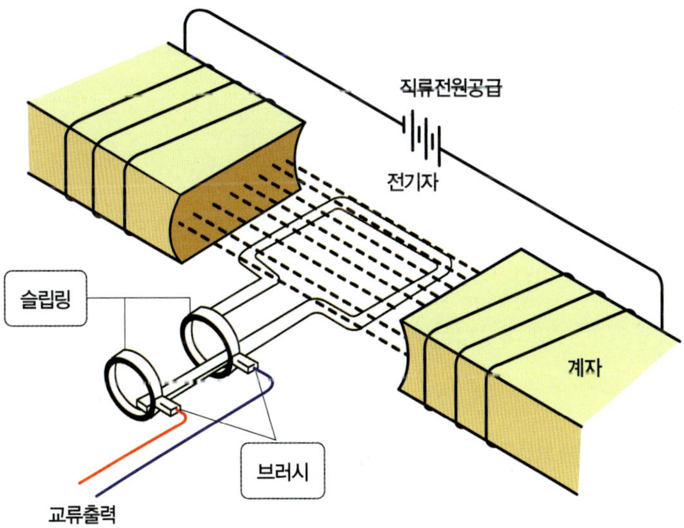

|그림 52| 전기자가 회전하면서 단상 전기가 만들어진다.

공학적 접근

단상 발전기 원리

계자는 자기장을 만드는 부분이다. 계자는 정지해 있으므로 고정자라고도 부른다. 계자에서 만든 자기장을 회전하는 전기자가 끊으며 전기를 만들어 낸다. 전기는 슬립링과 브러시를 거치면서 외부 회로와 연결된다. 즉, 발전기에서 생성된 전기는 슬립링과 브러시를 통해서 외부와 연결된다. 더 많은 전기를 만들기 위해서는 더 큰 계자, 더 많은 권수의 전기자, 더 빠른 속도의 전기자 회전이 필요하다. 전기자에서 만든 전기를 슬립링을 통해서 외부로 빼는 것은 전기적·기계적으로 부담이 많이 되므로, 실제 대형 교류 발전기에서는 전기자를 고정하고 계자를 회전시키는 회전 계자형을 사용한다.

단상으로 전기를 보내는 방식은 우리 가정에서 흔히 볼 수 있는 전기 공급 방식입니다. 전기를 공급하는 쪽과 사용하는 쪽을 2개의 선으로 연결한 형태인데 우리 집에 있는 모든 배선은 2가닥으로 전기를 보내고 받는 역할을 하죠. 플러그를 콘센트에 꽂을 때 2개의 선이 보이는 것처럼요. 선은 2가닥이지만 실제로 일하는 선은 그중에 1가닥이라고 할 수 있어 이를 단상 교류라고 하며, 단상의 조합이 여러 개 되면 이것을 다상 교류라고 합니다. 그런데 우리 주변에서는 흔히 단상과 3상만을 볼 수 있습니다. 왜냐하면, 전기는 만드는 것도 중요하지만 사용하는 쪽에서도 서로 같은 방식이 되어야 사용할 수 있는데 다양한 상의 방식이 실제로 존재하기에는 어려움이 있습니다. 3상은 3개의 파형이 만들어지는 기전력을 가지고 있고 이들의 위상은 120°씩 어긋나는 구조입니다.

단상(Single phase, 單相)의 전기 흐름

검전기 사용법

단상 전원은 2선 교류 전원 회로를 말합니다. 일반적으로 선은 2가닥인데 서로 똑같은 역할을 하는 것은 아닙니다. 하나는 전원선이고 하나는 중성선이라고 부릅니다. 우리나라는 일반 가정에 220V가 들어오지만 하나는 전원선이라는 의미로 전력선, hot wire, 상선이라는 표현을 사용하고, 다른 한 선은 전기적으로 중성을 띠고 있어 중성선 또는 neutral wire라고 표현합니다. 전력선은 전위가 높고 낮음을 반복하며 중성선보다 전위가 높을 때는 전력선에서 중성선으로, 중성선보다 전위가 낮을 때는 중성선에서 전력선으로 전기가 흐릅니다. 두 선 중에서 어떤 선이 전력선인지 확인하는 쉬운 방법은 '검전기' 라는 측정기기를 이용하는 것입니다.

검전기
전기가 전로나 전기기기에 충전되어 있는지를 확인하기 위하여 사용하는 기구로써 작업자의 감전사고를 방지할 수 있다.

질문 있어요

가정집 플러그에 +와 -로 전기선이 들어오는 것이 아닌가요?

네. 아닙니다. 플러스(+)와 마이너스(-)의 두 가닥으로 전기에너지를 전달하는 것은 직류일 때만 해당합니다. 가정으로 들어오는 전기는 교류이므로 극성이 바뀌는 두 가닥의 전선을 통해서 전력이 전송되지요. 우리가 플러스(+)와 마이너스(-) 선을 통해서 전력이 전송된다고 알고 있는 것은 전기를 깊이 있게 알고 있지 않아도 되는 분들을 위하여 이해를 돕기 위한 전기공학자들의 표현법입니다. 결론적으로 직류는 +와 -가 결정되어 전력을 전송하고, 교류는 두 가닥이 계속 극성이 바뀌게 됩니다.

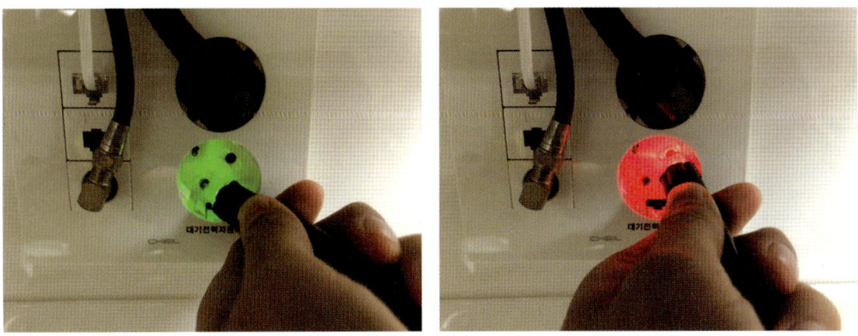

| 그림 53 | 콘센트의 왼쪽이 중성선이고, 오른쪽이 전력선이다.

|그림 53|은 전류에 의한 자기장의 변화를 비접촉식으로 감지할 수 있는 비접촉식 검전기를 이용하여 전력선 여부를 검사하는 모습입니다. 좌측의 그림이 녹색불이 켜져서 중성선임을, 오른쪽 그림은 빨간색 불이 켜져서 전력선이라는 것을 보여줍니다.

실제로 가정에서 스위치를 이용해서 전등을 제어할 때는 2개의 전원선에 한쪽만을 연결하거나 끊으며 점등, 소등하는 제어 방식을 사용합니다. 이렇게 제어할 때 주의할 점은 스위치가 중성선이 아닌 전력선 쪽으로 연결되어야 한다는 것입니다. |그림 54|의 왼쪽처럼 부하에 연결된 2개의 선 중에서 스위치는 전력선 쪽으로 연결하여야 하며 오른쪽과 같이 중성선 쪽으로 연결되지 않도록 주의하여야 합니다. 이와 같은 내용은 한국전기설비규정(KEC)에 규정되어 있습니다.

| 그림 54 | 스위치는 중성선이 아닌 전력선 쪽에 연결되어야 한다.

그렇다면, 가정에서는 3상을 사용하면 안 될까요? 사용하지는 않는 걸까요? 사실, 꼭 사용하지 않는 것은 아닙니다. 아주 특별하게 필요한 곳이라면 3상을 사

용하는 때도 있습니다. 그렇지만, 가정에서 전기를 사용할 때 단상을 쓰는 이유는 가정의 부하는 대부분 작은 전기를 사용하는데, 이렇게 작은 부하에 전기를 공급하는 적은 양의 전기가 필요할 때는 단상의 전기 공급 방식이 저렴하고 편하기 때문입니다. 일반 가정에서 쓰는 전기기기는 소비전력이 비교적 산업용보다 작은 편이고 큰 전동기를 사용하지 않으므로 단상 교류 전원을 사용해도 전력 공급에 문제나 무리가 없습니다. 그런데 사실 이 단상 전원도 3상 전원의 일부라고 할 수 있습니다.

3상(Three phase, 三相)의 전기 흐름

단상교류는 어떻게 흐르는가

3상 전원은 3선으로 된 교류 전원 회로를 말합니다. 보통 3개의 상을 각각 부를 때는 A상, B상, C상이라고도 하고, L1, L2, L3라고도 부릅니다. 이 3개의 상은 120°의 위상차가 있으며 3선과 함께 중성선이 있는 결선 방식을 3상 4선식 결선이라고 합니다. 이러한 결선 방식은 일반 주택보다 큰 전력을 소비하는 거의 모든 빌딩이나 건물에서 전기를 공급하는 방식입니다.

3상
주파수가 같고 위상이 서로 120°의 위상차를 갖는 3개의 전압과 이를 따르는 3개의 전류로 만들어지는 교류의 형태를 말한다.

|그림 55|에서 가운데 위에 있는 차단기에는 전선에 튜브로 검은색, 빨간색, 파란색 색깔이 표시된 3가닥의 전력선과 흰색으로 표시된 중성선 한 가닥이 들어옵니다. 이런 방식이 3상 4선식이지요. 전력선인 검은색, 빨간색, 파란색 중에서 두 가닥 전선 사이에는 380V의 전압이 걸리고, 전력선과 흰색선(중성선) 사이에는 220V가 걸립니다. 그래서 220V를 사용하고자 한다면 전력선 한 개와 중성선을 연결하여 하위 차단기로 회로를 구성하는 것입니다.

| 그림 55 | 상업용 건물에 들어오는 3상 4선식 배전방식이다.

이런 3상 4선식 배전 방식은 각 선 사이의 전압은 380V이고, 하나의 전력선과 중성선 사이의 전압은 220V의 전위차가 있으니 한 가지 배전 방식으로 두 가지 전압을 얻는 방법으로 널리 사용됩니다.

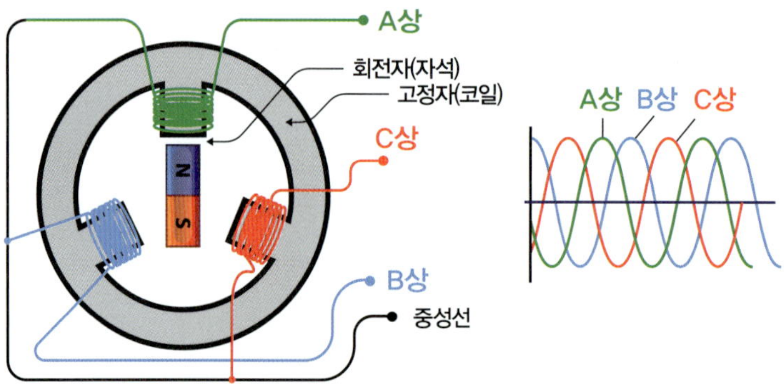

| 그림 56 | 3상 전기는 3개의 파형이 만들어진다.

|그림 56|은 3상 전기가 만들어지는 기본원리를 설명합니다. 고정자에 3개의 코일을 120°의 차이가 되도록 감아 놓고 한쪽씩을 연결하면 그 선은 전기적으로 중성인 중성선이 됩니다. 각 코일에서 한 개씩 뺀 전력선을 편의상 A상, B상, C상이라고 불러보겠습니다. 자석이 코일 사이에서 연속으로 회전하면 오른쪽처럼 파형이 계속 이어지며 만들어집니다. 실제 수력, 화력, 원자력 발전소에서도 전기를 만드는 기본원리는 이와 같습니다.

철탑 위의 송전선이나 건물의 분전반을 보면 항상 3가닥이 한 쌍을 이루고 있는 것은 이와 같은 3상 전력이 공급되는 것을 표현합니다. 소규모 가정의 전력공급은 단상방식이 경제적이었다면, 산업용 · 상업용 등의 대형 전력 공급이나 모터는 3상이 효율적입니다. 3상 교류 방식은 단상 교류보다 전기를 수송하는 데 낮은 전류로 큰 전력을 보낼 수 있어 경제적이며, 필요에 따라 단상으로도 쉽게 변환할 수 있습니다.

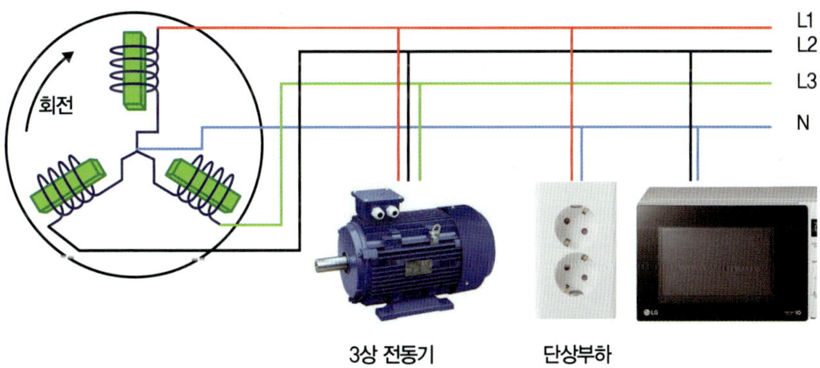

| 그림 57 | 3상 전원은 주로 대형 전동기나 부하에 사용하고 단상은 소형 부하에 사용한다.

|그림 57|은 3상 전력이 만들어지고 사용되는 과정을 보여줍니다. 3상으로

만들어진 전력은 중성선과 함께 부하쪽으로 연결됩니다. 주로 동력 모터를 가동하기 위해서는 3상을 사용하므로 3선으로 380V의 전원을 받아 사용합니다. 그 이외는 L1, L2, L3 중 한 상과 N선을 연결하여 단상 220V 전원을 받아 사용합니다. 단상 220V와 3상 380V의 크기는 상전압과 선간전압의 차이로 $\sqrt{3}$(1.732)배만큼 차이가 납니다.

3상이 유리한 이유

3상4선식이 좋은 이유

3상 전원으로 전기를 공급하면 전선도 3가닥이 필요하여 더 비용이 많이 들고 복잡해 보이는데 왜 3상으로 전기를 보내는 것일까요? 대표적인 3상 전원의 장점을 살펴보면 다음과 같습니다.

첫째, 계통 연계가 쉽다. 발전소에서 만드는 전기는 대부분 3상으로 만들어지며, 전기를 멀리 보내고 사용하는 장소로 옮기는 과정도 주로 3상의 형태입니다. 따라서 발전부터 사용자까지 일정한 전기의 모습을 가지고 있으므로 전체적인 전력의 형태가 일관성이 있어 다양한 기기의 설계나 구성이 편리한 장점이 있습니다.

둘째, 큰 부하 사용 시 효율이 높다. 전기를 많이 사용한다는 것은 전류를 많이 흘린다는 이야기이죠. 전류가 많이 흐르려면 전압이 그만큼 높아져야 합니다. 아래 |표 10|은 4가지 결선 방식에 따른 공급 전력, 1선당 공급 전력, 공급 전력의 비를 보여줍니다. 표의 내용 중에서 가장 오른쪽의 중량비를 중심으로 살펴볼게요. 단상 2선식을 기준으로 하면 3상 4선식의 전력 공급 방식은 같은 전력을 보내는 데 전선이 33.3%로 약 1/3 만큼만 필요합니다. 즉, 똑같은 구리의 양으로 전력을 보낼 때 단상보다 3상은 더 많은 전기를 보낼 수 있으므로 경제적이라는 뜻이 됩니다.

결선 방식	결선 회로	공급 전력	1선당 공급 전력	단상 2선식을 기준으로 한 1선당 공급 전력비[%]	단상 2선식을 기준으로 한 전체 전선의 중량비
단상 2선식	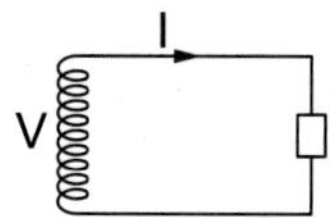	$P_1 = VI$	$\frac{1}{2}VI$	–	–
단상 3선식	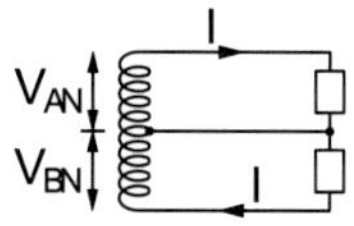	$P_2 = 2VI$	$\frac{2}{3}VI$ $= 0.67VI$	$\frac{\frac{2}{3}VI}{\frac{1}{2}VI} = \frac{4}{3} = 1.33$배	37.5%
3상 3선식	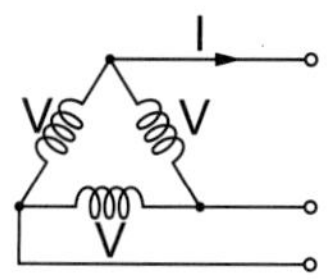	$P_3 = \sqrt{3}VI$	$\frac{\sqrt{3}}{3}VI$ $= 0.57\mathrm{VI}$	$\frac{\frac{\sqrt{3}}{3}VI}{\frac{1}{2}VI} = \frac{2\sqrt{3}}{3} = 1.15$배	75%
3상 4선식	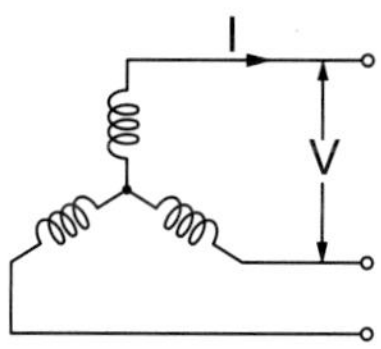	$P_3 = \sqrt{3}VI$	$\frac{\sqrt{3}}{4}VI$ $= 0.43VI$	$\frac{\frac{\sqrt{3}}{4}VI}{\frac{1}{2}VI} = \frac{2\sqrt{3}}{4} = 0.866$배	33.3%

| 표 10 | 3상 4선식이 1선당 보낼 수 있는 전력이 가장 많다.

셋째, 전동기의 회전 자기장을 쉽게 얻을 수 있다. 우리 주변에 전기를 사용하는 부하의 반 이상은 전동기 부하입니다. 이런 전동기 부하는 회전력을 얻기 위해서 단상보다는 3상이 훨씬 유리한 조건을 가지고 있으므로, 3상 모터를 이용하는 것은 전동기를 이용하는데 이로움이 많이 있습니다. 3상으로 전력 전송을 한다는 것은 전동기를 훨씬 쉽게 이용할 수 있는 조건을 제공합니다.

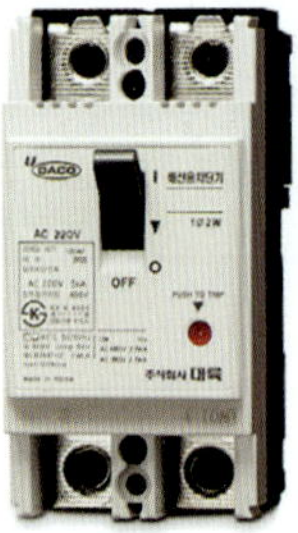

단상 2극 차단기

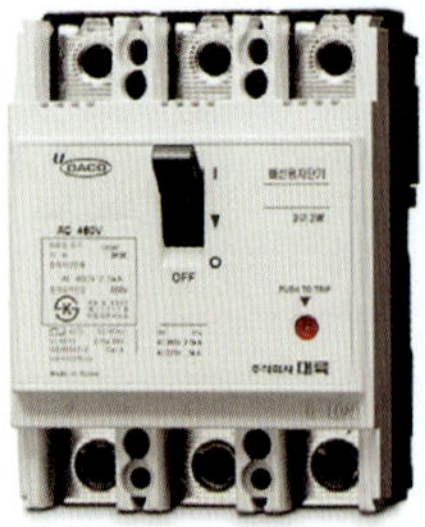

3상 3극 차단기

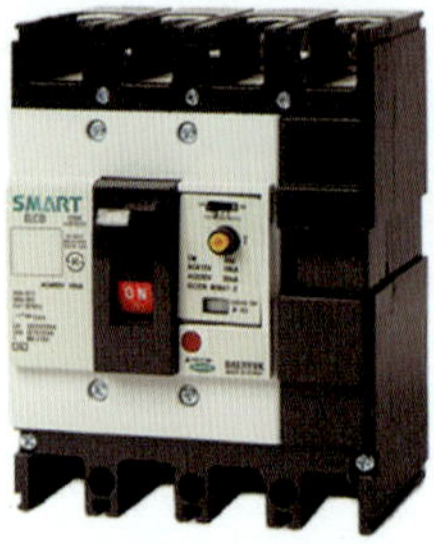

3상 4극 차단기

| 그림 58 | 단상 차단기와 3상 차단기

3상 전력을 제어하기 위해서는 3상용 차단기를 사용하여야 합니다. 단상의 전기를 제어할 때는 극이 2개 있는 차단기를 사용하면 되지만 3상 3선식일 경우 3극, 3상 4선식일 경우 4극 차단기를 이용하여야 전력을 완전하게 제어할 수 있습니다.

05

변압기

자격증 시험범위	
전기기능사	전기기기 – 변압기
전기기사	전기기기 – 변압기
전기기능장	전기기기 – 변압기

변압기란?

변압기를 말하려니 재미난 에피소드가 생각납니다. 제가 대학을 졸업하고 직업학교에서 교사로 일하고 있었을 때였어요. 친구에게 연락이 와서 정말 재밌는 영화가 개봉했으니 같이 보러 가자고 하더군요. 영화 제목이 무엇이냐고 물으니 친구가 '트랜스포머'라고 말했어요. 응? 영화 제목이 트랜스포머라고? 정말이야? 저는 정말이지, '변압기'와 관련된 영화가 개봉한 줄 알았습니다. 그런데, 막상 영화를 보니 변압기는커녕 처음부터 끝까지 자동차만 나오더군요.

이렇게 영화 제목만으로도 오해가 생길 만한 게 전기에서 트랜스포머는 전압을 바꿔 주는 기기인 변압기(Transformer, 變壓器)를 부르는 말이기 때문입니다. 대학 시절 내내 트랜스포머를 변압기를 지칭하며 입에 달고 살았더니 '변형된다.'라는 조금 더 큰 의미를 머릿속에서 지우고 있었던 것이지요. 변압기를 조금 더 명확하게 하면 Electrical transformer이지만 어떤 때는 그것조차 길어서 트랜스라고도 줄여 부릅니다. 전기기기 중에 변신을 담당하는 이 기기는 전압의 크기를 바꿔 주기 위해 사용합니다. 전기에너지를 보내고 받는 과정에서 전압은 보내거나 받는 쪽이 서로 약속한 크기를 사용해야 하는데, 이를 위해 전압을 높이거나 낮추는 작업이 필요할 때 바로 변압기를 사용하죠.

변압기
상호유도원리를 이용하여 교류 전압을 낮추거나 높이는 데 사용하는 기기이다.

예를 들어 외국 온라인 쇼핑몰에서 구매한 가전제품이 110V인데 이것을 220V인 우리나라에서 사용하려면 220V를 110V로 낮춰 주는 변압기가 필요합니다. 반대로 110V를 220V로 높여주는 변압기도 있죠. 전압을 높여주는 변압기를 승압기(step up transformer, 昇壓器), 전압을 낮추는 변압기를 강압기(step down transformer, 降壓器)라고 합니다.

승압기
입력보다 출력측의 전압이 더 높아지도록 만든 변압기를 말한다.

강압기
입력보다 출력측의 전압이 더 낮아지도록 만든 변압기를 말한다.

| 그림 59 | 전주에 있는 변압기는 22,900V를 380V/220V로 낮추어준다.

또, 발전소에서 만들어진 전기가 철탑의 송전선을 타고 우리 가정에 오는 중간에도 몇 대의 변압기를 거쳐서 전압을 단계적으로 낮추게 됩니다. 발전소에서 765kV로 보내진 전압이 변전소에서 154kV로 바뀌고, 이렇게 낮춰진 전압이 소비지역 근처의 변전소에서 또다시 22.9kV로 낮춰지죠. 그렇게 낮춰진 다음 전주를 타고 시내 곳곳을 돌다가 전주 위에 있는 변압기에서 380V/220V로 낮추어진 다음 우리 가정으로 들어올 수 있습니다. 또한, 우리 가정에 들어온 220V의 전기도 전자제품에 낮은 전압으로 전력을 공급하기 위해서는 소위 어댑터라고 하는 소형 변압기를 사용하기도 하죠. 일반적으로 전력 계통에서 사용하는 변압기는 주로 전압을 낮추는 역할을 하므로 변압기라고 부르면 보통 전압을 낮추는 변압기를 의미합니다.

어댑터
서로 다른 전기나 기계장치를 연결하여 작동할 수 있는 장치를 널리 이르는 말로써 전기 어댑터는 교류 전원을 받아 전자제품에서 사용할 수 있는 낮은 전압의 직류로 변환하는 기기를 일반적으로 가르킨다.

| 그림 60 | 변압기를 이용하면 전압을 높이거나 낮출 수 있다. 그림은 220V를 110V로 낮추는 변압기

변압기의 원리

변압기의
동작 원리

이쯤 되면 여러분께서는 변압기의 원리를 알고 싶으시겠죠? 좋아요. 변압기의 원리를 알아보죠. 변압기는 변화하는 자기장으로 전기에너지를 변화하는 전기기기입니다. 아래 |그림 61|과 같이 전기가 들어오는 입력부의 코일에 교류 전류를 넣으면 전류는 1차 측의 코일을 뱅글뱅글 통과하며 자속(자기장)을 만듭니다. 이렇게 만들어진 자속은 철심을 타고 반대편의 코일로 이동하고 반대쪽 코일은 자기장의 변화로 영향을 받아 전기를 만듭니다. 즉, 2차 측의 코일은 자기장의 변화로 전기를 생산하는 것입니다. 그리고 1차 측에 입력된 전원의 극성이 반대로 바뀌면 2차 측에 유도되는 전압도 반대로 만들어져서 1차 측과 같은 주파수의 교류가 2차 측에 만들어지는 것이죠.

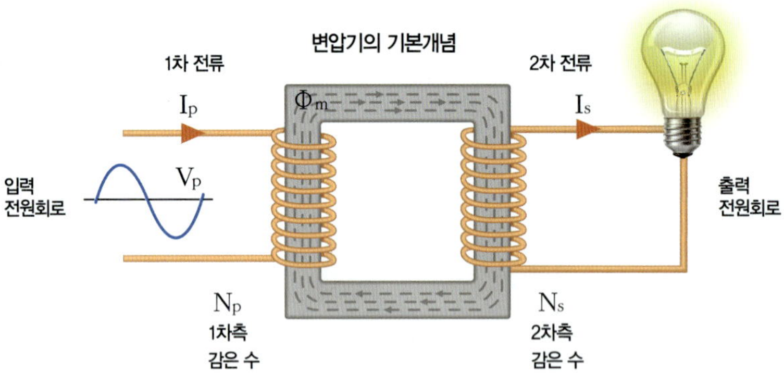

|그림 61| 전원 측과 부하 측은 전류 → 자속 → 전류의 변환을 거친다.

여기서 전원과 연결된 쪽을 1차 측, 부하와 연결된 쪽을 2차 측이라고 하는데 2차 측 전압의 크기는 바로, 코일의 권수(감은 수)에 의해서 결정됩니다. 만일 1차 측에 200V가 입력되고 1차 측 코일은 100번 감겨있다고 해보겠습니다. 그 상태에서 2차 측을 1차보다 적게 50번만 감으면 전압은 1/2로 줄어들어 100V가 출

력됩니다. 그러나 2차 측을 1차 측보다 2배 더 많이 200번 감으면 전압도 2배가 되어 400V가 출력됩니다. 이처럼 출력되는 전압의 조절은 2차 측의 권수를 1차 측에 비해서 더 많이 하느냐, 적게 하느냐로 정하는 것입니다. 이렇게 전압을 마음대로 높일 수도, 낮출 수도 있는 것은 1831년에 발견된 패러데이의 전자유도 법칙(Faraday, Faraday's law of electromagnetic induction)이 있기 때문입니다.

공학적 접근

권수비

변압기의 2차 측 전압과 전류는 권수에 의해서 결정됩니다. 이를 권수비라고 하며 아래와 같은 식으로 설명할 수 있습니다. 즉, 1차 측보다 2차 측을 많이 감으면 전압은 커지고 전류는 작아집니다.

$$\text{권수비} = \frac{N_P}{N_S} = \frac{V_P}{V_S} = \frac{I_S}{I_P}$$

이런 변압기를 만들려면 재료가 아주 많이 필요하거나 비쌀까요? 꼭 그렇지만은 않습니다. 변압기를 구성하는 재료는 크게 코일인 구리선과 철심인 칠로 이루어집니다. 철심 위에 코일이 아무런 조치없이 감겨있는 것처럼 보이기도 합니다만, 그러면 코일이 전기적으로 큰 구리 덩어리가 되는 것과 같습니다. 따라서 코일은 구리에 얇게 에나멜과 같은 절연물로 절연 조치를 합니다. 그 후에 철심 위에 코일을 아주 여러 번 감는 것이죠. 그래서 1차 측과 2차 측의 두 코일은 서로 전기적으로 연결되어 있지 않고 오직 자기적으로만 연결되어 있습니다. 여기서 철심은 1차 코일에서 만든 자속을 2차 측에 잘 전달해주는 배달부 역할을 하지요.

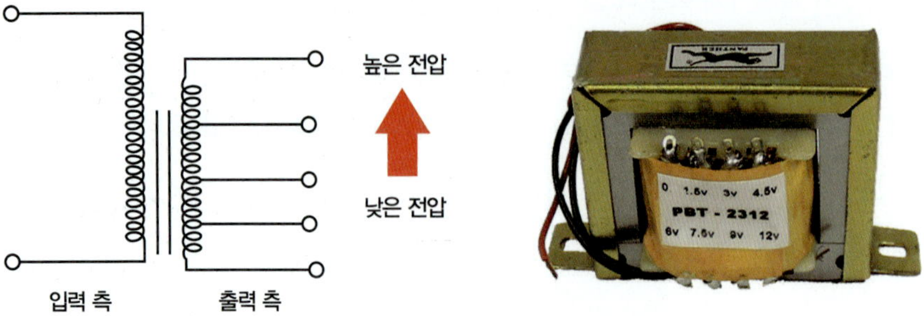

| 그림 62 | 2차 측에 다른 비율의 탭을 여러 개 내어 다양한 전압을 출력할 수도 있다.

그래서 변압기를 분해하면 정작 복잡할 줄 알았는데 구리와 철만 보여 놀라시는 분들도 계십니다. 비록, 구리와 철 때문에 무게는 무겁지만 의외로 구조는 간단한 편이랍니다. 1차 측과 2차 측에 각각 코일이 2개의 덩어리로 되어있는 형태의 변압기를 2권선 변압기라고 부릅니다. 2권선 변압기에서 꼭 알아둘 것은 전압의 크기가 바뀌는 원리인 코일 권수의 권수비(turn-ratio, 捲數比)입니다. 입력 측과 출력 측의 권수비는 변압기의 전압과 전류를 일정 비율로 낮추거나 높일 수 있게 하죠. |그림 62|와 같이 출력 측인 2차 측 코일에 여러 개의 비율로 탭을 내어 다양한 전압을 출력할 수도 있습니다.

권수비
변압기의 1차 권선과 2차 권선의 권수의 비율을 말한다. 권수비에 따라 전압과 전류의 크기가 바뀐다.

어떻게 여러 개의 탭으로 다양한 전압을 출력할 수 있을까요? 예를 들어 1차 측을 100번 감고 2차 측은 50번을 감았다고 하면 권수비는 2:1이므로 1차 측의 반에 해당하는 전압이 2차 측에 나오게 됩니다. 100V를 넣으면 50V, 200V를 넣으면 100V가 나오는 것이죠. 이런 원리로 1차 측은 100번은 그대로 유지한 채 2차 측을 20번 감았다면 1차 측 전압의 20%가 2차 측에 나오게 됩니다. 이런 방식으로 1차 측의 권수는 그대로 유지하고 2차 측에 여러 개의 탭을 내어 권수를

다르게 하면 다양한 전압을 출력할 수 있죠. 아래 |그림 63|에서 그 내용을 표시하고 있습니다.

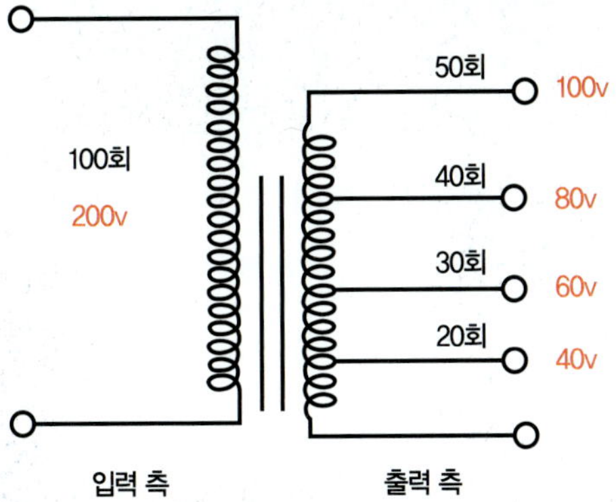

| 그림 63 | 2차 측의 권수에 따라 다양한 전압을 출력한다.

지금 우리가 사용하는 교류가 직류를 이기게 된 전류전쟁(Current war)의 일등공신이 바로 변압기입니다. 직류는 전압이 일정하여 시간이 변화해도 자기장의 크기 변화가 없어 변압기에 직류 전원을 넣더라도 2차 측에는 아무런 반응이 없습니다. 그렇지만 교류는 시간의 변화에 따라 전압의 파형 크기와 방향이 바뀌므로 자기장의 변화가 2차 측에 전달되어 기전력이 만들어집니다. 따라서 변압기를 이용하면 멀리 전력을 보내느라 손실이 생겨서 전압이 낮아져도 쉽게 전압을 올릴 수 있으며, 발전소를 소비지역에서 먼 곳에 설치하여도 전압을 높이 올리고, 보내고, 다시 낮추어 받으면 되기 때문에 발전소의 설치 위치가 자유로워지는 이점을 가지게 됩니다. 변압기는 주파수와 전력의 크기는 바꿀 수 없으며 전압과 전류의 크기만을 늘리거나 줄일 수 있습니다.

전류전쟁
1880년대 후반에 미국의 니콜라 테슬라와 토머스 에디슨이 전력의 송전 방식을 두고 벌인 전쟁을 이르는 말이다. 니콜라 테슬라는 교류 송전 방식을 주장하지만, 토머스 에디슨은 직류 송전 방식을 주장했다. 교류 송전 방식은 변압기를 이용하면 멀리까지 전압을 보내고 자유롭게 크기를 바꿀 수 있어서 직류보다 큰 이점을 가지고 있었다.

변압기의 구성 요소

변압기의 주재료는 철심과 구리로 이루어집니다. 그리고 용도와 용량에 따라서 부가되는 부속 설비들이 필요하죠. 때로는 안전을 위해서 더 정밀한 장치들이 포함되기도 합니다만, 여기에서는 대표적인 구성 재료를 알아보도록 하겠습니다. |그림 64|는 220V를 110V로 낮춰 주는 가정용 변압기를 분해한 내부 사진입니다. 오른쪽 아래에서 입력된 전원선이 보이고, 파란색 선은 퓨즈를 통해서 변압기로 들어가며 갈색 선은 변압기 전면에 있는 전원 스위치를 거쳐서 변압기와 출력 측과 연결됩니다. 가운데 있는 큰 덩어리가 철심이며 이 철심에 구리선이 감겨 있습니다. 소형 변압기 뿐만 아니라 중형 변압기에서도 꼭 사용되는 몇 가지 요소들에 대해서 설명하면 다음과 같습니다.

| 그림 64 | 가정용 변압기를 분해한 모습. 의외로 구조가 간단하다.

가. 철심

변압기의 몸체를 이루는 물질로써 주재료는 철입니다. 코일에서 만들어진 자기장을 2차 측에 잘 전달할 수 있어야 하므로 자화의 특성을 나타내는 투자율(Permeability, 透磁率)이 클수록 좋습니다. 히스테리시스 손실을 줄이기 위해서 규소를 약 3~5% 함유합니다. 그리고 철은 와류손을 줄이기 위해서 약 0.35㎜ 두께의 얇은 철판을 여러 장 쌓고 철판 표면에 절연물질을 발라 절연성의 피막을 만듭니다. 아래 |그림 65|는 철심의 형태에 따른 변압기의 종류를 설명합니다.

투자율
어떤 매질이 주어진 자기장에 대해서 얼마나 자화되는지를 나타내는 값이다. 기호로는 그리스문자인 μ(뮤)를 사용하고, 단위는 헨리 매 미터[H/m]이다.

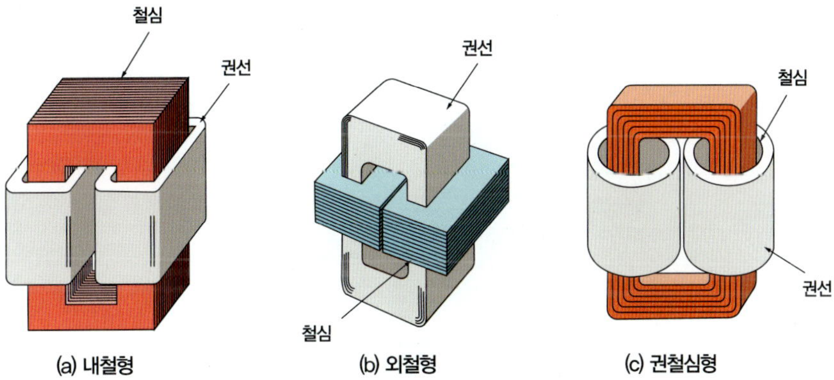

| 그림 65 | 철심의 형태에 따른 변압기의 종류

내철형 철심 구조는 철심의 양쪽 변에 1차 권선과 2차 권선을 각각 감지만 외철형 구조는 같은 철심에 권선을 겹쳐서 감습니다. 내철형은 각각의 권선에 코일을 감게 되어 공기 중으로 나가는 누설 자속이 상대적으로 크지만, 외철형은 자기적으로 누설 자속이 더 적습니다.

누설 자속
자속 중에서 자기장이 정상적으로 이동해야 할 자로에서 벗어나는 자속을 말한다.

나. 권선

권선은 변압기에 사용되는 코일인 도체를 말합니다. 보통 소형 변압기는 도체로 둥근 구리선을 쓰지만 크기가 커지면 대형에서는 납작한 평각 선을 사용합니다. 그리고 여러 번 감는 구리선의 특성상 서로 전기적으로 연결되지 않도록 에나멜, 무명실, 종이테이프 등으로 덮어씌웁니다. 권선을 감는 방법은 직권과 형권이 있습니다. 직권은 철심에 직접 권선을 감고 절연한 다음 고압 권선을 감는 방법으로써 소형 변압기에 주로 사용합니다. 형권은 절연통에 코일을 감은 것을 절연한 후 조립하는 것으로 주로 내철형에는 원통 코일, 외철형에는 사각형 평판 코일을 사용합니다.

> **에나멜**
> 금속의 표면에 유리질의 세라믹스를 얇게 입힌 것으로 전기 절연 재료로도 사용한다.

| 그림 66 | 변압기 철심에 권선이 감긴 모습

다. 부싱(Bushing)

변압기의 외함은 단단한 철로 만들어져 있으므로 변압기 내부에서 전선을 빼낼 때는 주의를 요구합니다. 변압기의 내부 권선으로부터 외함을 관통하여 도체와 연결할 때 관통 부분에 사용하는 절연물의 관을 부싱이라고 합니다. 우리 주변에서 쉽게 볼 수 있는 부싱은 단일형 부싱으로서 주로 자기나 합성수지로 제작되어 원통에 도체를 삽입한 구조입니다. 그 이외에 사용되는 종류로는 컴파운드 부싱, 유입 부싱, 콘덴서 부싱이 있습니다.

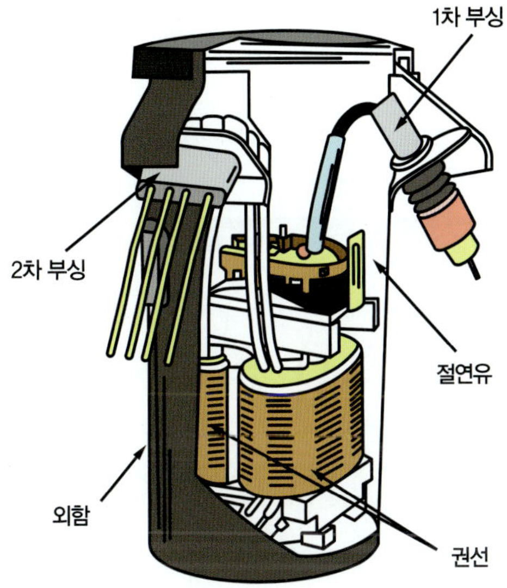

| 그림 67 | 유입 변압기의 구조

라. 절연

변압기는 전기적인 안전을 위하여 철심과 권선 사이, 권선 상호 간, 권선의 층간에 절연을 확실히 해 주어야 합니다. 만일 절연이 제대로 이루어지지 않는다면 단락 등의 전기적 사고가 발생하게 됩니다. 변압기는 다른 전기기기에 비해서 신뢰성이 높고 수명이 길지만, 오랫동안 사용하면 다양한 환경적, 기계적 원인으로 자연스럽게 절연의 성능이 저하될 수 있습니다. 그래서 변압기는 유지관리의 중요성이 강조되며, 특히 성능의 저하를 촉진하는 온도 상승을 크게 신경 쓰고 있습니다. 관련 규정에서는 아래에 표시된 온도 상승 한도를 장시간 지속하고 초과하지 않도록 규정하고 있습니다.

종류	Y종	A종	E종	B종	F종	H종	C종
최고 사용 온도 (℃)	90	105	120	130	155	180	180 초과

| 표 11 | 변압기의 절연 종별 최고 허용 온도

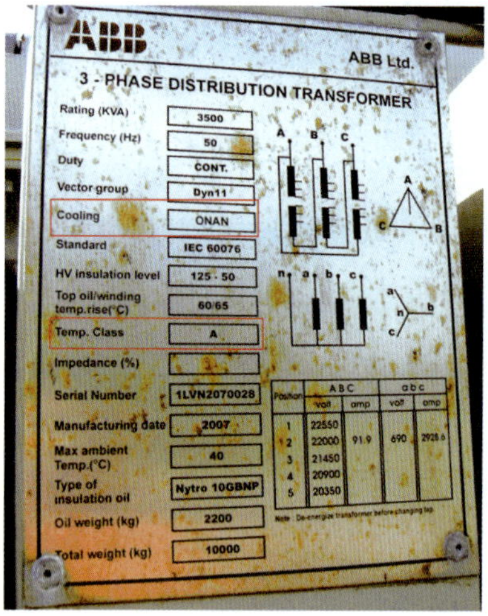

| 그림 68 | 변압기 명판에는 절연 종별과 냉각 방식이 표기되어 있다. 붉은 네모 참조.

마. 변압기의 냉각 방식(Cooling System for Transformer)

변압기를 운전하게 되면 권선과 철심에서 발생하는 손실들은 대부분 열에너지의 형태로 방출됩니다. 방출되는 열은 변압기의 온도를 높일 뿐만 아니라 절연물에 부정적인 영향을 미쳐 변압기의 수명과 성능을 저하하는 원인이 되지요. 그 때문에 변압기는 적당한 냉각 방식을 통하여 발생한 열을 효과적으로 낮추어줄 필요가 있습니다. 열을 낮추는 기본개념은 변압기에서 발생한 열을 외부로 발산시키는 것이며, 열을 전달해주는 물질과 냉각 구조에 따라 몇 가지 방식으로 분류합니다.

냉각방식	기호	특징
건식 자냉식	AN	특별한 냉각 방식을 사용하지 않고 변압기 본체가 공기로 인해 자연적으로 냉각되도록 한 것. 공기의 대류 방식을 사용하며 소용량의 변압기에 사용한다.
건식 풍냉식	AF	건식 변압기에 송풍기를 이용하여 강제 통풍시키는 방식
유입 자냉식	ONAN	변압기 외함 속에 절연유를 넣고 그 속에 권선과 철심을 넣어 변압기에서 발생한 열을 기름의 대류 작용으로 외함에 전달하고, 외함에서 열을 대기로 발산시키는 방식
유입 수냉식	OW	상부 기름에 냉각관을 두어 이것에 냉각수를 순환시켜 냉각하는 방식
유입 풍냉식	ONAF	방열기를 설치한 유입변압기에 송풍기를 이용하여 강제 통풍시켜 냉각효과를 높이는 방식
송유 풍냉식	OFAF	변압기 외함 내에 들어있는 기름을 펌프를 이용하여 외부에 있는 냉각장치로 보내서 냉각시킨 다음, 냉각된 기름을 다시 외함 내부로 공급하는 방식으로 냉각 효과가 크다.

| 표 12 | 변압기의 냉각 방식

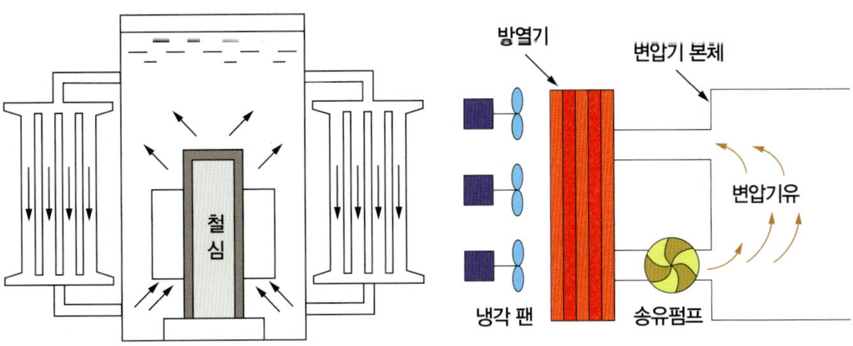

| 그림 69 | 유입 변압기의 냉각 방식

바. 절연유

변압기에 기름은 왜?

변압기 중 비교적 용량이 큰 변압기는 절연과 냉각을 위해 변압기 내부에 기름(oil)을 넣는 유입변압기를 사용합니다. 이 기름을 변압기유나 절연유라고 부릅니다. 변압기유는 변압기 내부에서 중요한 역할을 하지만 영구적으로 사용할 수 있는 것은 아닙니다. 자동차의 엔진오일도 적절한 시기마다 교체하여 엔진을 보호하는 것처럼, 절연유도 적절한 시기가 되면 산화하여 교체를 해주어야 합니다. 변압기에서 발생한 열, 호흡작용에 의한 공기 중의 수분 접촉, 불순물 생성 등의 원인으로 절연유는 원래의 절연과 냉각 능력을 점점 잃게 되거나 침전물이 생겨 변압기 동작에 부정적인 영향을 미치게 됩니다. 절연유는 이렇게 점차 열화되어 가는 중 어떤 외부적인 충격이 오면 권선의 아크나 단락에 의하여 심한 손상을 입을 수 있습니다. 따라서 절연유는 주기적으로 산화도, 고유저항 등을 확인하여 전기적, 물리적 상태가 적절한지 확인을 하여야 합니다. 만일 상태가 적절하지 않다면 엔진오일을 자동차의 엔진에서 모두 빼내어 새로운 것으로 넣어주듯, 절연유도 오래된 것을 모두 변압기에서 빼내고 새로운 절연유로 교체함으로써 절연유의 성능을 회복할 수 있습니다.

06

인버터란?

자 격 증 시험범위	
전기기능사	전기기기 - 정류기 및 제어기기 - 사이리스터 응용회로
전기기사	전기기기 - 전력변환기 - 제어정류기
전기기능장	전력전자 - 정류 및 인버터 회로

전기는 흐르는 방향에 따라서 직류와 교류로 나누어졌던 것을 기억하시죠? 그런데 직류와 교류는 처음에 만드는 방법은 다르지만 어떤 기기를 이용하면 서로 변환이 될 수 있습니다. 즉, 직류를 교류로, 교류를 직류로 바꾸는 것이 가능한 것이죠. 예를 들어 태양광 발전으로 만든 전기와 배터리에 저장되는 전기는 모두 직류입니다. 만일 이런 직류로 헤어드라이어 같은 교류 전자제품을 이용하려면 어떻게 해야 할까요? 바로, 직류를 교류로 바꾸는 장치가 필요한 것이죠. 이것의 이름이 인버터입니다. 이 인버터가 있으면 직류 전기를 교류로 바꾸어 사용할 수 있습니다. 실제 태양광 발전에서도 상용전원에 연결하기 위하여 꼭 필요한 기기이며, 자동차 배터리의 직류 12V를 교류 220V로 바꾸어 캠핑장 같은 곳에서 교류 전원을 사용할 때 유용하게 사용됩니다. 여기에서는 인버터에 대해서 알아봅니다.

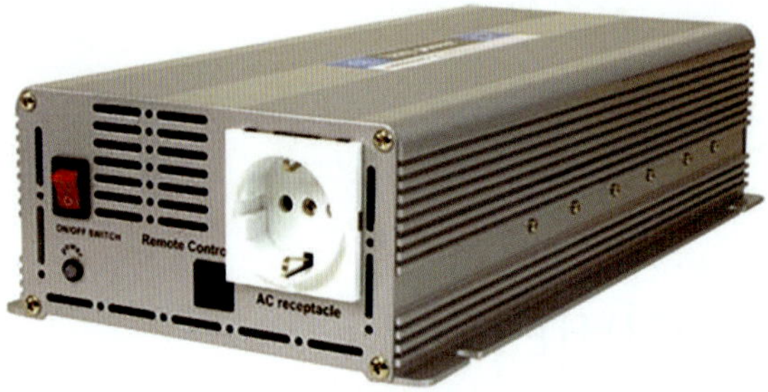

| 그림 70 | 직류 12V를 교류 220V로 바꾸는 차량용 인버터

인버터란 무엇인가?

인버터(Inverter)란 주로 직류(DC)를 교류(AC)로 바꾸기 위한 전력 변환 장치를 말합니다. 단순하게 직류를 교류로만 바꾸는 것이 아니라 그 과정에서 다양한 전원의 특징인 전압의 크기, 주파수도 바꿀 수 있습니다. 일반적으로 직류 전원을 사용하는 경우는 배터리의 출력이나 태양광 등의 발전에서 만들어낸 전기를 사용할 때입니다. 이런 형태의 직류를 우리가 사용하는 220V 상용전원과 연결하기 위해서는 전원계통을 일치시키기 위해서 반드시 직류를 교류로 바꾸는 과정이 필요하지요.

인버터
직류 전력을 교류 전력으로 변환하는 장치로서 주로 전력 소자들을 이용하여 전력을 변환한다.

|그림 71|에서는 간단하게 직류를 교류로 변환하는 태양광 발전 계통에 관해서 설명하고 있습니다. 먼저 태양으로부터 빛을 받으면 태양광 전지는 직류 전기를 만들어냅니다. 이렇게 발전기에서 갓 만들어낸 직류 전기는 크기가 일정하지 않아서 좋은 전원이라고 하기에는 아직 품질이 다소 불안정합니다. 따라서 축전지가 포함된 전력 조절 장치를 통해서 전기를 조금 더 좋은 직류 전기로 만들어줍니다. 쉽게 말해서 물을 깨끗하게 해주는 정

수기의 필터 같은 역할을 하는 것이지요. 이렇게 품질이 괜찮아진 직류는 인버터를 거쳐서 우리가 사용할 수 있는 220V 교류 전원으로 바뀌게 됩니다. 여기에서 만일 인버터의 성능이 나쁘다면 우리 가정의 전자제품에 안 좋은 영향을 미치겠지요? 그래서 인버터의 성능은 전기의 품질을 결정하는 요인으로서 아주 중요한 부품이라고 할 수 있습니다.

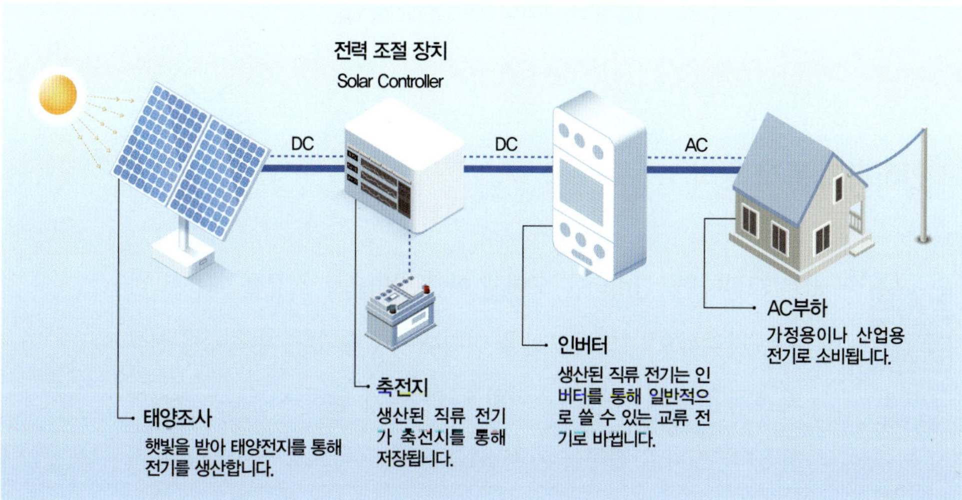

| 그림 71 | 태양광 발전시스템의 구조

위와 같이 나타낸 그림을 조금 더 단순하고 명확하게 몇 개의 선으로 표시하면 |그림 72|와 같습니다. 중앙에 인버터가 위치하고 왼쪽은 입력으로서 직류 전원, 오른쪽은 출력으로서 교류 전원이 있습니다. 즉, 직류 전원이 인버터로 들어오면 이것이 교류 전원으로 바뀌어 출력된다는 내용을 보여줍니다. 전기기기에서는 이렇게 간단한 그림으로 기기의 동작을 나타내는 다이어그램(Diagram)을 사용하기도 합니다.

다이어그램
수식이나 정보 관계를 간단한 그림으로 나타낸 것이다.

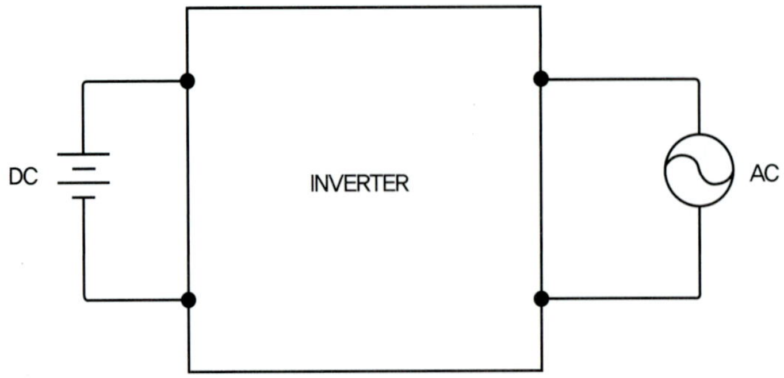

| 그림 72 | 직류를 교류로 바꾸는 인버터의 다이어그램

인버터의 동작 원리

인버터의 동작 원리

그렇다면, 인버터는 도대체 어떤 방법으로 직류를 교류로 바꾸는 것일까요? |그림 73|을 설명해 보겠습니다. 왼쪽에서 전류의 흐름을 살펴볼게요. 스위치 S1과 S4가 닫히면 전류는 +극에서 S1을 지나고 전구를 거쳐 S4를 지나 −극으로 돌아와 회로가 만들어집니다. 그리고 S2와 S3의 스위치가 동작하면 오른쪽 그림과 같이 전류가 흐르게 되지요. +극에서 시작하여 S2를 지나 전구를 거쳐 S3를 지나면 −극으로 돌아옵니다. 이런 스위치는 S1과 S4가, S2와 S3가 한 쌍으로 동작하게 되어 전류의 방향이 계속 바뀌는 원리로 교류가 만들어집니다. 그리고, 이런 스위칭 변환이 1초에 60번 반복하면 60㎐의 교류가 되지요. 만일 이렇게 만들어진 교류를 조금 더 큰 전압으로 바꾸고 싶다면 전구의 위치에 변압기를 넣고 1차 측과 연결하면 됩니다. 이런 원리로 자동차용 인버터는 작은 12V의 직류 전압을 비교적 높은 220V의 교류 전압으로 바꿀 수 있지요.

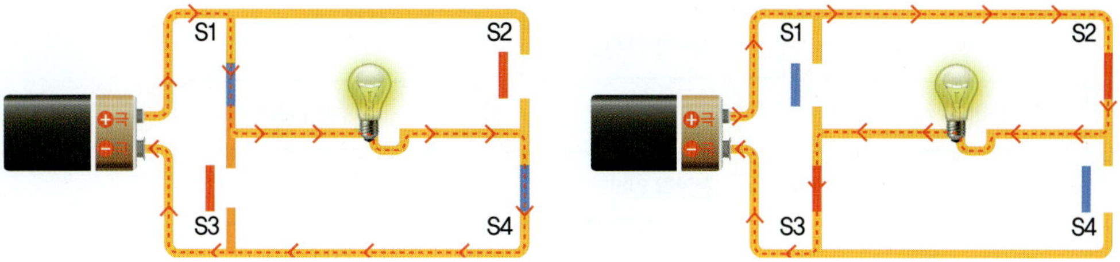

| 그림 73 | 스위치의 동작에 따라 직류를 교류로 바꿀 수 있다.

사실 실제 인버터는 이것보다도 훨씬 복잡한 구조로 되어있습니다. 그렇지만 기본적인 원리는 앞에서 설명한 것에서 크게 다르지 않습니다. 이런 기본원리에 전기적 품질과 안정성을 높이는 부가 회로를 추가한다면 더 좋은 인버터를 만들 수 있게 됩니다. 전력을 제어하는 반도체소자가 발달하기 전에는 이런 인버터의 사용이 널리 보급되지는 않았습니다. 그래서 직류를 좋은 품질의 교류로 바꾸는 것이 그 전에는 사실상 불가능했었죠. 지금은 전력 제어용 반도체 소자들의 성능이 좋아지고 가격이 싸지면서 인버터가 널리 사용되고 있습니다.

실제 3상 전동기를 구동하는 인버터 회로는 어떻게 구성될까요? |그림 75|는 인버터를 주회로 방식으로 분류한 것입니다. 전류형이라는 것은 전류원의 직류를 교류로 변화하는 것이고, 전압형은 전압원의 직류를 교류로 변환하는 차이가 있습니다. 그리고 전압형은 직류 크기를 변화시키는 PAM(Pulse Amplitude Modulation) 방식과, 평활된 직류 전압의 크기는 변화시키지 않고 펄스상의 전압을 출력 시간을 변화시켜 등가인 전압을 변화하는 PWM(Pulse Width Modulation) 방식으로 나뉘죠.

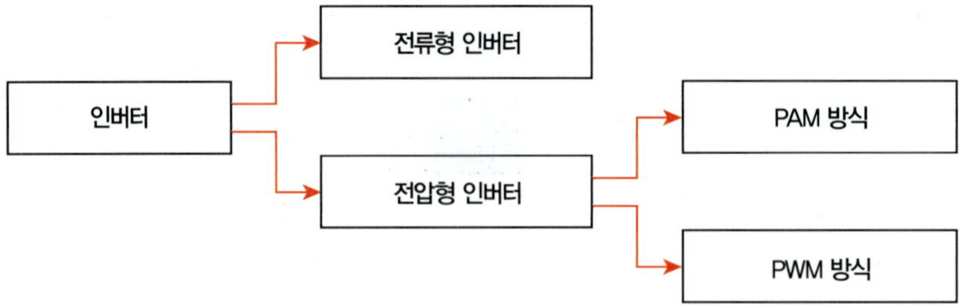

| 그림 74 | 주회로 방식과 제어 방식에 따른 인버터의 분류

|그림 75|는 3상 PWM 전압형 인버터의 회로도를 보여줍니다. 먼저, 3상 전원이 들어오면 D1~D6의 다이오드가 교류를 직류로 바꿔 줍니다. 그 이후 콘덴서를 이용하여 직류의 파형을 더 양질로 만드는 평활 과정을 거칩니다. 그 이후 트랜지스터, IGBT, MOSFET, GTO등의 전력 제어 소자를 이용하여 3상 전력에 맞게 TR1~TR6를 스위칭 동작하여 전동기에 원하는 크기와 주파수의 3상 전력을 공급합니다.

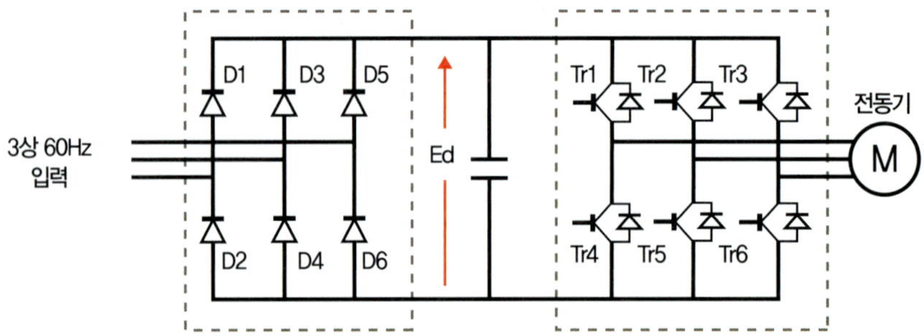

| 그림 75 | 3상 PWM 전압형 인버터의 회로도

실용상 사용하는 3상 인버터는 |그림 76|과 같이 구성도를 나타낼 수 있습니다. 인버터는 기본적으로 컨버터부, 평활부, 인버터부로 나눌 수 있습니다. 컨버터부는 교류 전원을 입력받아 이를 직류로 바꾸는 부분이고, 평활부는 변환된 직류를 더 좋은 파형의 직류로 바꾸는 작업을 합니다. 보통 전해콘덴서 등을 이용하여 다이오드 정류 후 고르지 못한 전압의 크기를 평평하게 만듭니다. 그리고 마지막으로 인버터부는 직류를 교류로 변환하는 장치로 여러 스위칭 소자들을 교대로 ON-OFF하여 3상 펄스를 만든 후 전동기 등의 부하에 공급합니다.

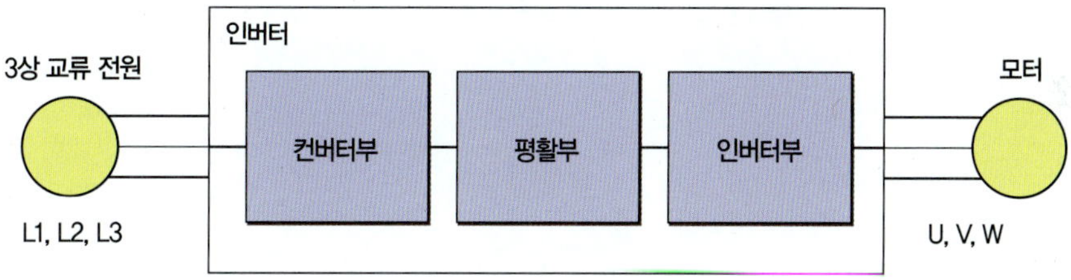

|그림 76| 인버터의 구성도

요즘 전자제품을 보면 인버터 세탁기, 인버터 냉장고, 인버터 에어컨 등 모터가 들어있는 전자제품을 인버터 방식으로 제어한다고 광고하는 것을 자주 봅니다. 이렇게 인버터 방식을 이용하면 전원을 연결받아 전동기를 항상 똑같은 속도나 토크로 돌리지 않고, 주파수와 전압을 바꿈으로써 상황에 맞는 속도와 토크로 회전시킬 수 있게 제어할 수 있습니다. 따라서 세탁기의 경우 세탁량의 많고 적음에 따라, 에어컨은 바람의 세기를 필요에 따라 조절할 수 있으므로 전동기의 소요동력이 그 차이만큼 감소하니 자연적으로 에너지를 절감하게 됩니다. 또, 사용하는 전기에너지가 절감되는 것은 전기요금의 감소로 이어지니 전자제품 제조회사의 입장에서는 왜 그렇게 '인버터'를 강조하는지 이해가 되시죠?

E

3장

전기와 자기는 하나다

01

전기와 자기

자격증 시험범위	
전기기능사	전기이론 - 정전기와 콘덴서 - 전기의 본질
전기기사	전기자기학 - 진공 중의 정전계
전기기능장	전기이론 - 정전기와 자기

저는 아직도 대학 시절 전기를 처음 배웠던 기억이 생생합니다. 혹시, 대학교의 전기공학과에 입학하면 가장 먼저, 그리고 가장 기본이 된다며 배우는 과목이 무엇인지 아시나요? 공부하는 과목에는 여러 가지가 있습니다. 발전기 · 변압기 · 전동기에 대해서 배우는 전기기기, 전기회로에 대한 법칙과 해석을 배우는 회로이론이 중요한 과목임은 두말할 필요가 없습니다. 그중에서 전기의 근원이 무엇인지 그 현상을 탐구하는 전자기학(Electromagnetism, 電磁氣學)은 필수과목으로서 가장 중요한 위치를 차지할 것입니다. 그리고 중요한 과목인 만큼 학문적인 수준이 다른 과목에 비해서 상대적으로 어렵기도 합니다.

전자기학
전기현상, 자기현상과 전기와 자기의 상호작용에 대하여 이론과 전반적인 내용을 연구하는 학문이다.

저도 대학에서 전자기학을 수강할 당시만 하더라도 상당한 시간 동안 정성을 들이면서도 왜 이걸 배워야 하는지 솔직히 잘 이해가 되지 않았습니다. 시간도 많이 들여야 할 뿐 아니라 대부분 수학적으로 접근해야 해서 개념을 익히는 과정도 쉽지 않은 과목이었거든요. 수업시간에 졸음이 오는 것은 다반사였고, 주변에서 이해가 된다며 똘똘한 눈으로 수업을 듣는 학생들을 보고 있으면 부러울 때도 있었습니다. 그렇게 수업시간에 따라가기 바빴던 그 학문적 내용이 많이 중요했던 이유를 학년이 올라가면서 점점 알게 되었습니다.

간단히 말하자면 전기와 자기에 대한 기본개념이 결국 회로를 이루어 전기가 만들어내는 자기장을 설명할 수 있었기 때문이죠. 그리고 이러한 내용을 알아야 응용공학인 변압기, 발전기, 전동기를 비로소 충분하게 이해하고 동작시킬 수 있다는 사실도 말입니다. 그래서 전기를 기본적으로 설명할 수 있는 가장 기초적인 개념이 무엇이냐고 묻는다면 전기와 자기를 빼놓을 수 없는 것입니다.

전자기학은 전기학과 자기학을 합쳐서 부르는 전기자기학의 줄임말입니다. 아주 예전에는 전기와 자기가 각각 존재하는 서로 다른 힘이라고 여겨져 왔는데, 19세기에 와서는 이 둘이 사실 아주 연관성이 깊은 상호작용이라는 것을 알게 되었죠. 그리고 이 내용을 엄밀하게 수학적으로 정리한 사람이 바로 제임스 클러크 맥스웰(James Clerk Maxwell, 1831년~1879년)입니다. 그래서 맥스웰은 전기 · 전자공학에서 학문적 가치로 보았을 때 물리학의 뉴턴이나 아인슈타인보다 훨씬 중요한 위치에 있는 사람이라고 할 수 있습니다.

클러크 맥스웰
영국의 물리학자로 전자기파설의 기초를 세우는 등 전기와 자기현상에 대한 통일적 기초를 마련하였다.

전기장

전기와 자기의
쿨롱의 법칙

학교에 가면 운동장(Field, 運動場)이 있습니다. 운동장은 체육 수업이나 큰 행사를 치르고, 무엇보다도 주로 뛰어노는 공간으로 만들어진 장소라서 학교에서 없어서는 안 될 가장 크고 중요한 공간이지요. 전기에도 비슷한 개념의 운동장이 있습니다. 어떤 전기적 성질을 띠게 된 전하의 힘이 미치는 공간을 일컬어 전기장(Electric field, 電氣場)이라고 하거든요. 전기적인 힘이 영향을 미치기 때문에 운동장처럼 전기가 뛰어노는 공간이라고도 볼 수 있어요.

전기장
전하로 인하여 전기력이 미치는 공간을 말한다. 전장, 전계라고도 한다.

|그림 77|은 전기장의 모습을 선으로 표현한 것입니다. 눈에 보이지는 않지만 서로 힘이 작용하는 곳을 선으로 나타내면 +전기와 −전기 사이에 이처럼 전기적인 힘이 작용하는 공간이 있고, 그 공간을 우리는 전기장이라고 부릅니다. 선이 촘촘하게 있는 곳이 전기의 힘이 센 곳이고, 듬성듬성 있는 곳은 전기의 힘이 약하게 작용하는 곳입니다. 이것을 공학적인 말투로 표현하면 전기력선의 밀도가 높은 곳은 전기장의 세기가 세고, 전기력선의 밀도가 낮은 곳은 전기장의 세기가 작다고 표현합니다.

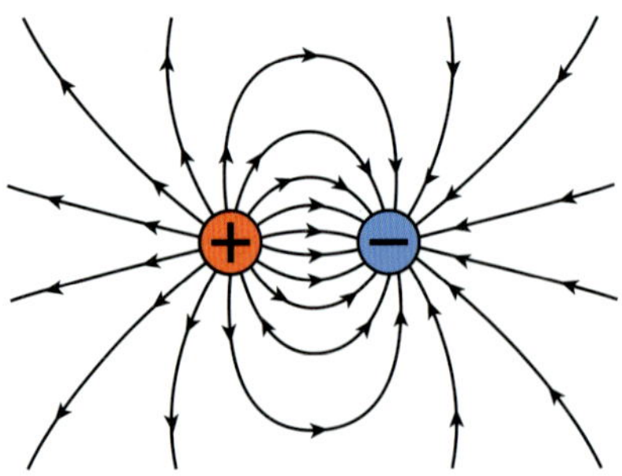

| 그림 77 | 두 전하 사이에 힘이 작용하는 공간이 전기장이다.

조금 더 자세히 살펴보죠. 머리카락을 정리하기 위해서 빗으로 머리를 빗으면 어떤 일이 일어나나요? 짧은 머리카락에서는 잘 느끼지 못할 수도 있지만, 긴 머리카락을 빗으면 어떤 경우에는 머리카락이 빗에 달라붙는 현상을 볼 수 있습니다. 이것은 빗과 머리카락에서 마찰이 생기는 도중에 전기가 만들어졌기 때문입니다. 전기가 갑자기 생겨났다고요? 발전기처럼요?

그런 것은 아닙니다. 머리카락과 빗은 서로 마찰이 있기 전에는 전기적으로 아무 성질도 띠지 않는 중성 상태였습니다. 평온한 상태였던 것이죠. 그런데 머리를 빗는 행위에서 발생하는 마찰 때문에 빗에 있는 전자가 머리카락 쪽으로 이동하여 빗은 마이너스(−)의 전기적인 성질을 띠고, 머리카락은 플러스(+)의 전기적인 성질을 띠게 된 것이죠. 이렇게 서로 전기적인 성질을 띠게 되는 것을 대전(Electrification, 帶電) 현상이라고 합니다. 즉, 머리카락과 빗은 마찰하는 외부의 힘으로 대전 현상이 발생하여 전하의 평형이 깨지고 마이너스(−)와 플러스(+) 전기를 띠게 되는 것이죠.

대전
전기적으로 중성 상태인 원자가 외부 힘으로 전하가 재배치되어 양전기 또는 음전기를 띠게 되는 현상을 발한다.

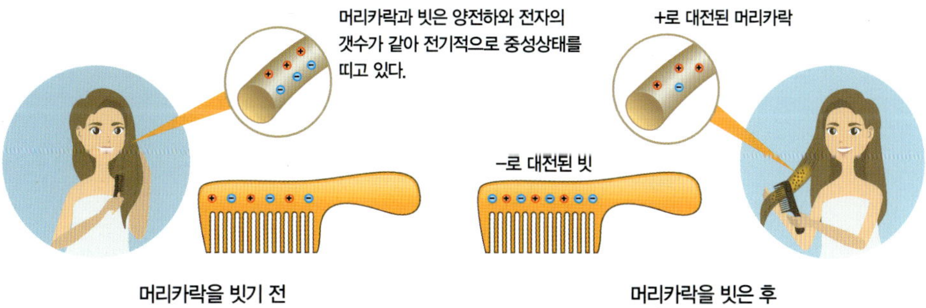

| 그림 78 | 머리카락과 빗의 마찰에 의한 대전

그런데 조금 더 깊게 생각해보면 궁금증이 하나 더 늘어납니다. 왜 하필 머리

카락에 있는 전자가 빗으로 이동하는 걸까요? 빗에 있는 전자가 머리카락 쪽으로 이동할 수도 있을 텐데 말이죠. 그런데요, 이런 것을 기억하실지 모르겠지만 우리는 초등학생 때 이미 배웠답니다. 바로 대전열(order of electrification)이라는 것으로요. 대전열은 서로 다른 종류의 물질을 마찰이나 압력으로 접촉할 때 양의 전하로 대전되기 쉬운 물질의 서열을 나타냅니다. 실제로 양의 전하로 대전되는 것은 전자가 빠져나간 것이니 이 서열은 전자가 빠져나가기 쉬운 서열이라고 봐도 좋습니다.

|그림 79|는 대전열에 대해서 보여줍니다. 왼쪽의 +로 갈수록 전자를 쉽게 잃어버려 양전기가 되는 물질이고, 오른쪽의 −로 갈수록 전자를 쉽게 얻어 음전기가 되는 물질을 보여줍니다. 이를 통해 보면 머리카락과 아크릴을 마찰시키면 머리카락은 +로, 아크릴은 −로 대전되는 이유를 명확하게 설명할 수 있습니다.

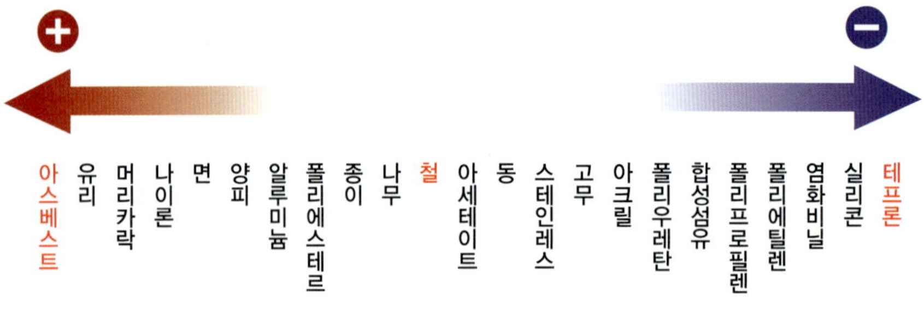

| 그림 79 | 마찰 대전열

이렇게 만들어진 전기는 이제 힘을 가지고 있습니다. 힘이 생긴 것이죠. 무슨 힘이냐면 바로 자석과 비슷한 힘이 생깁니다. 이렇게 만들어진 전기에는 같은 극끼리는 밀어내려는 척력

척력
두 물체가 상호작용을 할 때 서로 밀어내는 힘을 말한다.

(Repulsive force, 斥力), 다른 극끼리는 서로 잡아당기려는 인력 (Attractive force, 引力)이 작용합니다.

인력
두 물체가 서로 끌어당기는 힘을 말하며 자석과 쇠붙이가 서로 당기는 힘도 인력이다.

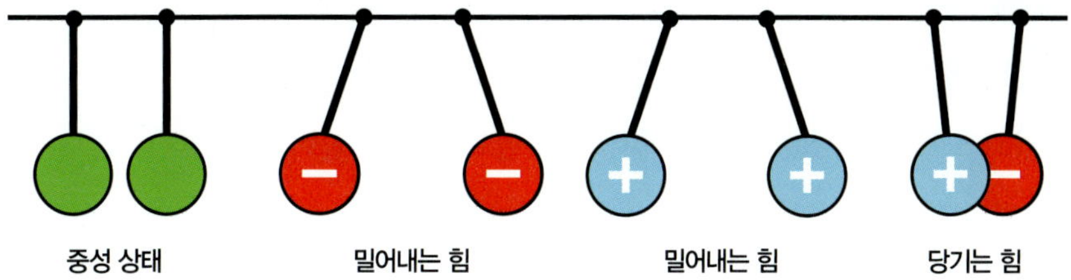

| 그림 80 | 전하 사이에 작용하는 밀어내는 힘(척력)과 당기는 힘(인력)

| 그림 80 | 에서 전기적으로 중성 상태를 띠었을 때는 서로 아무런 전기적인 힘이 작용하지 않습니다. 그렇지만 서로 같은 전기끼리는 밀어내는 힘이 작용하는 것을 보여줍니다. 또, 서로 다른 전기끼리는 당기는 힘이 작용하네요. 마치 같은 극끼리는 밀어내고 다른 극끼리는 당기는 자석과 비슷한 성질을 가지고 있죠.

공학적 접근

두 전하 사이에 작용하는 쿨롱의 법칙

쿨롱의 법칙은 두 전하 사이에 작용하는 힘의 크기를 구할 수 있습니다. 힘의 크기는 두 전하의 크기에는 비례하고, 거리의 제곱에는 반비례합니다.

$$F = \frac{1}{4\pi\epsilon} \times \frac{Q_1 \cdot Q_2}{r^2} [N]$$

ε : 유전율, Q : 전하, r : 두 전하의 거리

자기장

초등학교에 다니던 어린 시절에 자석에 대해서 배우고, 자석을 자주 갖고 놀았던 기억이 납니다. 문방구에서 파는 막대자석으로 클립이나 쇠 구슬을 당기기도하고, 자석 위에 유리판을 얹어 놓은 다음 철 가루를 뿌리면 철 가루가 자기장의 방향을 따라서 모양이 만들어지는 것을 관찰하기도 했었습니다. 참 신기했어요. 직접 닿지 않고도 떨어져 있는 공간 속에서 서로 밀고 당기는 힘이 작용한다는 것이요. 이렇게 어떤 쇠를 끌어당기는 물질을 자석(Magnet, 磁石), 그 힘은 자기력(Magnetic force, 磁氣力)이라고 부릅니다. 자석에서 자기력이 작용하는 것은 지금 보아도 신기함을 감출 수 없습니다.

자석
철을 끌어당기는 성질을 가지는 물질을 말한다.

자기력
자석이나 전류에 의하여 만들어지는 자기적인 힘을 말한다.

자석의 가장 끝을 극(Pole)이라고 합니다. 자석은 항상 N극과 S극으로 나뉜 두 개의 극성을 가지고 있습니다. 자석은 어느 한 개의 극만을 가질 수 없으므로 자석을 반으로 쪼개더라도 다시 2개의 자극을 갖게 됩니다. 자석은 작은 것만 있는 것은 아닙니다. 우리가 사는 지구도 하나의 큰 자석이라고 할 수 있습니다. 그래서 지구의 이런 힘을 이용해서 만든 것이 방향을 알려주는 나침반이죠. 나침반의 자석으로 북쪽을 가리키는 쪽은 N극, 그리고 반대편인 남쪽을 가리키면 S극이라고 합니다.

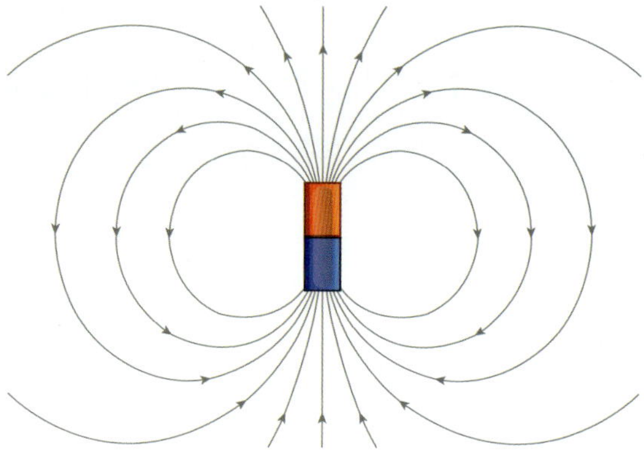

| 그림 81 | 자기력선이 미치는 공간을 자기장이라고 한다.

전기에서의 전기장과 마찬가지로 자기장의 힘이 미치는 공간을 자기장(Magnetic Field, 磁氣場)이라고 합니다. 자기는 어느 한 극만 존재하지 않고 반드시 두 개의 극이 있으므로 N극에서 S극으로 이어지는 힘을 선으로 연결하면 자기력선이 됩니다. 이처럼 자기력선이라는 방법으로 자석의 힘을 표시한다면 자기력선의 영향권 안을 모두 자기장이라고 할 수 있습니다. 자기력선으로 표시를 할 때 선의 밀도가 촘촘하여 높다면 그 부분은 자기장의 크기가 큰 것이고, 그렇지 않고 선의 밀도가 낮다면 자기장의 크기가 작은 것입니다. 전기장과 거의 같죠?

자기장
자석이나 전류가 흐르는 전선 주변에 만들어지는 자기력이 작용하는 공간을 말한다. 자장이나 자계라고도 한다.

| 그림 82 | 자석 사이에 작용하는 밀어내는 힘(척력)과 당기는 힘(인력)

|그림 82|에서는 두 자석 사이에 작용하는 힘에 대해서 보여줍니다. 왼쪽 그림은 서로 같은 극성끼리 접했을 때 밀어내는 힘이 작용하는 것을 나타내고, 오른쪽 그림은 서로 다른 극성 사이에 나타나는 당기는 힘을 보여줍니다.

공학적 접근

두 자하 사이에 작용하는 쿨롱의 법칙

쿨롱의 법칙은 두 전하뿐만 아니라 두 자하 사이에 작용하는 힘의 크기도 구할 수 있습니다. 힘의 크기는 두 자하의 크기에는 비례하고, 거리의 제곱에는 반비례합니다.

$$F = \frac{1}{4\pi\mu} \times \frac{m_1 \cdot m_2}{r^2} [N]$$

μ : 투자율, m : 자하, r : 두 자하의 거리

02

전자기 유도의 이해

원래 예전 사람들은 전기와 자기에 대해서는 그 현상을 각각 이해하고 있었습니다. 그러나 서로는 아무런 관련이 없다고 생각했습니다. 외르스테드(Hans Christian örsted, 1777년~1851년)가 우연히 둘의 관계를 밝혀내기 전까지는 말이죠. 정말 우연이었죠. 외르스테드는 전지의 양극과 음극을 잇는 철사에 강한 전류를 흘려보내는 실험 도중에 그 옆에 놓인 나침반의 바늘이 움직이는 것을 보았습니다. 그래서 철사에 흐르는 전류의 방향을 바꾸니 다시 나침반의 방향이 다른 방향을 가리키는 것을 확인하였죠. 이를 계기로 전류와 자기장 사이에는 어떤 관계가 있을 것이라는 증명이 이루어졌고, 전류가 자기장을 발생시킨다는 결론을 내리게 됩니다.

외르스테드
덴마크의 물리학자로 1820년에 전기와 자기의 관계에 대하여 발견하였다.

비오-사바르
전류에 의해 만들어지는 자계의 세기를 구하는 기본이 되는 법칙인 비오-사바르의 법칙을 만들었다. 프랑스의 물리학자 비오(J.-B. Biot, 1774-1862)와 사바르(F. Savart, 1791-1841)의 이름에서 따왔다.

외르스테드의 전기와 자기에 대한 관련성이 밝혀진 이후에 비오-사바르,

렌츠, 앙페르, 패러데이, 아라고, 베버 등은 이를 토대로 전자기학이 완성되는 데 큰 역할을 하게 됩니다. 앙페르는 외르스테드의 연구를 조금 더 발전시켜 전류가 오른손의 엄지손가락으로 향하면 나머지 네 손가락이 말려진 방향으로 자기장이 만들어진다는 오른나사의 법칙으로 전류와 자기장의 방향에 대해서 관계를 밝혔습니다. 그리고 '전류가 자기장을 만들 수 있다면 반대로 자기장으로도 전류를 만들 수 있지 않을까?'라는 물음을 가지고 마이클 패러데이(Michael Faraday, 1791년~1867년)는 자기장의 변화가 전류를 일으키는 실험을 통하여 전자기 유도(Electromagnetic induction, 電磁氣 誘導) 현상을 증명합니다.

전자기 유도는 조금 복잡해 보일 수도 있지만, 개념을 중심으로 생각하면 간단해 보입니다. 그것은 바로 어떤 전선의 주변에서 자기장이 커지고 작아지는 변화가 있으면 그 전선에 전기가 만들어진다는 것이죠. 이런 원리를 어디에 적용하느냐고요? 발전기 전부를 이 원리가 설명할 수 있습니다. 태양광과 같은 방식을 제외한 사실상 대부분 발전기는 어떤 기계가 회전하여 전기를 만들어내고 있습니다. 이러한 회전 방식이 모두 전자기 유도의 원리를 이용합니다. 그리고 교통카드나 무선충전도 전자기 유도를 이용하죠.

렌츠
독일의 물리학자로 전자기학을 연구하였고 전자기 유도가 일어나는 방향에 대하여 일반적인 법칙을 발견하였다.

앙페르
프랑스의 물리학자로 도선 사이에 작용하는 힘과 전류가 흐를 때 전류의 주위에 만들어지는 자기장의 방향과 크기를 나타내는 법칙으로 큰 업적을 남겼다.

패러데이
영국의 물리학자로 자석으로 전기를 만들 수 있다는 전자기 유도 법칙을 발견했다.

아라고
프랑스의 물리학자로 자석의 이동으로 원판에 발생하는 전자력과 토크의 관계를 발견했다.

전자기 유도
자기장이 시간에 따라 변하게 되면 전기적인 성질이 변화하여 전기가 만들어진다는 현상을 말한다.

즉, 전자기 유도 현상을 고의적으로 이용하는지 여부에 따라서 우리는 완전히 다르게 이 현상을 바라볼 수 있습니다. 하늘에서 부는 바람은 기압의 차이로 발생하는 아주 자연스러운 기상 현상이지만 이것을 고의로 이용하면 풍력 발전을 할 수 있는 것처럼 말이죠.

패러데이의 전자기 유도 법칙에서 바로 이와 같은 내용을 이야기했었어요. 전선에 자기장의 변화를 주면 전기가 만들어지는 원리를 깨닫고 기계적으로 보완하여 자기장을 더 효과적으로 발생하는 장치를 만든 것이 발전기죠.

교통카드의 비밀은 전자기 유도

버스를 탈 때 요금을 어떻게 내시나요? 제가 학생이었을 때는 승차권이라는 작은 종이 표로 버스를 탔었어요. 종이로 만들어진 승차권을 매표소에서 돈을 내고 산 후에 버스에 타면서 제출하는 것이죠. 흔히 '차표'라고도 불렀죠. 그런데 지금은 이런 승차권을 보기가 어려워요. 간혹 고속버스를 탈 때 사용되기는 하는데 이조차도 최근에는 거의 모두 전산화가 되었거든요. 승차권이 사라진 자리에는 무엇이 요금 결제를 대체하게 되었나요? 바로 교통카드가 보급되면서 그 자리를 차지했지요. 교통카드는 교통요금을 전자적으로 결제하도록 만들어진 신용카드와 같은 모양의 카드이고 그보다 더 작은 것도 있습니다. 이 카드를 지하철이나 버스의 단말기에 갖다 대기만 하면 결제가 간편하게 이루어지죠.

이렇게 편리하게 사용하는 교통카드에 바로 전자기 유도 원리가 들어간 것을 혹시 아시나요? 카드로 결제를 하기 위해서는 단말기에서 카드에 들어있는 금액 등의 정보를 읽어야 하는데, 이렇게 정보를 읽기 위해서는 자기장을 이용해서 전기를 만드는 전자기 유도가 사용됩니다. 이런 기술을 근거리 무선통신(Near Field Communication, NFC)이라고 부릅니다. NFC는 교통카드 이외에도 가까운 거리에 있는 무선통신에 응용되어 입장권, 요금 결제, 박물관에서 설명서를 받는 것까지 가능하게 합니다.

근거리 무선통신
가까운 거리에서 무선 데이터를 주고받는 통신기술을 말한다.

버스를 탈 때 교통카드에 남은 금액을 확인하려면 카드에서 남은 금액이 얼마인지 사용자의 데이터를 버스에 있는 단말기에 전송해 주어야 합니다. 그런데 단말기에 데이터를 전송할 때는 전기에너지가 필요하게 됩니다. 잘 아시다시피 교통카드에는 배터리를 사용하지 않기 때문에 데이터 전송에 필요한 에너지를 외부로부터 받아야 합니다. 여기에서 바로 전자기 유도가 필요한 것입니다. 본격적으로 그 원리를 살펴보죠.

우선 버스에 있는 단말기는 전원과 항상 연결되어 있어서 단말기 주변에 자기장을 형성하고 있습니다. 그리고 교통카드 내부에는 코일(전선)이 여러 바퀴 감겨있고 그것이 교통카드 칩에 연결되어 있습니다. 이제, 단말기에서 만들어진 자기장 근처에 교통카드를 갖다 대면 단말기에서 만드는 자기장이 코일과 만나게 되면서 카드에는 전기가 만들어지는 전자기 유도 현상이 생깁니다. 전자기 유도로 만들어진 전기에너지로 교통카드의 칩에 있는 정보를 읽을 수가 있죠. 단말기는 카드의 고유한 번호, 사용 금액, 승하차 장소나 시간을 읽어오고 정해진 요금을 차감합니다. 이때 단말기와 교통카드는 13.56MHz의 주파수 대역으로 서로 통신을 합니다. 카드를 단말기 근처에 가까이 가져다 대는 그 찰나의 순간에 말이죠. 단점이라면 전자기 유도로 전기에너지를 전송하기 때문에 교통카드가 멀리 있을 때는 통신이 어려워 비교적 수 ㎝의 아주 가까운 거리의 무선통신만이 가능하다는 것입니다. 이러한 기술은 교통카드뿐만 아니라 다양한 스마트 기기들이 무선통신을 할 수 있도록 도와주죠.

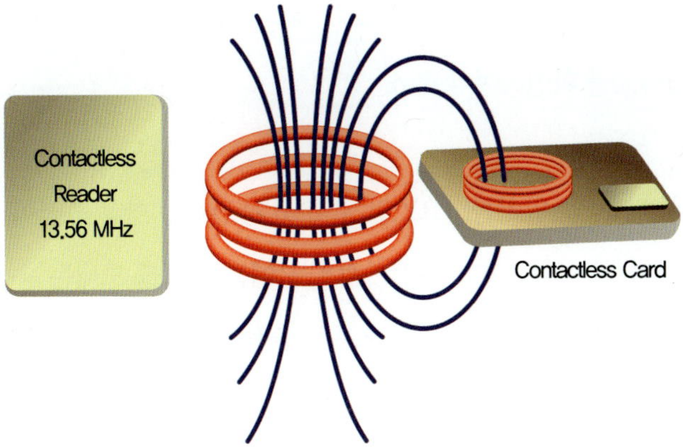

| 그림 83 | 교통카드를 단말기에 갖다 대면 전자기 유도 현상이 일어난다.

무선 충전의 비밀은 전자기 유도

교통카드 외에 우리 주변에 있는 전자기 유도의 원리를 이용한 응용제품으로는 무엇이 있을까요? 휴대전화처럼 배터리가 있는 전자 기기를 충전용 케이블이 아닌 무선으로 전력을 전송하여 충전하는 무선 충전 기술에도 전자기 유도의 원리가 숨어있습니다. 무선 충전은 유선 충전보다 속도가 느리다는 단점은 있지만, 단말기 위에 휴대전화를 올려두기만 하면 되니 충전이 아주 간편합니다. 그리고 무엇인가를 뽑았다 끼웠다 할 필요가 없으니 단자가 접촉하는 부분의 물리적인 손상이 없고, 방수나 방진 효과가 커서 내구성도 강화될 수 있습니다. 또, 하나의 충전기로 다양한 기기들을 충전할 수 있어서 활용도도 넓은 편이기 때문에 최근에 출시되는 휴대전화는 대부분 무선 충전 기능을 제공하고 있죠.

무선 충전 방식은 전자기 유도와 공진 유도의 두 가지 방식이 있는데 실제로는 전자기 유도 방식이 가장 많이 사용되고 있고, 전자기 유도 방식은 세계 무선 충전 협회(WPC)에서 정한 국제표준(Qi)이 있습니다. 그래서 무선 충전기를 구매할 때는 이 국제표준 마크(Qi)를 확인하여야 하죠.

이제 무선 충전이 되는 과정을 알아볼까요? 먼저, 무선 충전기는 항상 충전이 가능한 큰 전자기를 내보내지는 않습니다. 충전기의 내부에는 신호를 보내는 송신 코일이 있는데, 신호를 보내는 중에 휴대전화나 무선 충전이 가능한 수신 코일을 가진 기기가 접근하면 무선 충전기는 전자기를 본격적으로 내보내죠. 이렇게 발생한 전자기가 휴대전화의 수신 코일에 닿으면 유도기전력이 만들어져 전기가 발생하게 됩니다. 이렇게 발생한 전기는 휴대전화 안에 있는 배터리에 저장이 되면서 점차 충전이 이루어집니다.

질문 있어요

전자기 유도와 유도기전력이 같은 의미인가요?

전자기 유도는 현상이고, 이 현상으로 발생하는 전기를 유도기전력이라고 합니다.

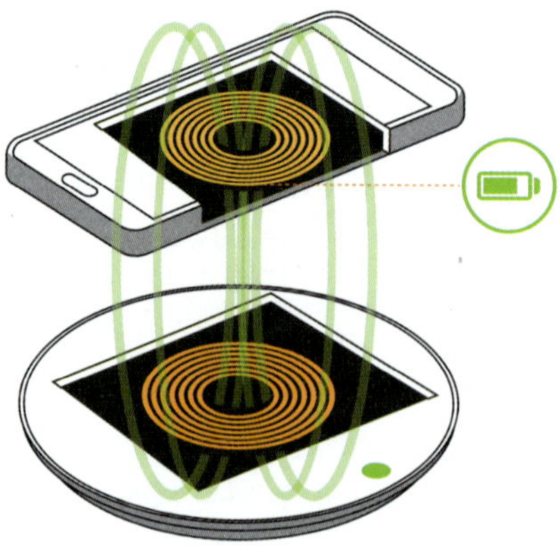

| 그림 84 | 휴대전화의 무선 충전은 전자기 유도를 이용한다.

참, 무선 충전에서 잊지 말아야 할 것이 있어요. 무선 충전기가 자기장을 만들어내기 때문에 그것을 수신하는 기기와 거리가 멀면 충전이 잘 안 되겠죠. 먼 거리에서도 충전이 잘 일어나게 하려면 충전기에서 만드는 자기장이 더 강해야 하는데 그렇게 되면 밖으로 빠져나가는 손실도 커지고 주변의 다른 기기에도 좋지 않은 영향을 미칠 수 있습니다.

그리고 사용할 때 주의사항이 있는데 자기장을 방해하는 물질이 충전기와 기기 사이에 있어서는 안 됩니다. 만일 자기장의 변화를 방해하는 특징을 가진 물질이 그 사이에 있으면 제대로 자기장이 전달되지 않아 충전이 잘 이루어지지 않죠. 예를 들어 철판은 자기장의 흐름을 방해하기 때문에 무선충전을 할 때 휴대전화 케이스나 액세서리가 이러한 재료로 이루어져 있는지를 잘 확인하여야 합니다.

간단히 충전기나 충전패드 위에 기기를 얹어 놓기만 하는 무선충전의 시대가 본격적으로 우리 생활에 들어온 만큼 이러한 원리를 이용해서 더 큰 기기나 자동차도 충전할 수 있는 기술들이 속속 개발되고 있어서 앞으로도 전자기 유도는 기대가 됩니다.

인덕션 레인지의 비밀은 전자기 유도

인덕션 레인지의 비밀

가정에서 음식을 조리하는 목적으로 가장 널리 사용되는 가열 기구는 가스레인지일 것입니다. 대부분 가정에는 가스레인지가 있죠. 아마도, 가스레인지를 사용해보지 않은 분들은 안 계시겠죠? 게다가 휴대용 가스레인지를 이용하여 고기를 굽거나 음식을 조리하는 일상도 우리에게는 낯선 모습이 아닙니다. 갑자기 휴대용 가스레인지에 불판을 올리고 삼겹살을 굽는 모습이 그려지네요. 이처럼 널리 사용되는 가스레인지는 비교적 간단한 구조로 가스를 이용하여 화력을 만들고, 쉽게 화력 조절이 가능하며, 완전연소가 잘되는 특징을 가지고 있습니다. 그래서 이용자들에게 많은 사랑을 받아왔죠. 그런데, 최근에는 이런 가스레인지를 대신할 조리도구로 인덕션 레인지(Induction range)가 많이 보급되고 관심을 끌고 있습니다. 인덕션 레인지는 가스 대신 전기를 연료로 이용하므로 가스레인지와 비교하면 산소 소모가 없고, 연소 과정에서 가스 배출을 하지 않아 실내공기 오염을 줄일 수 있는 장점이 있습니다. 그리고 전기적 효율도 우수하고 온도 조절이나 청소도 편리하죠.

인덕션 레인지
철 성분이 있는 용기에 담긴 음식을 자기장으로 가열하여 조리하는 기구로서 전자기를 열원으로 삼는다.

그러나 인덕션 레인지와 외관이 비슷하여 가끔 혼동하는 제품이 있습니다. 열선 히터가 직접 가열을 하는 핫플레이트(Hot Plate)입니다. 인덕션 레인지와는 겉모습이 비슷하지만, 전기를 사용한다는 것 이외에 동작 방식은 완전히 다릅니다. 핫플레이트는 주철이나 코팅 열판 아래에서 내부의 히터가 열판을 가열하는 방식이에요. 흔히 다리미의 원리라고 보셔도 됩니다. 열판 가열방식이라서 전력이 비교적 많이 사용되지만, 어느 용기라도 사용할 수 있어서 활용 범위가 넓으며 비교적 가격이 저렴합니다. 그러나 직접 열판을 가열하는 동작 방식의 특성상 작동 중에 그 주변이 매우 뜨거워 화상의 위험이 있고, 열 손실도 크죠.

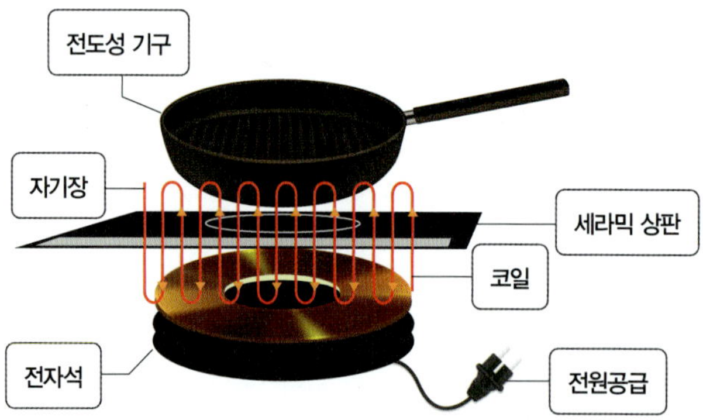

| 그림 85 | 인덕션 레인지는 자기장을 만들어 조리기구를 가열시킨다.

인덕션 레인지는 조금 다르게 동작합니다. |그림 86|은 인덕션 레인지가 동작하는 원리를 보여줍니다. 일단, 인덕션 레인지의 동작 원리는 전자기 유도입니다. 인덕션 레인지는 내부에 장착된 코일에서 25㎑의 고주파 전류를 흘리고 그것에서 전자기장이 발생합니다. 자기장은 세라믹 상판을 통과하여 프라이팬이나 냄비 등의 용기에 다다르게 되죠. 자기장이 도전성 물질인 용기에 다다르면 맴돌이 전류가 발생하여 그것으로부터 발생하는 열로 용기를 직접 가열하게 됩니다. 핫플레이트처럼 직접 열전도를 통해서 용기를 가열하지 않고 고주파를 이용한 유도가열이므로 유리나 세라믹 용기는 사용할 수 없고, 스테인리스나 강철 용기만 사용할 수 있습니다. 스테인리스나 강철이 전자기장에 반응하여 와류가 생기고, 줄열이 발생하는 방식이기 때문입니다. 그래서 유리 주전자나 냄비는 사용할 수 없어요.

이와 같은 가열 방식인 유도가열을 IH(Induction Heating)라고도 부르는데, 주방용품 중 IH 전기밥솥도 이와 같은 원리를 이용하여 밥을 짓습니다. IH 전기밥솥은 밥솥 내부를 코일이 전체적으로 감싸고 있어서 밥솥이 골고루 가열되므로 밥맛이 더 좋다고 합니다.

질문 있어요

도전성 물질, 맴돌이 전류에 대해 설명해주세요.

- 도전성 물질 : 전기가 잘 흐르는 물질입니다. 도전성이 좋으면 자체의 고유저항이 작다는 뜻입니다.
- 맴돌이 전류(Eddy current) : 도체 내부를 자기장이 통과하면서 그 크기가 변화하면 도체에는 전기가 만들어지는데 이런 전기를 맴돌이 전류라고 합니다. 어떤 철 덩어리 주변에 자석을 이용해서 자기장을 변화시키면 철 내부에는 맴돌이 전류가 생기고 그 열로 인해 철의 온도는 올라갑니다.

클램프 미터

클램프 미터
사용법

전선에 흐르는 전류를 측정하기 위해서는 전류계를 부하와 직렬로 연결하여야 합니다. 그래야 부하에 흐르는 전체 전류가 전류계로 통하게 되는 것이죠. 그렇기 때문에, 전류를 측정하기 위해서는 잠시 회로 일부를 끊고 전류계를 연결해야 했는데, 그것은 불편하고 위험한 일이죠. 이러한 불편함과 위험을 완벽하게 개선하게 된 것이 바로 클램프 미터(Clamp meter)입니다. 클램프 미터는 회로를 끊거나 분리하는 물리적 조치 없이 편리하게 전류를 측정할 수 있습니다. 기존의 전류계를 이용하여 전류를 측정할 때는 회로의 전원을 차단해야 했지만, 이것을 이용하면 전원이 투입된 상태에서도 편리하게 전류를 측정할 수 있게 되었습니다.

클램프 미터에서 가장 중요한 부분은 전류를 측정할 전선이 들어갈 원통형의 고리 부분입니다. | 그림 86 | 에서는 왼쪽의 빨간색 부분이지요. 전류가 흐르면 주변에 자기장이 만들어지는데 바로 저 고리 부분에서 자기장의 크기를 감지하여 그 크기만큼의 유도기전력을 만들어내는 방식으로 전선에 흐르는 전류의 크기를 측정할 수 있습니다.

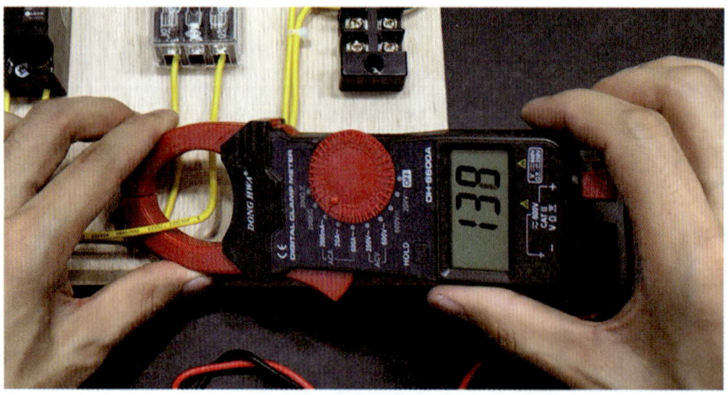

| 그림 86 | 클램프 미터를 이용하면 전류를 쉽게 측정할 수 있다.

구조를 살펴볼까요? 클램프 미터의 클램프는 페라이트로 만들어진 두 개의 클램프가 측정 대상의 전선을 감싸는 구조로 되어있습니다. 이 클램프는 구리를 완전히 감싸게 되죠. 전자기 유도 법칙에서는 전류가 도체에 흐를 때 자기장이 주변에 만들어진다고 설명합니다. 따라서 도체에 전류가 흐르면 주변에 전류의 크기에 비례하여 자기장이 만들어집니다. 이런 전선을 클램프로 감싸면 자기장이 클램프의 유도 도선과 만나면서 전기가 만들어지는 유도기전력이 발생합니다. 그리고 이 유도기전력을 적절하게 증폭하거나 조절하면 원래 전류값을 측정할 수 있게 됩니다.

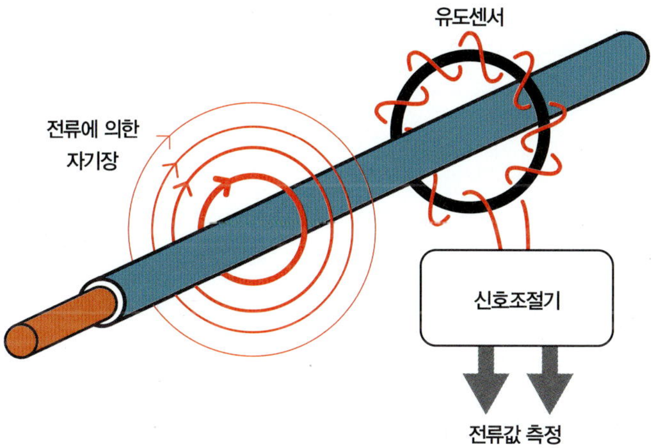

| 그림 87 | 클램프 미터는 전자기 유도를 이용하여 전류값을 측정한다.

클램프 미터를 사용하면서 주의할 점은 반드시 한 가닥씩 측정을 해야 한다는 것입니다. 전류 측정을 위해서 만일 클램프로 교류가 왕복하는 전선인 두 도선을 모두 함께 감싼다면 자기장은 서로 상쇄되므로 전류를 측정할 수 없습니다. 그래서 꼭 한 가닥만 클램프로 감싸야 합니다.

03

유도 작용과 법칙

자격증 시험범위	
전기기능사	전기이론 – 전자력과 전자유도
전기기사	전기자기학 – 전자유도 및 인덕턴스
전기기능장	전기이론 – 전자유도 및 인덕턴스

앙페르의 오른손 법칙

수천 년 동안 인류는 자기장이 철과 같은 광물에서만 만들어 내는 것으로 생각했으나, 이와 같은 생각은 외르스테드가 우연히 전류가 자기장을 만든다는 사실을 발견하고 모든 것이 바뀌게 되었습니다. 그 당시에는 정말 대단한 발견이었죠. 이러한 외르스테드의 발견 이후에 프랑스의 물리학자 앙페르는 전류와 자기장 사이에 대해서 더욱 정밀한 수학적인 방법을 사용하여 외르스테드의 실험을 설명하려고 노력하였습니다. 그리고 쉽게 이해할 수 있는 규칙을 발견하게 됩니다. 그 대표적인 것이 바로 앙페르의 오른나사의 법칙(Ampere's Right–Handed Screw Rule)입니다.

이 법칙의 핵심은 전류에 의해서 생기는 자기장의 방향을 찾아내는 것입니다.

우선, 전선에 전류가 흐르면 그 전선의 주위에는 동심원의 모양으로 자기장이 발생합니다. 전선과 가까운 곳에는 큰 자기장이 만들어지고 멀리 떨어질수록 그 자기장의 크기는 작아지죠. 이때 자기장의 방향이 어떤 방향으로 만들어지느냐? 전류를 오른나사의 진행 방향으로 흘리면 자기장은 나사가 도는 방향으로 만들어진다는 것이죠.

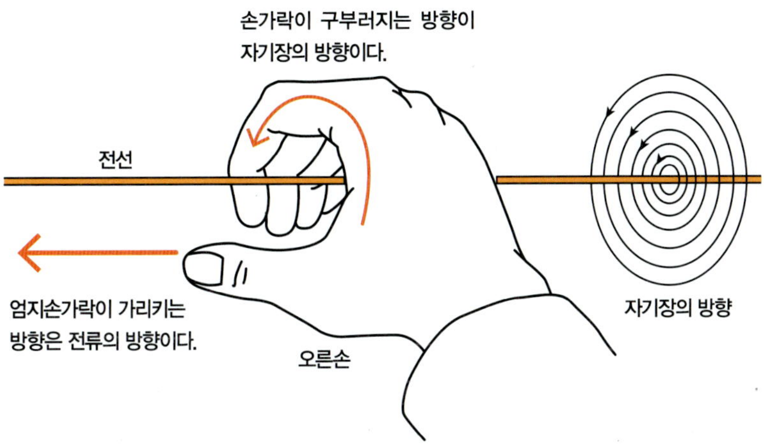

| 그림 88 | 앙페르의 오른손 법칙은 전류에 의한 자기장의 방향을 알아낸다.

| 그림 88 | 과 같이 오른손의 엄지손가락을 전류 방향이라고 하고 나머지 네 손가락을 감싸 쥐면 그 손가락이 가리키는 방향이 바로 자기장의 방향이 되는 것입니다. 이런 앙페르의 법칙은 전기가 흐를 때 자기장이 어떤 방향으로 만들어지는지를 설명하기 때문에 전자석을 만들 때 유용하게 사용됩니다. 그리고, 이러한 전자석의 원리는 전동기가 회전할 수 있도록 응용됩니다.

공학적 접근

기자력의 옴의 법칙

자속을 발생시키는 힘의 원천인 기자력은 전류와 권수에 비례합니다. 즉, 큰 전류를 흘리거나 전선을 많이 감아 권수를 크게 하면 자기장은 더 커집니다.

$$F = NI[\mathrm{AT}]$$

F : 기자력, N : 권 수, I : 전류

이렇게 만들어지는 기자력은 전기에서 전압과 같다고 할 수 있습니다. 전기에서는 전압이 높을수록 전류가 많이 흐르듯이 자기에서는 기자력이 클수록 더 많은 자속이 만들어지기 때문입니다.

질문 있어요

기자력에 대한 이해를 돕기 위해 추가적으로 설명해주세요.

기자력(Magnetomotive force, 起磁力)은 자기장이 생기도록 하는 힘을 말합니다. 우리가 일상에서 사용하는 건전지는 전기적인 힘을 만들어 내는데, 이런 힘을 기전력이라고 합니다. 기전력이 1.5V인 것이죠. 기자력은 자기장이 생기도록 하는 힘이니 흔히 전자석과 같은 곳에 사용합니다. 기자력이 클수록 큰 자기장을 만들어 내죠.

플레밍의 왼손 법칙

플레밍의 왼손 법칙

전선에 전류가 흐르면 주변에 만들어지는 자기장으로 우리는 엄청난 일을 해낼 수가 있습니다. 이런 것이 일종의 전자석이 되는 것이거든요. 그리고 전동기를 만들 수 있는 것입니다. 전동기는 흔히 모터(Motor)라고도 부르며 전기에너지를 회전에너지로 변환해주는 현대사회에서는 없어서는 안 될 중요한 전기기기이죠. 이 전동기에 각종 기계장치나 부속을 연결하면 다양한 생활가전이나 공장에서 이용하는 기기로 그 역할을 하게 됩니다. 가정에서 사용하는 청소기, 세탁기, 냉장고, 믹서기, 에어컨, 선풍기 등의 핵심 부품이 바로 전동기입니다. 전동기는 사용하는 전원에 따라서 직류를 사용하면 직류전동기, 교류를 사용하면 유도 전동기라고 나누어 부릅니다. 이런 전동기가 어떻게 회전하는지 이해하려면 우리는 바로 이 '플레밍의 왼손 법칙'을 알아야 합니다.

|그림 89|는 플레밍의 왼손 법칙이 생겨나는 기본개념을 설명합니다. 왼쪽과 오른쪽의 그림 내용을 하나씩 설명하겠습니다. 두 그림 모두 양쪽에 N극과 S극의 자석이 있습니다. 자기장은 N극에서 S극으로 향하므로 파란색 선으로는 자기장의 방향을 표시하였습니다. 그리고 그 자석 사이에 전선을 놓고 전선에 전류를 흘려봅니다. 두 그림은 자석의 배치는 같지만, 전류의 방향이 다릅니다. 왼쪽은 여러분들이 있는 곳에서 저 멀리 전류가 흘러가는 방향이지만, 오른쪽은 저 멀리에서 여러분들 쪽으로 전류가 흘러오고 있습니다. 그리고 이젠 아시다시피 전류는 전선 주변에 자기장을 만들고, 그 방향은 왼쪽과 오른쪽의 그림처럼 서로 다른 방향을 만들어냅니다. 전류가 만들어내는 자기장의 방향은 빨간색으로 표시하였습니다.

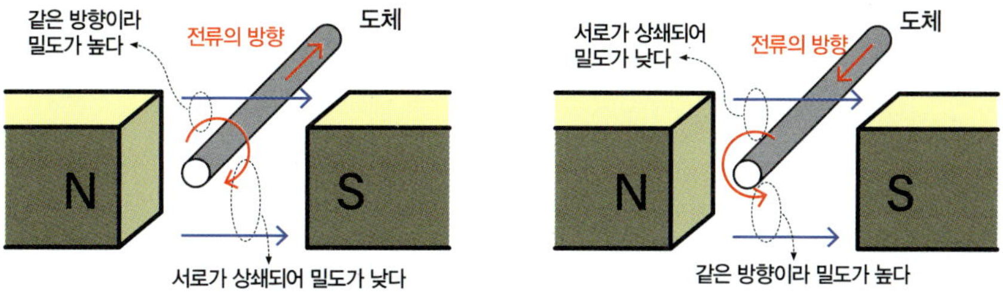

|그림 89| 플레밍의 왼손 법칙에 대한 기본개념

이제 두 그림의 자기장 밀도를 유심히 볼 차례입니다. 원래 자석에서 만든 자기장인 파란색과 전선에 전류가 흐르면서 만들어지는 빨간색 자기장을 함께 보시기 바랍니다. 왼쪽의 윗부분은 서로 자기장이 같은 방향이어서 자기장의 밀도가 높지만, 아래쪽은 자기장이 서로 상쇄되면서 자기장의 밀도가 낮게 됩니다. 이렇게 되면 전선은 밀도가 낮은 쪽으로 밀려가게 되어있어 도체는 아래쪽으로 이동하는 힘이 걸리게 되죠.

오른쪽 그림은 이와 반대입니다. 윗부분은 자기장의 방향이 서로 반대이어서 자기장이 서로 상쇄되며 밀도가 낮게 되지만, 아래쪽은 자기장의 방향이 서로 같은 방향이어서 자기장의 밀도가 높게 됩니다. 그래서 전선은 밀도가 높은 쪽에서 낮은 쪽으로 밀려나는 힘으로 인해 이제 위쪽으로 이동하게 됩니다. |그림 90|은 전선에 작용하는 힘을 보여주고 있습니다.

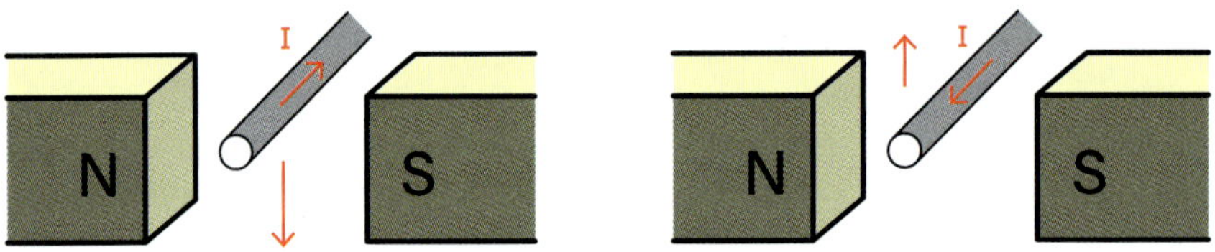

| 그림 90 | 전류의 방향에 따라서 전선에 걸리는 힘이 다르게 작용한다.

이렇게 자기장 내에 있는 전선에 작용하는 힘을 상황에 따라서 그림으로 알아볼 수 있습니다. 하지만, 매번 자기장과 도체에 흐르는 전류의 방향에 따라 힘이 작용하는 방향이 어느 쪽인지 그림으로 구분하는 것은 조금 번거로운 일입니다. 그래서 이 방향을 쉽게 알 수 없을까? 하고 생각하여 손을 이용하여 방향을 정리

한 것이 플레밍의 왼손 법칙(Fleming's left hand rule)입니다.

플레밍은 자기장과 전류의 방향이 결정되면 도체가 움직이는 힘의 방향이 어느 쪽인지 쉽게 알 수 있도록 왼손을 이용하여 시각적으로 나타내게 되었습니다. 이 법칙은 90°로 벌어진 왼손의 세 손가락을 이용하며 전동기의 회전 방향을 설명하는 데 큰 역할을 합니다. |그림 91|처럼 검지로 자기장의 방향을 나타내고, 중지로 전류의 방향을 나타내었을 때 도체가 어느 방향으로 힘을 받게 되는지를 엄지의 방향으로 알 수 있습니다. 엄지가 위쪽을 향하면 도체는 위로 움직이는 힘을 갖게 되는 것이죠. 반면, 전류가 오른쪽에서 왼쪽으로 이동한다면 중지의 방향은 왼쪽으로 되어 손이 엎어지고 엄지는 아래 방향으로 향하므로 도체는 아래쪽으로 움직이는 힘을 받게 됩니다.

플레밍의 왼손 법칙
자기장 속에 있는 도선(전선)에 전류가 흐를 때 힘의 방향을 알 수 있는 법칙이다. 왼손을 이용하여 자기장의 방향을 검지, 전류의 방향을 중지로 가리키면 엄지가 가리키는 방향이 힘의 방향이 된다.

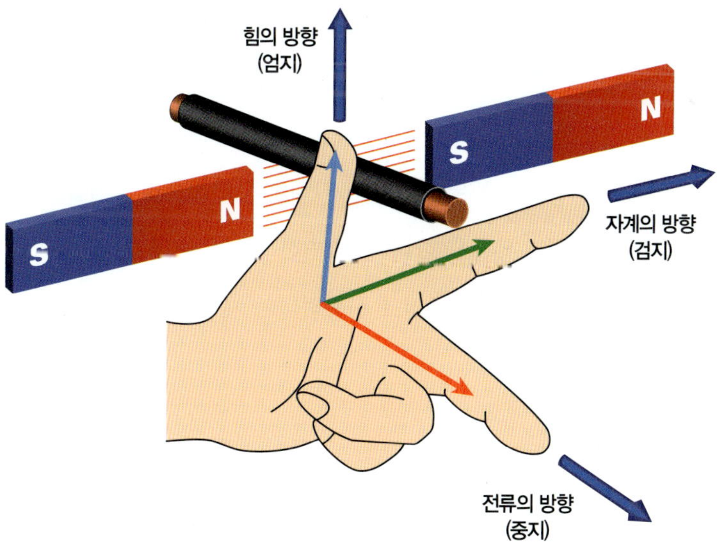

| 그림 91 | 엄지, 검지, 중지는 각각 힘, 자계, 전류의 방향을 나타낸다.

여기서 사용한 손은 왼손입니다. 왼손은 전동기 법칙을 설명할 때 사용합니다. 왜냐하면, 전동기는 자기장 내에 전류를 흘렸을 때 도체가 움직이는 힘으로 회전하기 때문이죠. 이때 도체가 움직이는 방향이 곧 회전 방향이 되는 것입니다. 반면, 플레밍의 오른손 법칙도 있습니다. 오른손은 발전기에서 만들어지는 전류의 방향을 설명합니다. 발전기는 자기장 내에서 도체를 움직였을 때 전류가 만들어지는데, 이때 전류가 흐르는 방향을 중지로 알 수 있습니다. 플레밍의 왼손과 오른손 법칙을 비교하면 다음 |표 13|과 같습니다.

내용	플레밍의 왼손 법칙 (Fleming's left hand rule)	플레밍의 오른손 법칙 (Fleming's right hand rule)
기계	전동기	발전기
엄지	힘의 방향	힘의 방향
검지	자계의 방향	자계의 방향
중지	전류의 방향	유도기전력의 방향

| 표 13 | 플레밍의 왼손법칙과 오른손법칙

왼손 법칙과 오른손 법칙이 손만 다를 뿐 같은 의미로 사용하는 이유는 일반적인 전동기는 발전기로도 겸용하여 사용할 수 있기 때문입니다. 예를 들어 작은 직류 전동기는 전원을 연결하면 전동기로 동작하지만, 반대로 물리력으로 회전을 시키면 전기가 만들어지는 발전기로 동작을 합니다. 이러한 원리를 이용하여 전기자동차처럼 평소에는 전원을 이용하여 전동기로 사용하다가 제동할 때는 발전기로 이용을 할 수도 있습니다.

질문 있어요

발전기와 전동기의 차이는 공부를 했어도 헷갈리는 경우가 많습니다. 어떻게 보면 같은 말인 것처럼 보이기도 하는데 이번에 확실히 구분 지을 수 있도록 합시다. 이들을 이해하기 위해서는 우선적으로 '유도전류'부터 알아두어야 됩니다.

유도전류는 막대자석을 코일에 멀리하는 경우와 가까이 하는 경우로 나누어 생각할 수 있습니다.

막대자석을 코일에 가까이 하면 약했던 자기장이 점점 강해지면서 유도전류가 흐르게 되고, 이때 생긴 유도전류는 아래로 들어가서 위로 나오는 형식으로 흐르게 됩니다. 반대로 막대자석을 코일에서 멀리 하면 강했던 자기장이 약해지면서 방향도 달라지기 때문에 이때는 유도전류가 위에서 들어가 아래로 나가는 형식으로 흐르게 됩니다. 여기서 한 가지 주의할 점은 자석이 가까이 있고 자기장이 세다고 해서 전기가 생기는 것이 아니라는 것이죠. 이때 전류가 흐르는 이유는 바로 '자기장이 변했기 때문'이라는 사실을 꼭 기억해두기 바랍니다.

- 전자기 유도 : 코일을 통과하는 자기장이 변하여 코일에 전류가 흐르는 현상
- 유도전류 : 전자기 유도 법칙에 따른 유도기전력에 의해 회로에 흐르는 전류

사실 이들의 전반적인 내용을 보게 되면 분명한 차이가 있지만, 내용을 면밀히 살펴보면 전동기와 발전기의 구조가 똑같다는 것을 알 수 있습니다. 따라서 이들의 차이점을 말씀드리기 위해서는 각각의 원리부터 이해하는 것이 중요하죠.

먼저 전동기의 원리는 전류가 먼저 흐르고 코일이 자기력이라는 힘을 받아 회전날개를 돌리는 것입니다. 즉, 전기 에너지가 역학적 에너지(=운동에너지)로 전환되는 것이죠.

발전기의 원리는 먼저 회전날개를 돌려(코일 회전) 코일을 통과하는 자기장이 변함으로써 유도전류가 발생한다는 것입니다.

발전기는 전동기와는 다르게 회전날개부터 돌리면서 전기가 발생하기 때문에 전동기와는 처음부터 끝까지 완벽하게 반대라고 생각하면 됩니다.

코일이 먼저 회전하면서 자기장이 변하게 되고 결국 전류가 흐르는 것이죠. 이때, 코일이 회전할 때에는 전류가 흐르지 않는 상태였다는 것을 꼭 기억해두기 바랍니다. 결국 발전기는 역학적 에너지(=운동에너지)가 전기에너지로 전환된 것이고, 전동기와 발전기는 에너지 전환이 반대로 일어나는 장치라는 것입니다.

04

유도 전동기의 회전 원리

자격증 시험범위	
전기기능사	전기기기 - 유도전동기의 원리
전기기사	전기기기 - 유도전동기
전기기능장	전기기기 - 유도전동기

플레밍의 법칙과 직류 전동기

직류 모터의 동작 원리

앞장에서는 전동기에 대해서 설명하기 위해 플레밍의 왼손 법칙을 이용하였습니다. 즉, 플레밍의 왼손 법칙을 이용하면 자기장 내에 있는 도체에 전류를 흘릴 때 도체가 이동하는 방향을 쉽게 알 수 있었죠. 그렇다면 전동기가 실제로 회전하는 것은 이 법칙과 어떤 관계가 있을까요? |그림 92|는 전동기의 회전에 대한 기본원리를 설명합니다. 우선 기본적인 모양은 N극과 S극의 두 자석을 양쪽에 놓고, 전선을 ㅁ자 모양으로 구부려서 자기장 안에 넣어 갖춥니다.

왼쪽 그림부터 설명하겠습니다. ㅁ자 모양인 전선의 왼쪽은 나오는 방향, 오른쪽은 들어가는 방향의 전류를 전원과 연결하면 전선 주변에는 자기장이 만들어집니다. 플레밍의 왼손 법칙에 따라 전선의 왼쪽은 위로 상승하려는 힘이, 전선의 오른쪽은 아래로 내려가려는 힘이 생기게 됩니다. 이 힘으로 전선은 시계 방향으로 회전하는 동력을 얻게 됩니다. 이것이 바로 전동기의 회전 원리이지요. 그렇다면 전동기를 거꾸로 회전하려면 어떻게 해야 할까요? 오른쪽은 전동기가 반시계 방향으로 회전하는 모습을 보여줍니다. 전선의 오른쪽은 나오는 전류, 왼쪽은 들어가는 전류를 만듭니다. 플레밍의 왼손 법칙에 따라 전선의 왼쪽은 아래로, 오른쪽은 위로 작용하는 힘이 생기므로 이때 전선은 반시계 방향으로 회전하게 됩니다.

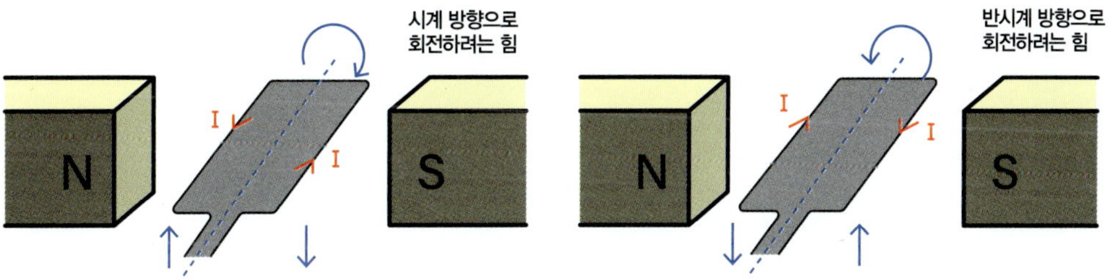

| 그림 92 | 전류의 방향에 따라 회전 방향이 다르다.

어렸을 적 장난감으로 가지고 놀던 작은 전동기를 기억하시나요? | 그림 93 | 과 같은 전동기가 장난감에 많이 사용되고 있습니다. 이 전동기에는 N극과 S극이 있는 영구자석이 양쪽에 있고, 전선이 아주 많이 감겨있는 코일이라고 부르는 도체가 전기를 받아 회전할 수 있도록 구조화되어 있습니다. 만일 건전지로 연결하여 전동기가 회전하고 있는 도중 건전지의 극성을 반대로 연결하면 어떻게 될까요? 코일에는 전류의 방향이 반대로 만들어지면서 플레밍의 왼손 법칙에 따라 회

전 방향이 반대로 작용하게 됩니다. 그래서 건전지 같은 직류로 전동기를 사용할 때는 극성이 방향을 결정하게 되는 것이랍니다.

| 그림 93 | DC 모터는 자기장의 힘으로 회전하는 힘을 만든다.

유도 전동기

3상 유도 전동기의 동작 원리

소형 전동기의 전원은 직류를 사용하지만, 가정이나 산업현장에서 사용하는 대부분 전동기는 모두 교류를 사용합니다. 교류 전원을 사용하는 대부분 전동기를 유도 전동기(Induction motor)라고 합니다. 유도 전동기의 동작 원리는 직류 전동기와 조금 다릅니다. 직류 전동기는 양쪽의 자계에 전선의 전기자로 인하여 만들어진 자기장에 의해서 회전하지만, 유도 전동기는 회전하는 자계에 의해서 회전자가 따라서 돌아가는 구조로 되어있습니다. 전동기의 구조에서 회전하는 것을 회전자라고 하는데 회전하는 자기장을 회전자가 받게 되면 이에 반응하는 기전력이 회전자에 유도되어 회전자에 전류가 흐르게 됩니다. 회전자에 흐르는 전류는 자기력을 만들게 되고, 이 자기력이 고정자에 있는 자기장과 상호작용을 하여 회전하는 힘이 발생하게 됩니다.

유도 전동기는 직류 전동기보다 구조가 간단하고 견고한 특징을 가집니다. 직류 전동기는 회전하는 전기자에서 외부와 회로를 연결해야 하므로 구조적으로 물리적 접촉이 있는 정류자를 설치하여야 하지만, 유도 전동기는 회전 자기장에 의하여 회전자가 동작하기 때문에 물리적으로 접촉하는 전기회로가 필요 없게 됩니다. 따라서 직류 전동기처럼 브러시가 주기적으로 마모되어 점검하여야 하는 불편함이 없고 낮은 비용과 높은 신뢰도로 운영이 가능합니다.

질문 있어요

유도 전동기의 실제 모습이 어떠한지 궁금합니다.

| 그림 94 | 3상 전동기

3상 유도 전동기는 전원으로 3상을 사용하는 전동기를 말하며 주로 공장이나 빌딩처럼 큰 전기를 사용하는 곳에서 많이 볼 수 있습니다. 가정에서는 선풍기, 에어컨, 세탁기 등 단상 유도 전동기도 많이 사용되고 있지만, 3상 유도 전동기는 단상 유도 전동기보다 회전력을 훨씬 쉽게 얻을 수 있습니다. |그림 95|는 3상 유도 전동기의 회전 자기장이 만들어지는 과정에 대해서 설명합니다.

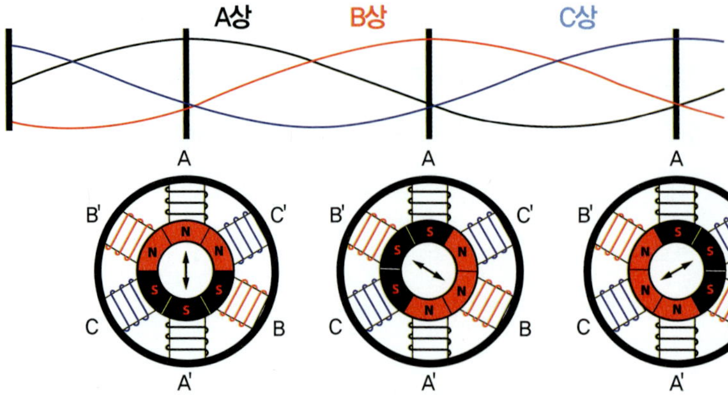

| 그림 95 | 3상 유도 전동기는 회전 자계가 만들어진다.

우선 고정자에 120°의 차이로 3상 코일을 감아 넣습니다. 이때 서로 마주 보는 코일의 감는 방향은 반대가 됩니다. 그 이후 3상 전원을 코일에 넣어주며 시간에 따라서 3상의 극성이 지속해서 변함에 따라 내부에 있는 코일은 자기장의 방향이 변화하게 됩니다. 위 |그림 95|에서는 6개의 코일 덩어리에 각각 극성이 어떻게 바뀌는지 보여주고 있습니다. 이렇게 극성이 변화하면 고정자 내부에서는 마치 N극과 S극의 자석이 회전하는 것과 같은 자기장을 얻을 수 있습니다. 이런 자기장을 회전 자계(Rotating magnetic field)라고 합니다.

회전 자계
어느 축을 중심으로 회전하는 극성을 이동하는 자계로서 일정한 힘과 속도는 전동기의 회전 방향을 정하고 바꿀 수 있다. 유도 전동기를 회전하게 하는 힘의 근본이며, 회전 자기장이라고도 부른다.

3상 유도 전동기의 구조

3상 유도 전동기의 구성 요소

3상 유도 전동기는 크게 두 가지로 구성됩니다. 움직이지 않고 고정된 부분을 고정자라고 하며, 회전하는 부분을 회전자라고 합니다. 외부에서 들어오는 전원은 고정자에 연결되며, 회전자는 샤프트에 힘을 전달하여 기어, 체인, 벨트 등으로 부하와 연결하여 동력을 전달합니다. 각 구성 요소를 자세히 살펴보면 다음과 같습니다. 아래 |그림 96|은 농형 유도 전동기의 구조에 대하여 보여줍니다. 농형 유도 전동기(Squirrel-cage induction motor)는 권선형 유도 전동기(Wound-rotor induction motor)보다 구조가 간단하며, 제작단가가 낮아 소형뿐 아니라 중·대형에서도 널리 사용되고 있죠.

농형 유도 전동기
회전자가 다람쥐 원통 모양으로 된 유도전동기로서 홈과 이가 있는 철심에 동을 끼우거나 알루미늄을 부어서 만든다.

권선형 유도 전동기
회전자에 권선과 슬립링을 가진 전동기로서 고정자에 설치된 권선이 전원과 접속되며, 회전자의 권선에는 전자유도에 의한 교류 전류가 흐른다.

질문 있어요 권선형에 대한 그림 예시도 보여주세요.

|그림 96| 3상 유도 전동기의 구성 요소(농형 유도 전동기)

|그림 97| 권선형 유도 전동기의 회전자

고정자는 고정자 틀(Frame)과 고정자 철심(Core), 그리고 고정자 권선으로 구성됩니다. 고정자 틀은 주철로 되어 있고 열이 쉽게 발산되게 하기 위하여 철판을 주름진 형태로 만들게 되죠. 고정자 철심은 외부로부터 전원을 받아 자기력선속이 통과하는 자기회로를 만듭니다. 약 0.35㎜ 두께의 규소 강판을 수십 장 겹쳐서 만들고 전선이 들어갈 수 있도록 홈을 만들어 여기에 권선을 감을 수 있게 하였죠. 회전자는 구조가 간단하고 철심이 원통형으로 되어 있습니다. 양 끝을 구리로 만든 단락 고리 도체에 접속시키며, 슬롯 내에 알루미늄을 녹여 넣고, 이것을 도체로 하는 알루미늄 회전자가 주로 많이 사용되고 있습니다.

공학적 접근

유도 전동기의 회전 속도

유도 전동기에서 만들어지는 회전 자기장의 회전 속도를 '동기 속도'라고 한다. 동기 속도는 회전자 기장의 이론적인 속도이며 주파수에 비례하고 극 수에 반비례한다. 보통 분당 회전수(rpm)로 나타낸다.

$$N_s = \frac{120 \times f}{P} [\mathrm{rpm}]$$

Ns : 동기 속도, P : 극 수, f : 주파수

전동기의 명판

전동기 명판 읽는법

전동기에는 기계를 이루는 구성요소는 아니지만 중요한 구성요소가 있습니다. 사람에게는 이름, 생년월일, 주소를 알 수 있는 신분증인 주민등록증이 있는 것처럼 전동기에도 자신만의 특성을 나타내는 명판이라는 표식이 있습니다. 이 명판은 특별한 사정이 없으면 모든 모터에 달려있으며 전동기에 대한 특징을 알려주는 정보가 담겨 있습니다. 여기 포함된 정보는 모터의 중요한 특성을 나타내기 때문에 이 내용을 정확히 알고 사용하여야 전동기를 안전하고 오래 사용할 수 있습니다.

명판은 오랜 기간이 지나거나 좋지 않은 환경 속에서도 변색되거나 변형이 생기지 않아야 하므로 주로 스테인리스를 이용하여 제작합니다. 모터에 표시되는 내용은 제조사 또는 모터별로 다른 내용이 들어갈 수 있는데 일반적으로 정격전압, 정격주파수, 정격전류, 정격출력, 절연계급, 온도상승, 기동계급, 외함 보호등급, 방폭지역 구분, 회전기의 크기, 일련번호 등의 정보를 포함하고 있습니다.

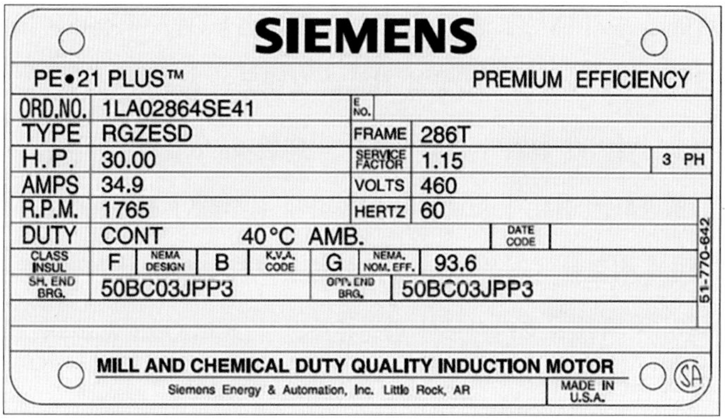

| 그림 98 | 지멘스(SIEMENS)社 전동기 명판의 예

명판 내용 중 대표적인 5가지 항목을 설명하면 다음과 같습니다.

정격전압(Rated Voltage)은 전동기가 안전하고 정상적인 동작을 수행할 수 있는 입력전압을 말합니다. 따라서 정격전압보다 낮거나 높은 전압을 전동기에 넣게 되면 전동기는 정상적인 운전을 할 수 없을 뿐만 아니라 정격주파수도 이에 맞추어 확인하여야 합니다. 주파수는 세계적으로 50㎐와 60㎐가 사용되므로 우리나라에서 사용하는 60㎐ 전동기를 외국에서 사용하거나, 외국에서 사용하는 50㎐ 전동기를 우리나라에서 사용할 때는 세심한 검토가 필요합니다. 전동기가 설계된 주파수와 공급되는 주파수가 다르면 속도뿐만 아니라 발열, 손실도 크게 달라지기 때문입니다. 그래서 전동기를 운전할 때 가장 먼저 확인하여야 할 사항이 바로 정격전압과 정격주파수입니다.

정격전류(Rated Current)는 정상적으로 모터가 동작할 때 흐르는 전류입니다. 만일 이 전류보다 더 큰 전류가 흐르게 되면 이를 '과전류가 흐른다.'라고 표현합니다. 사람으로 말하면 일종의 체온 같은 것이라고 할까요? 인체의 정상체온이 있는데 이보다 온도가 높으면 건강에 큰 이상이 있는 것처럼, 정격전류도 이처럼 이상이 있음을 쉽게 나타내 주기 때문에 중요한 역할을 하는 전동기는 이 전류값을 잘 지켜보아야 합니다. 만일 정격전류 이상의 전류로 오랫동안 운전하게 되면 권선이 과열로 손상되어 단락이나 절연파괴로 사고가 확대될 수 있습니다. 그렇기 때문에 정격전류를 초과하는 전류가 흐르는지 면밀하게 감시해야 하며, 만일 이상이 생기면 이에 대하여 적절한 동작을 하는 보호회로나 보호설비를 갖추어야 합니다. 흔히 이를 감지하기 위한 보호기기로서 과전류계전기(OCR; Over Current Relay)를 널리 사용하고 있습니다.

정격출력(Rated Output)은 전동기가 기계적인 힘을 낼 수 있는 보장된 출력입니다. 자동차도 엔진 출력의 정도를 나타낼 때 마력이라는 말을 많이 사용하는데, 보통 전동기는 출력을 kW나 HP(1마력=0.75kW)로 나타냅니다. 보통 전기식에서 출력의 계산은 전압과 전류의 곱으로 나타내지만, 전동기에서 출력은 전압과 전류의 곱과 함께 효율과 역률 등을 고려하여 계산합니다.

절연계급(Insulation Class)은 모터의 절연 성능을 나타내는 수준을 말합니다. 알파벳으로 표시하는데 각각이 다른 뜻이 있지요. 전동기에 전류가 흐르면 코일과 철심에서는 적지 않은 열이 발생합니다. 그리고 이 열을 얼마나 잘 방출하느냐는 전동기의 수명에 사실상 가장 큰 변수가 됩니다. 좋은 전동기라면 일단 큰 열이 발생하지 않아야 하고, 열이 발생하더라도 이를 잘 버틸 수 있어야 하죠. 온도에 대한 저항력이 클수록 더 좋은 절연계급을 줍니다. 그리고 전동기가 주어진 온도에서 운전을 수행함에 지장이 없는지를 나타내며, 보통 아래와 같이 7가지 계급을 문자의 형태로 나타냅니다.

절연 계급	최고 허용 온도	재료
Y 종	90℃	면 · 견 · 종이 등의 재료로 구성. 바니시류에 함침 또는 기름에 침투시키지 않음.
A 종	105℃	면 · 견 · 종이 등의 재료로 구성. 바니시에 함침 또는 기름에 침투
E 종	120℃	에나멜선용 폴리우레톤수지, 에폭시, 합성수지 등
B 종	130℃	운모 · 석면 · 유리섬유 등을 아스팔트 접착재료와 같이 구성
F 종	155℃	B종의 재료를 알킬페놀수지 · 에폭시 수지 등의 재료와 같이 구성
H 종	180℃	B종, F종과 같은 재료를 규소수시 등 내열싱이 우수한 재료와 같이 구성
C 종	180℃ 초과	운모 · 석면 · 유리 등을 단독으로 사용하거나 시멘트 등의 무기 접착제와 조합

| 표 14 | 절연 계급의 종류

온도 상승(Temperature Rise)은 전동기의 상승 온도를 말합니다. 전동기는 운전하지 않고 있어도 주변의 온도에 따라 기본 온도를 유지하고 있습니다. 그리고 모터가 운전하면 모터 내부의 전기적 · 기계적 손실이 열로 방출되면서 온도가 상승합니다. 온도 상승이란 이렇게 상승한 온도에서 주위 온도를 뺀 값으로 절연 계급에 맞춘 허용범위 내에서 전동기가 운전할 수 있도록 효과적인 열방산 대책을 세워야 합니다. 만일 모터의 온도가 지나치게 높아지면 코일과 베어링 등의 수명이 급격히 낮아지며 절연이 파괴되어 단락이나 화재로 사고가 확대될 수 있습니다. 반면, 온도가 너무 낮은 곳에서 모터를 운전하면 내부에 습기가 발생하거나

결빙 등에 의한 기계적 저항증가로 성능이 떨어질 수가 있습니다.

질문 있어요

해당 설명이 전동기 명판 그림의 어느 부분을 나타내는지 직관적으로 알 수 있도록 표시해주시기 바랍니다.

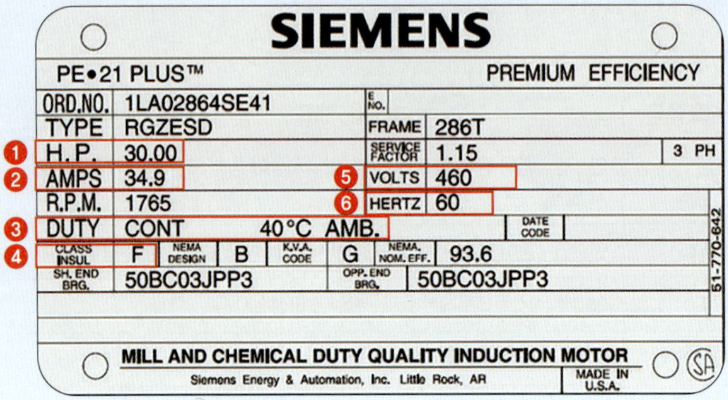

① 정격출력 ② 정격전류 ③ 온도상승 ④ 절연계급
⑤ 정격전압 ⑥ 정격주파수

어떤 전동기가 좋은 전동기일까요? 전동기는 설치하고자 하는 장치의 특성이나 물리적인 환경에 맞도록 여러 여건을 고려하여 선정하여야 합니다. 아래의 내용을 확인해 보시죠.

잠깐 만요

전동기의 선정 기준

① 전동기 형식

② 정격 주파수의 형태

③ 고정 속도 또는 가변 속도 운전 (및 수반되는 환기의 여러 영향)

④ 기계적 진동

⑤ 전동기 속도 조절 변환기 유형

⑥ 전압 또는 전동기에 공급되는 전류의 고조파 스펙트럼(정지형 변환 장치에서 전력이 공급되는 경우)이 온도 상승에 미치는 영향

⑦ 기동 방식 및 돌입 전류가 다른 사용자의 운전에 미치는 영향, 이때 전력 공급자에 따라 조성되는 특수한 상황 고려

⑧ 시간과 속도에 따른 역 토크 변이

⑨ 관성이 큰 부하의 영향

⑩ 불변 토크나 일정 전력 운전의 영향

⑪ 전동기와 변환 장치 사이의 유도성 리액터 필요성

E

4장

전기를 다스린다

01

전기회로 이해하기

자격증 시험범위	
	전기기능사 전기이론 - 직류회로 - 전기회로
	전기기사 회로이론 및 제어공학 - 회로이론 - 전기회로의 기초
	전기기능장 전기이론 - 직류회로 - 직류회로 등

회로(Circuit)란?

서킷(Circuit)이라는 말을 들어보셨나요? 아마도 자동차 경주에서 들어보셨을 거예요. 한 바퀴로 구성된 도로의 형태를 서킷이라고 부르거든요. 보통 자동차 경주의 승패는 쉽고 어려운 코스를 한 바퀴 만든 다음 그것을 빨리 도는 사람이 우승하는 방식을 사용하고 있죠. 전기에서도 서킷이라는 말이 사용됩니다. 다만, 이때는 전기가 한 바퀴 정해진 경로(회로)를 돈다고 해서 전기회로(Electrical circuit)라고 하죠. 전기회로는 전압이나 전류를 만들어내는 전원으로부터 전자가 흐르는 길이라고도 볼 수 있습니다. 전기는 어느 한 방향으로만 흐르지 않고 반드시 전원으로부터 떠나기 시작하면 다시 정해진 경로(회로)를 돈 다음 다시 원래 자리로 오게 됩니다. 이렇게 보니 자동차 경주의 서킷과 왜 같은 단어를 사용하는지 알겠네요. 자동차가 경로를 한 바퀴 돌고 다시 제자리에 오듯, 전자도 전원에서 출발해서 다시 제자리로 오니까요.

일반적으로 회로가 구성되지 않은 상태에서 전자는 움직이지 않습니다. 만일 스위치로 형광등을 켜는 회로에서 스위치가 꺼져 있다면 그것은 회로 일부가 끊어진 것이어서 전류가 움직일 수 없어요. 그래서 아무런 일도 하지 않고 아무런 일도 일어나지 않는 것이죠. 물론, 아주 물리학적으로 깊게 들어가면 회로가 끊어졌다고 아무런 일도 일어나지 않는 것은 아니지만 우리는 실용상 그렇게 설명하고 있습니다. 전기회로가 끊어지면 전기는 흐르지 않는다고요.

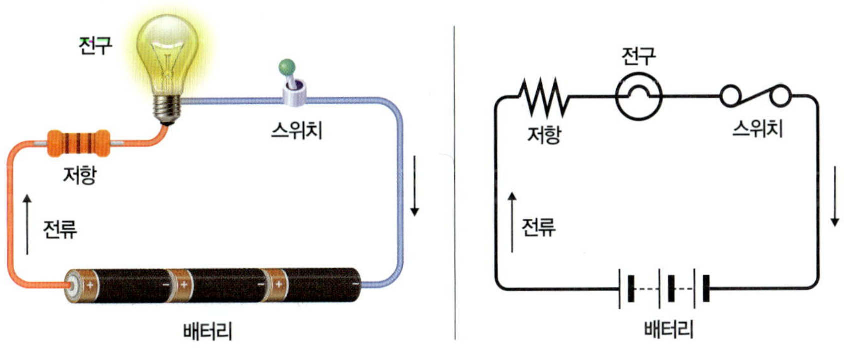

| 그림 99 | 전기회로의 구성(왼쪽)과 회로도(오른쪽)

전기회로는 특정한 목적을 수행하도록 설계되어 있어서 기본적으로 회로는 간소화하여 | 그림 99 | 처럼 기호로도 나타낼 수 있습니다. 전기회로를 시각적인 기호로 나타내면 복잡한 부품이나 구성 요소가 어떻게 연결되는지 쉽게 이해할

수 있습니다. 서로 다른 언어나 문화를 사용하는 국가 간에도 이렇게 회로로 소통할 수 있죠. 보통 이것을 회로도, 배선도라고 합니다. 회로도에 사용하는 기호는 때에 따라 조금씩 다르게 사용되지만, 일반적으로 비슷한 모양을 갖고 있습니다. 위 그림은 전구를 스위치로 켜고 끄는 회로를 표현한 것으로 오른쪽의 그림이 기호로 나타낸 것입니다. 배터리부터 시계방향으로 설명하면 전원으로 배터리가 여러 개 연결되어 있고 그다음은 저항이 연결되어 있습니다. 저항은 전기를 방해하는 소자로서 전류를 줄이는 역할도 하지요. 저항을 지나면 전구가 있고, 그다음은 회로를 끊고, 연결할 수 있는 스위치가 있습니다. 스위치로 회로를 연결하는 것을 '닫는다(Close)'고 하며, 회로를 끊는 것은 '연다(Open)'라고 말합니다. 지금 그림은 회로가 연결되어 있으므로 회로가 닫혀 있는 것이며, 전기가 통하여 전구의 불이 켜진 상태를 보여줍니다. 스위치를 지나면 다시 배터리의 음(-)극으로 회로가 연결되어 있으므로 한 바퀴가 완성되는 것이지요. 이것이 전기회로입니다. 이렇게 전자는 회로를 이동하면서 일을 하게 됩니다.

위와 같은 회로도에 사용된 기호는 다음 |표 14|와 같습니다.

종류	기호	일반적인 의미
전원		직류 전원
	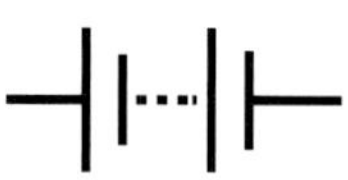	여러 개의 직류 전원
램프		램프

전구	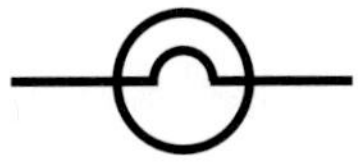	전구
스위치		열린 스위치
		닫힌 스위치
전선		전선

| 표 15 | 회로도에 사용하는 기호와 의미

전원은 전기회로에서 가장 중요한 역할을 합니다. 직류 전원은 길고 짧은 두 개의 평행선으로 표시하며 막대기가 긴 쪽은 양(+)극을, 짧은 쪽은 음(−)극을 의미합니다. 직류 전원이 여러 개 연결되어 있다면 직류 전원을 중복하여 표시합니다. 건전지를 여러 개 직렬로 연결하는 것도 그림과 같이 표현할 수 있죠. 램프는 전자의 이동으로 빛을 만드는 기구입니다. 그래서 일반적인 표현은 램프라고 하지만, 전구는 램프의 한 종류로서 조금 다르게 표시합니다. 전기 스위치는 ON-OFF 기능이 있는 회로 구성 요소입니다. 스위치를 켜는 것은 회로를 연결하는 것이고, 스위치는 끄는 것은 회로를 끊는 것입니다. 기호로 표기할 때는 마치 문을 여닫는 것과 같은 표현을 사용하여 회로가 연결되는 것은 문이 닫힌 것처럼, 회로가 끊긴 것은 문이 열린 것처럼 표현합니다. 그래서 '스위치로 회로를 여닫는다.'라는 표현도 사용하죠. 마지막으로 이 여러 개의 구성 요소가 연결되기 위해서는 전선이 필요합니다. 전선은 다양한 구성 요소들을 서로 연결하는 것으로서 전기기호에서는 실선으로 표시하여 나타냅니다.

이 외에도 전기회로도를 나타내는 기호는 여러 가지가 있습니다. 앞으로 관련된 공부나 실무를 하시게 된다면 필요에 따라서 어렵지 않게 충분히 배울 수 있으니 너무 걱정하지 않으셔도 됩니다.

직렬과 병렬

램프를 전원과 연결하는 방법은 직렬(Series)과 병렬(Parallel)이 있습니다. |그림 100|은 건전지와 전구 2개를 예로 들면서 직렬 연결과 병렬 연결에 대해서 설명합니다.

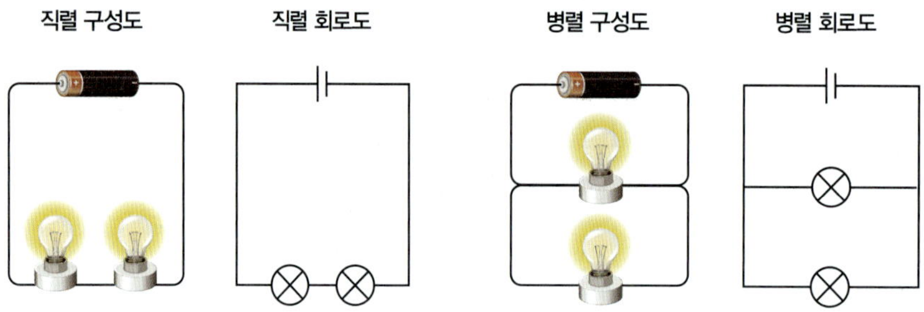

| 그림 100 | 램프의 직렬 연결과 병렬 연결

직렬(Series) 연결은 회로에서 램프를 연결할 때 램프의 한쪽 끝을 다른 램프 한쪽 끝과 연결하여 서로 하나의 통로가 되도록 하는 연결 방식입니다. 직렬 연결에서는 길이 오직 1개만 있어서 전류의 값이 일정하게 됩니다. 즉, 전지에서 출발한 전류는 첫 번째 전구를 지나 두 번째 전구를 거쳐서 다시 복귀하므로 전구가 직렬로 연결된 이 회로에서 전류는 각 전구에 똑같이 흐른 것이지요. 그리고 이

회로에서 전기를 방해한 전체 저항의 크기를 구하면 첫 번째 전구와 두 번째 전구의 저항을 합한 값이 됩니다. 만일 전지를 직렬로 연결하면 병렬 연결 방식보다 전압이 그만큼 높아지지만, 전구는 직렬로 연결하면 저항이 그만큼 커져서 전류의 흐름은 더 방해를 받습니다.

질문 있어요

전지를 직렬로 연결하면 전압이 높아지고 병렬로 연결하면 전압이 같아지는 이유를 한번 더 상기시켜 주세요.

건전지의 직렬과 병렬 연결에 따라 전압이 2배가 되고 같아지는 이유는 | 그림 101 | 처럼 물통을 연결시키는 것과 비슷하게 생각하면 이해에 도움이 됩니다. 어떤 물통에 물이 1리터가 있고, 여기에 다시 물을 1리터 더 넣게 되면 물의 높이는 종전의 2배가 됩니다. 물의 높이가 높아지니 물의 위치에너지도 처음보다 2배로 늘어난 것이죠. 이와 같이 전지의 직렬 연결을 생각해 볼 수 있습니다. 1.5V 전지에 다시 1.5V 전지를 직렬로 연결하면 물통에 물을 쏟아 부은 것처럼 전지의 전위도 그만큼 높아지게 되어 총 3V만큼의 전압을 갖게 됩니다.

그렇지만 병렬 연결은 다릅니다. 이젠 원래의 물통에 물을 붓는 것이 아니라 똑같은 위치에 놓고 물통과 물통 사이를 호스로만 연결하여 수위가 변하지 않으므로 물의 수압은 종전과 다름이 없습니다. 다만 물통이 1개 더 늘어났으니 흘릴 수 있는 물의 양은 2배가 되죠. 전지도 이렇게 병렬로 연결하면 전압은 그대로이지만 흘릴 수 있는 전류는 2배가 되는 것과 같습니다.

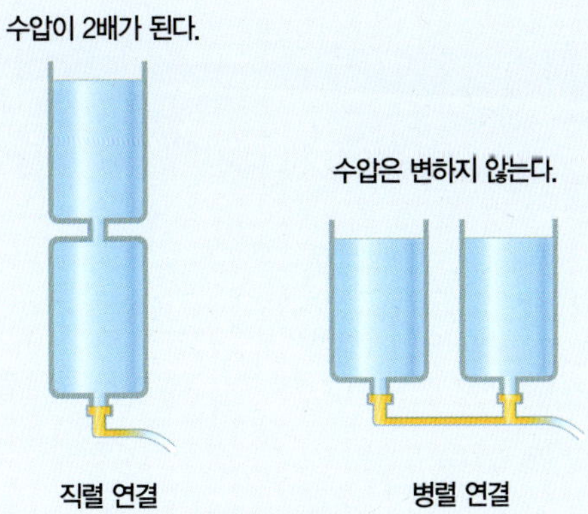

| 그림 101 | 물통의 직렬 연결과 병렬 연결

병렬(Parallel) 연결은 회로에서 램프를 연결할 때 여러 개를 열(Column, 列)로 맞추어 접속하는 것으로서 전구의 한쪽 끝이 서로 같은 곳에서 만나게 연결합니다. 병렬 회로에서는 램프의 개수만큼 길이 만들어지므로 전지에서 출발한 전류는 병렬 연결의 분기점에서 각각의 램프로 전류가 흐르고 램프를 지나서 다시 합류하게 됩니다. 이때 병렬로 연결된 램프에서 전류는 나누어지지만 같은 전압이 걸리게 되어 직렬로 연결한 램프보다 빛은 더 밝게 빛나게 됩니다. 일반적인 실생활에서 전기제품의 연결과 사용은 모두 병렬 연결로 되어있습니다. 가정의 220V 전원은 각각의 가전제품과 병렬로 연결되어 220V를 공급하게 되며 이렇게 가전제품에 흐르는 전류와 걸린 전압의 곱이 전력이라고 계산할 수 있습니다.

질문 있어요

"직렬과 병렬 중에 어떤 방식일 경우 램프가 더 밝게 빛나나요?"

전지와 부하 중 어느 것이 직병렬이냐에 따라 다릅니다. 전지 1개에 램프 부하가 직렬과 병렬로 있으면 병렬일 때 램프는 더 밝게 빛나게 됩니다.

반면, 부하 1개에 전지가 직렬과 병렬로 있으면 전지가 직렬일 때 부하는 더 밝게 빛나게 됩니다.

공학적 접근

저항의 직·병렬 접속

저항 2개가 직렬과 병렬일 때 합성저항은 다음과 같이 계산합니다.

저항의 직렬 접속 : $R_0 = R_1 + R_2$

저항의 병렬 접속 : $R_0 = \dfrac{1}{\dfrac{1}{R_1} + \dfrac{1}{R_2}}$

옴의 법칙

전선 한 가닥이 있습니다. 만일 이 전선 양쪽에 10V의 전압을 걸었을 때 1A가 흐르면 이 전선의 저항은 10Ω이 됩니다. 이렇게 전압, 전류, 저항의 삼각관계를 수학적으로 설명하는 법칙이 바로 옴의 법칙(Ohm's law)입니다. 옴의 법칙은 독일의 물리학자 게오르크 옴(Georg Simon Ohm, 1989~1854)의 이름을 따서 정하였습니다. 옴은 전압, 전류, 저항이 수학적으로 연결되어 있으며, 전류는 전압을 저항으로 나눈 것과 같다고 하였습니다. 이렇게 수학적인 관계로 셋을 연결하였기 때문에 전기회로를 설계하고 특성을 이해하는 데 큰 도움을 얻을 수 있었습니다. 그래서 그 공로를 인정받아 현재 사용하는 저항의 단위가 그의 이름을 따서 정한 옴(ohm)입니다.

옴의 법칙
전류의 세기는 두 점 사이의 전위차에 비례하고, 전기저항에 반비례한다는 법칙으로 1862년 독일의 물리학자 옴(Ohm)이 발견했다. 전기회로에서 전압, 전류, 저항 사이의 관계를 나타내는 아주 중요한 법칙이다.

공학적 접근

옴의 법칙

저항에 흐르는 전류의 크기는 저항에 인가한 전압에 비례하고, 전기저항에 반비례한다.

$$\text{전류}: I=\frac{V}{R}\,[A],\quad \text{저항}: R=\frac{V}{I}\,[\Omega],\quad \text{전압}: V=I\cdot R\,[V]$$

I : 전류, V : 전압, R : 저항

회로에서 전기저항은 두 점 사이에 존재하게 됩니다. 전기회로라면 어느 두 점 사이에는 반드시 전기를 방해하는 저항이 아주 조금이라도 있게 됩니다. 물론, 초전도체 같은 아주 특수한 상황은 제외하고요. 옴의 법칙은 다른 법칙과 함께 회로를 이해하는 데 도움을 줍니다. 이런 법칙은 |그림 102|와 같이 회로도에 기호로 나타낼 수 있으며, 옴의 법칙 삼각형을 이용하면 전압, 전류, 저항의 세 변수의 관계를 수학적으로 쉽게 기억할 수 있습니다. 공식이 잘 외워지지 않는 분들은 한 번 써 보세요. 삼각형의 제일 위에 전압을 배치하고 그 아래 전류와 저항을 놓습니다. 이렇게 놓으면 전압=전류×저항, 전류=전압/저항, 저항=전압/전류라는 식을 시각적으로 쉽게 이해할 수 있습니다.

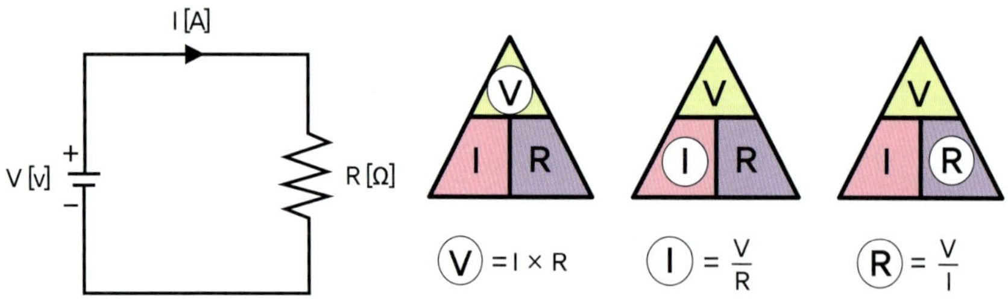

| 그림 102 | 회로도와 옴의 법칙 삼각형

옴의 법칙은 전압과 전류, 저항의 세 관계를 어떤 방식으로 적용하더라도 같은 결과를 얻을 수 있습니다. 만약에 전압을 모르는 회로에서 저항이 10Ω인데, 전류가 5A가 흘렀다면 전압은 얼마가 될까요? 옴의 법칙에 따르면 전압은 전류와 저항의 곱이므로 10Ω×5A=50V가 되는 것을 계산할 수 있습니다. 반면, 같은 내용을 전류의 측면에서 알아볼까요? 저항 10Ω에 50V의 전압을 가했을 때 흐르는 전류는 전압을 저항으로 나눈 값인 50V/10Ω=5A가 됩니다. 마지막으로 저항의 측면에서 보면 50V를 가했을 때 5A가 흘렀으므로 저항은 50V/5A=10Ω이 됩니다. 이렇게 옴의 법칙은 전압, 전류, 저항의 세 관계에 대해서 다른 식을 사용하더라도 결국 같은 결과를 얻게 됩니다.

전기회로와 자기회로의 비교

자격증 시험범위		
	전기기능사	전기이론 - 직류회로 - 전기회로
	전기기사	회로이론 및 제어공학 - 회로이론 - 전기회로의 기초
	전기기능장	전기이론 - 직류회로 - 직류회로 등

전기회로와 자기회로

우리는 앞부분의 내용으로 전기와 자기가 서로 밀접한 관련이 있다는 것을 알고 있습니다. 이처럼 전기와 자기를 회로(Circuit)라는 관점에서 보면 서로 맞대어 비교할 수 있는 대칭적인 관계가 만들어집니다. 전류가 전기회로를 도는 것처럼 자기도 자기회로를 도는 작용을 하기 때문이죠. |그림 103|에서는 전기회로와 자기회로를 서로 비교하고 있습니다. 둘의 에너지 형태는 다르지만, 전기회로에서 기전력이 가해질 때 전류가 흐르는 것처럼, 자기회로에서는 기자력이 가해질 때 자속이 흐르게 됩니다. 또, 전류의 흐름을 방해하는 전기저항이라는 요소가 있는 것처럼 자기회로에서도 자속의 흐름을 방해하는 자기저항이 있으니 서로 대응되는 관계를 쉽게

이해할 수 있습니다.

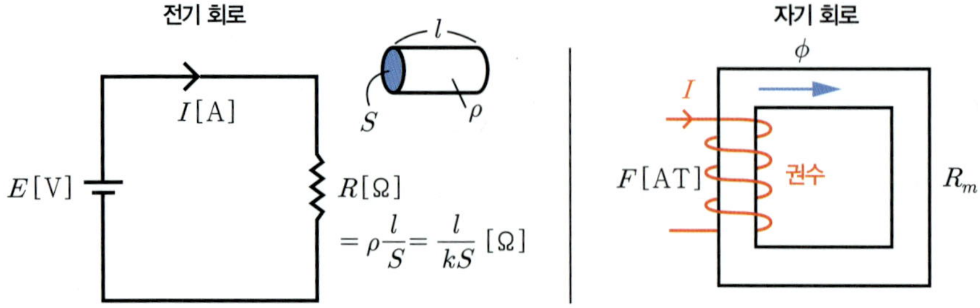

| 그림 103 | 전기회로와 자기회로의 비교

전기회로		자기회로	
기전력	$E = IR$ [V]	기자력	$F = NI = R_m\phi$ [AT]
전류	$I = \frac{E}{R}$ [A]	자속	$\phi = \frac{F}{R_m}$ [Wb]
전기저항	$R = \rho\frac{l}{S} = \frac{l}{kS}$ [Ω]	자기저항	$R_m = \frac{l}{\mu S}$ [AT/Wb]
도전율	k [℧/m]	투자율	μ [H/m]
전계	E[V/m]	자계	H[AT/m]
전류밀도	$\frac{I}{S}$	자속밀도	$B = \frac{\phi}{S}$

| 표 16 | 자기회로와 전기회로의 대응

그렇지만 두 회로는 서로 다른 점도 있습니다. 전기회로는 전류가 도체에만 흐르고 공기로는 흐르지 못하므로 반드시 물리적인 연결 상태가 필요합니다. 전선이 끊어지면 전자가 이동할 수 없으므로 전기회로는 연결되지 않은 상태에서는 절대로 동작하지 못하는 것이죠. 그렇지만, 자기회로는 다릅니다. 자기회로는 자

속이 자성체뿐만 아니라 공기 중의 작은 공간만 있더라도 이동할 수 있습니다. 그래서 전기회로에서는 공기 중으로 전자가 이동하는 것에 대해서 신경을 쓰지 않지만, 자기회로를 구성할 때는 자속이 공기 중으로 새어나가는 누설 자속에 대한 고려가 꼭 필요합니다.

회로의 흐름 방향도 차이가 있습니다. 전기회로에서 전류는 높은 전위에서 낮은 전위로 전류가 흐르게 되며, 이 흐름에는 시간, 크기의 개념만 있죠. 몇 A의 전류가 어느 방향으로 흐르는지만 볼 수 있습니다. 하지만 자기회로에서는 앙페르의 오른손 법칙에 따라 자속의 방향이 결정되며 그 흐름은 시간, 크기뿐만 아니라 공간의 방향 개념도 존재합니다. 그러고 보니 자기회로가 전기회로보다 차원이 한 단계 높다고 표현할 수 있겠네요.

02

인덕턴스

자 격 증 시험범위	
전기기능사	전기이론 - 전자력과 전자유도
전기기사	전자기학 - 전자유도 및 인덕턴스
전기기능장	전기이론 - 전자유도 및 인덕턴스

인덕턴스

인덕터와 인덕턴스

어떤 전선에 전류를 흘리면 그 주변에는 자기장이 만들어집니다. 전류의 크기와 방향은 미리 배운 것과 같이 비오-사바르의 법칙과 앙페르의 오른손 법칙에 따르죠. 이제 그 전선에 흐르는 전류로 자기장을 더 크게 만들어 보겠습니다. 그러려면 어떻게 해야 할까요? 그렇습니다. 전선을 더 많이 감으면 됩니다. 그렇게 되면 전선에서 나오는 자기장이 몇 배로 겹쳐서 만들어지기 때문에 더 커지게 되죠. |그림 104|에서 보면 오른쪽의 코일은 더 많이 겹쳐서 감았기 때문에 같은 전류를 흘려도 더 큰 자기장이 만들어집니다. 예를 들어 같은 전류가 흘렀을 때 전선을 한 번 감는 것

보다 5번을 더 감으면 자기장은 5배 더 커지는 것이죠. 여기서 만들어지는 자속이 Φ 라면 코일을 여러 번 감았을 때는 몇 배의 Φ 가 만들어집니다.

질문 있어요

비오-사바르의 법칙의 법칙을 다시 한번 더 소개해주세요.

비오-사바르의 법칙은 전류가 만들어내는 자기장의 크기에 대해서 설명하는 법칙입니다. 전기가 흐를 때 그 주변에는 자기장이 만들어지는데 그 자기장의 세기는 전류가 클수록 강하고, 거리가 멀수록 약해진다는 것이죠.

이 법칙으로 전자석의 세기를 크게 하는 것도 설명할 수 있어요. 강한 전자석을 만들고 싶다면 전선에 전류를 더 크게 흘리고, 거리를 더 가까이 하는 것이죠.

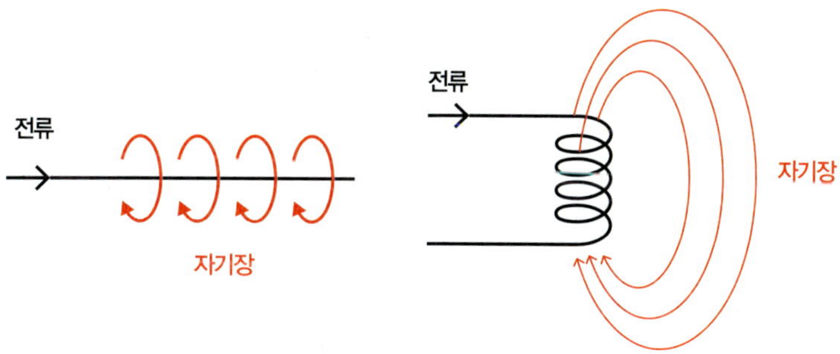

| 그림 104 | 같은 전류를 흘려도 전선을 여러 번 감으면 자기장의 크기가 더 커진다.

이제 | 그림 105 | 를 살펴보겠습니다. 왼쪽과 오른쪽의 그림은 코일이 만들어내는 자기장의 크기를 비교합니다. 둘 다 5번 감은 코일에 1A의 전류를 흘렸습니다. 전류로 만들어지는 자기장의 크기가 얼마인지를 보았더니 왼쪽은 자속이 1Wb(웨버) 나왔지만, 오른쪽은 자속이 10Wb(웨버) 나왔네요. 같은 외부 조건에서 오른쪽 코일이 더 큰 자기장을 만들었기 때문에 오른쪽 코일이 전기를 자기로

만드는 능력이 더 뛰어나다고 할 수 있습니다. 그 능력을 유도능력이라고 하고, 영어로는 인덕턴스(Inductance)라고 합니다. 즉, '오른쪽 코일이 인덕턴스가 더 크다'라고 할 수 있습니다. 만일 인덕턴스가 열 배 크다면 유도능력이 열 배 더 좋은 것이지요. 똑같은 전류를 흘렸는데 인덕턴스가 큰 코일은 더 큰 자기장을 만들 수 있는 것이므로 그만큼 더 일을 잘 한다고 할 수 있겠네요.

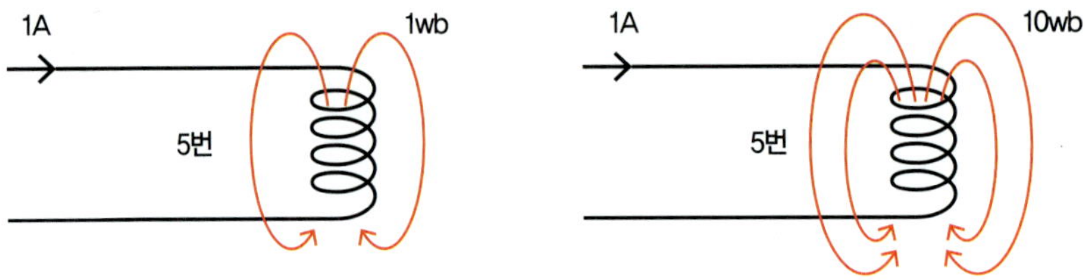

| 그림 105 | 똑같은 조건에서 더 큰 자기장이 만들어졌다면 인덕턴스가 더 큰 것이다.

이렇게 인덕턴스는 전자유도에 의하여 전압이 유도되는 세기이며, 코일(Coil)에 대한 고유의 값을 나타냅니다. 영문 기호는 L을 사용하며, 단위는 [H]로 표시하고 헨리(Henry)라고 읽습니다. 1H(헨리), 2H(헨리)처럼 말입니다. 일반적으로는 1H는 아주 큰 단위이므로 mH(밀리헨리)를 많이 사용하여 10mH, 200mH 등의 표현을 더 자주 볼 수 있습니다. 그림 기호는 |그림 106|과 같이 나타냅니다.

| 그림 106 | 인덕터의 기호

전선을 말아 놓은 코일(Coil)에 시간에 따라 변화하는 자기장을 놓으면 코일에 전기가 만들어지고 이를 자기유도(Self induction)라고 합니다. 이렇게 전류를 자기장으로 만들어주는 역할을 하는 소자를 인덕터(Inductor)라고 부르는 것이죠.

| 그림 107 | 인덕터는 자기장의 형태로 에너지를 저장할 수 있다.

인덕턴스는 어떻게 계산을 할 수 있을까요? 코일을 감은 횟수를 N이라고 하고, 코일에 흐르는 전류의 크기를 I라고 하면 전류 때문에 만들어지는 자기장의 세기 $\Phi = L \cdot I$ 가 됩니다. 이 식에 권수를 넣으면 유도하는 능력의 인덕턴스가 되죠. 조금 복잡해 보이는 식이지만 결국 인덕턴스가 크면 같은 권수와 전류로 더 큰 자기장을 만들 수 있다는 뜻이 됩니다. 인덕터는 전기나 전자제품에서 전문적으로 사용되지만, 알고 보면 일반 사람들도 흔하게 사용하고 있습니다. 예를 들어 전자석, 스피커, 릴레이, 모터, 솔레노이드 등에도 이러한 인덕터가 들어갑니다. 그리고 전자제품의 전원 공급 장치에 사용되고 직류를 다른 크기의 직류로 바꾸는 컨버터에도 많이 사용합니다. 또 필터나 발진기 등을 만들 때도 이 인덕터가 사용됩니다.

인덕턴스를 크게 하는 방법

인덕턴스를 크게 하려면 어떤 방법이 있을까요? 인덕턴스는 크게 세 가지의 변수에 따라 변화하게 됩니다. 첫째는 코일의 감은 횟수인 권수, 두 번째는 코일의 단면적과 길이, 그리고 자기장의 힘을 잘 전달해주는 철심과 같은 코어의 투자율(Permeability)에 따라서 자기장의 크기가 달라집니다. 그래서 초등학교 시절 전자석을 만들 때는 코일만 감지 않고 철로 된 못에 감았던 기억이 납니다. 철은 투자율이 커서 자기장을 더 잘 전달해주는 역할을 하거든요.

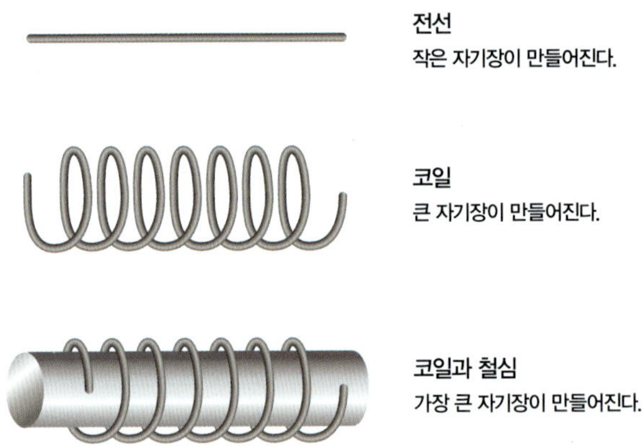

| 그림 108 | 전선 < 코일 < 코일&철심 순으로 자기장이 크게 만들어진다.

어떤 물질이 자기장을 더 잘 만들어주는지를 투자율이라고 했습니다. 진공 중의 상태를 기준으로 크기를 비교하는 것을 비투자율이라고 합니다. 비투자율이 2라면 진공보다 2배 자기장을 만들 수 있는 능력이 있는 것이죠. 즉, 1보다 크면 진공보다 더 능력이 좋고, 1보다 작으면 능력이 더 떨어지는 것입니다. 아래 |표 17|은 물질에 따른 비투자율을 나타냅니다. 비투자율이 큰 물질일수록 코일 안

에 넣었을 때 자기장을 손실 없이 모을 수 있게 됩니다. 여기에서는 가장 투자율이 큰 물질로 순철이 무려 진공상태보다 20만 배 더 크게 나타나고 있습니다. 성능 좋은 전자석을 만들 때 왜 철에 코일을 감는지 이제 아시겠죠?

질문 있어요

비투자율은 투자율의 반대 개념이 아닌가요?

비투자율을 처음 접하시는 분들은 아닐 비(非)를 생각해서 투자율이 아닌 개념으로 충분히 오해할 수도 있어요. 그래서 이 부분을 잠시 짚고 넘어갈게요. 비투자율에서 비는 견줄비(比)를 사용하고 영어로는 '상대적인'이라는 뜻의 'Relative'의 의미를 갖습니다. 그래서 비투자율(Relative Permeability, 比透磁率)은 투자율에 대한 상대적인 개념으로 이해할 수 있어요. 그래서 비투자율을 풀어서 생각하면 '진공의 투자율에 비교한 값'이라고 정리할 수 있습니다. 비투자율이 10인 물질은 공기보다 10배 투자율이 더 큰 것이죠.

물질	비투자율	물질	비투자율
공기	1.0000004	알루미늄	1.00002
진공	1	티타늄	1.00018
구리	0.999991	코발트	250
주석	0.999983	니켈	600
은	0.99998	철(98.8%)	5000
금	0.99996	퍼멀로이(78%)	100,000
비스무트	0.99983	순철	200,000

| 표 17 | 물질과 비투자율

유도성 리액턴스

그런데 인덕터는 전기를 흘렸을 때 자기장을 만드는 유도 능력만 있는 것은 아닙니다. 지금까지 살펴본 예는 직류를 중심으로 해석한 것입니다. 전기를 한쪽으로 계속 흘려주는 직류는 유도 작용만을 생각해도 괜찮지만, 여기에 교류를 흘리면 조금 다른 작용을 하게 됩니다. 코일에 교류를 흘리면 시간에 따라서 전류의 방향이 바뀌는 것과 함께 자기장도 방향이 바뀌면서 만들어집니다. 그래서 자기장의 변화에 따라서 다시 코일에는 기전력이 유도되는데 이 유도되는 기전력으로 전기의 흐름이 방해하는 성분이 생기게 됩니다.

질문 있어요 기전력이 무엇인가요?

기전력은 전류를 흘릴 수 있는 힘, 곧 능력입니다. 전압은 전기장 안에서 전하가 가는 전위의 차라고 할 수 있는데, 기전력은 전위차를 만들어낼 수 있는 힘을 나타냅니다. 1.5V의 건전지를 예로 들면, 0V와 1.5V의 전위 차이를 전압이라고 하며, 건건지를 회로에 연결할 때 전위차를 유지하게 해주는 힘을 기전력이라고 말합니다.

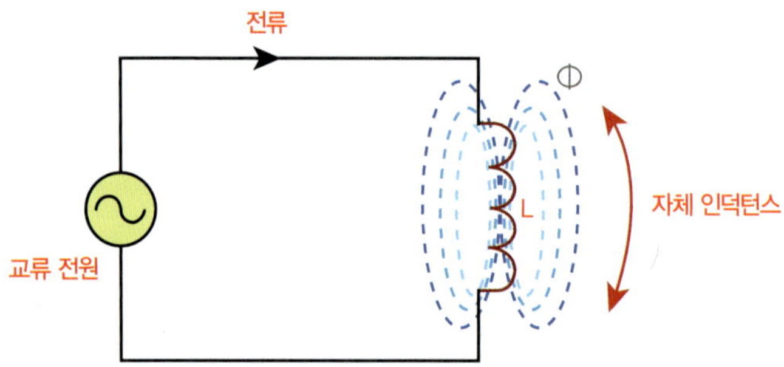

| 그림 109 | 인덕터에 교류를 인가하면 자체 인덕턴스가 발생하여 전류의 흐름을 방해한다.

이것은 교류에서만 발생하는 것이고 주파수가 커지면서 이 현상은 더 크게 나타나죠. 이렇게 나타나는 현상은 저항과 마찬가지로 전류의 흐름을 방해하는데, 순수한 저항과는 다른 의미가 있으므로 인덕터로 전류의 흐름을 방해하는 성분을 'X_L'라고 표기하고 이것을 리액턴스(Reactance)라고 부릅니다. 그리고 교류에서 인덕터의 저항을 유도성 리액턴스(Inductive Reactance)라고 합니다. 유도성 리액턴스는 교류에서 나타나는 회로의 속성입니다. 주파수가 커질수록 전류는 흐름을 방해하게 되죠.

질문 있어요

주파수와 저항의 관계

코일에 전류가 흐르면 자기장이 만들어지는데 그 자기장으로 다시 전류가 만들어져요. 이렇게 만든 전기는 처음에 흐른 전류와 반대 방향으로 발생하기 때문에 원래 전류가 흐르는 것을 방해하죠. 그런데 교류는 전류의 방향이 시간에 따라서 계속 바뀌니 이렇게 만들어진 전류도 시간에 따라 계속 방해하는 방향이 바뀌게 됩니다. 결국, 주파수가 커질수록 전류를 방해하는 힘도 함께 커지는 것이죠. 즉, 주파수가 커질수록 코일이 전기의 흐름을 방해하는 힘인 유도리액턴스도 커지게 됩니다. 유도리액턴스는 주파수가 작으면 작아지고, 주파수가 커지면 함께 커지니 주파수에 대한 함수라고도 표현합니다.

공학적 접근

유도성 리액턴스

유도성 리액턴스는 주파수와 인덕턴스의 크기에 비례합니다. 주파수가 클수록 자기장의 변화에 의한 방해하는 힘이 커져서 전류는 더 흐르기가 어렵습니다. 주파수가 큰 고주파에서 전류의 흐름을 크게 방해하는 특성을 가진 것이지요. 보통 송전선에 전기의 흐름을 가장 많이 방해하는 것도 바로 이 유도성 리액턴스입니다.

$$X_L = \omega L = 2\pi f L \ [\Omega]$$

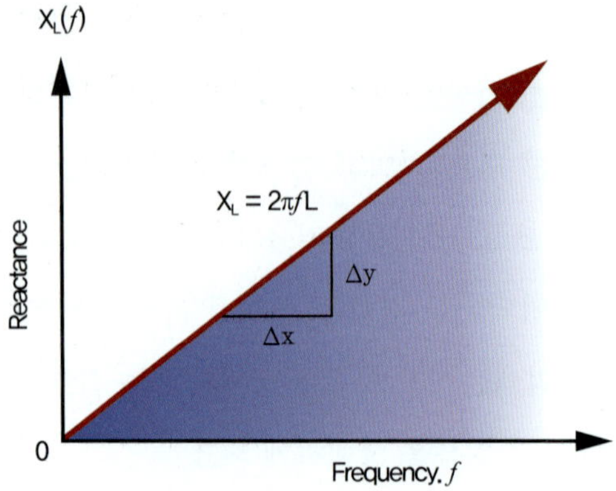

| 그림 110 | 유도리액턴스는 주파수에 비례한다.

03

커패시턴스

자 격 증 시험범위	
전기기능사	전기이론 - 전자력과 전자유도
전기기사	전자기학 - 전자유도 및 인덕턴스
전기기능장	전기이론 - 전자유도 및 인덕턴스

커패시턴스의 의미

커패스터와 커패시턴스

매일 식사하시죠? 한국 사람은 밥을 먹지 않으면 어떤 것을 먹어도 왠지 속이 조금 부족한 느낌이 있습니다. 재밌는 질문을 해볼게요. 밥을 먹을 때 밥그릇에 밥을 많이 담으려면 어떻게 해야 할까요? 직관적으로 답하실 수 있을 거예요. 일단 밥그릇이 크면 되죠. 작은 밥그릇이 아니라 큰 그릇을 사용하면 더 많은 밥을 담을 수 있습니다. 그리고 또 한 가지 방법이 있습니다. 그것은 바로 밥을 꾹꾹 눌러서 담는 것이지요. 강한 압력으로 밥알을 누르면 같은 크기의 그릇이라고 하더라도 더 많은 밥을 담을 수 있죠.

그렇다면, 이것을 공식으로 한 번 표현해 볼까요? '밥풀 = 그릇 크기 × 누르는 압력'이다. 어때요? 밥풀을 많이 담으려면 그릇이 크거나 누르는 압력을 크게 해야 한다는 뜻입니다.

| 그림 111 | 밥을 많이 담으려면 밥그릇이 크거나 꾹꾹 눌러서 담는다.

전기에너지도 밥을 그릇에 담는 것처럼 저장해야 할 때가 있어요. 보통 큰 전기를 저장할 때는 화학적인 반응을 이용한 배터리를 사용하지만 작은 전기를 잠시 저장할 때는 커패시터(Capacitor)를 이용하죠. 커패시터는 다른 말로 콘덴서, 축전기라고도 부릅니다. 밥그릇에 밥풀을 저장한 것처럼 커패시터는 전기적 성질을 띠고 있는 전하를 저장할 수 있어요. |그림 112|는 다양한 모양의 커패시터를 보여주고 있습니다. 커패시터는 재료와 원리에 따라 전해, 탄탈, 세라믹, 마이카, 마일러 커패시터 등이 있습니다.

| 그림 112 | 다양한 종류의 커패시터

커패시터는 어떤 원리로 전기를 저장할 수 있는지 살펴보겠습니다. 기본적인 모양은 보통 2개의 도체 극판 사이를 적절하게 띄어줍니다. 그 자체만으로도 전기가 통하지 않지만, 여기에 전기가 더 통하지 않도록 절연체를 넣어주기도 하지요. 그리고 도체 양쪽에 (+)와 (-)의 전기를 가하면 이제 전하는 커패시터로 조금씩 모여듭니다. 그러나 두 극판은 전기가 통하지 않기 때문에 서로 이동은 하지 못하고 머물러서 움직임이 멈춰있는 상태가 되죠. 바로 이런 모양이 전기가 저장된 것이 되고, 이를 우리는 '에너지가 저장되었다'라고 합니다. 이렇게 에너지를 저장하는 원리를 이용해서 잠깐 전하를 충전할 수 있습니다. 그리고, 급격한 전압이 어떤 회로에 가해졌을 때 회로의 에너지를 잠시 한쪽에 보관하여 전압이 올라가서 회로가 손상되는 것을 막아주기도 합니다.

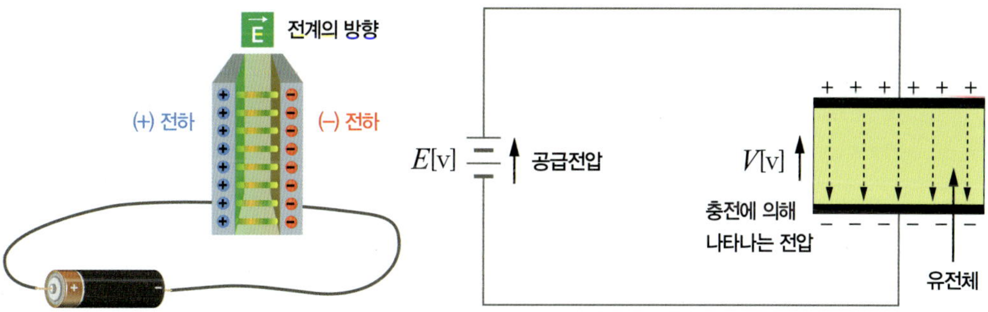

| 그림 113 | 커패시터는 극판에 전기장을 가하여 전하를 축적한다.

| 그림 113 | 에서는 두 극판을 놓고 여기에 전지를 연결한 모습을 보여줍니다. 이렇게 전지를 연결하면 도선을 따라서 두 극판에는 플러스(+)와 마이너스(-)의 전원이 걸리게 되어 전기장이 플러스극에서 마이너스극으로 형성이 되죠. 이렇게 전계가 형성이 되면 두 극판 사이에는 +전하와 －전하가 몰리게 되며 전하가 축

적되는 것입니다. 오른쪽 회로도에서는 전원과 극판이 연결되어 있는 모양을 나타내고 있습니다. 공급된 전압의 극성에 따라 커패시터에 나타나는 전계의 방향을 보여주고 있습니다.

이렇게 도체가 전하(전기량)를 저장할 수 있는 장치를 커패시터(Capacitor) 또는 콘덴서(Condenser)라고 하며, 그 저장 능력을 커패시턴스(Capacitance)라고 합니다. 기호는 C로 나타냅니다. 커패시턴스의 단위는 [F]로 표시하며 패럿(Farad)이라고 읽죠. 보통 1F(패럿)은 너무 큰 정전 용량의 단위여서 μF(마이크로 패럿)을 많이 사용합니다. 1F은 1,000,000μF과 같습니다. 커패시터는 에너지를 저장하는 전자 소자로서 극성이 있는 것과 없는 것으로 구분합니다. 극성이 있는 것을 사용할 때는 반드시 +, − 극성을 맞추어서 연결하여야 합니다. 예를 들어 전해 커패시터는 극성을 구분하게 되어있습니다. 극성이 없는 것은 무극성, 극성이 있는 것을 유극성이라고 하며, 기호와 표기는 |그림 114|와 같습니다. 또한, 용량을 바꿀 수 있는 가변 용량 형태의 커패시터도 있습니다.

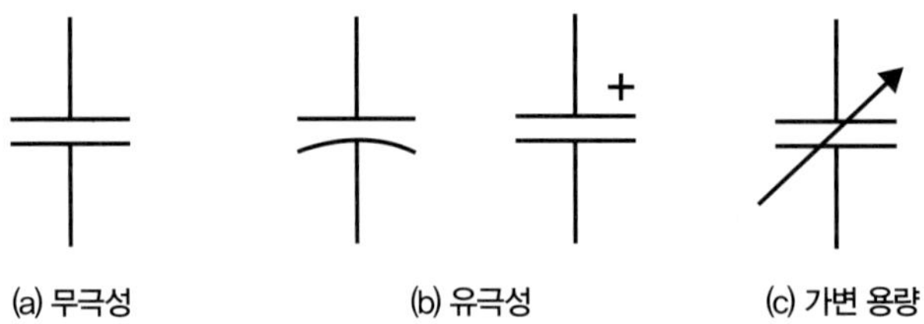

|그림 114| 커패시터의 그림 기호

커패시턴스를 크게 하는 방법

커패시터 내부에서 어떤 일이 일어나는지 조금 더 자세하게 살펴볼까요? |그림 115|에서 왼쪽은 두 극판 사이에 아무것도 넣지 않은 상태에서 전계를 가했을 때의 모습을 보여줍니다. 두 극판 사이는 공기로 채워져 있고 공기는 절연체이므로 전류는 흐르지 않고 있습니다. 이때 오른쪽과 같이 전기는 흐르지 않고 전자와 양성자가 분리만 되는 분극 현상이 발생하는 물질인 유전체를 놓으면 진공상태보다 +와 −가 끌어당기는 힘이 생기기 때문에 진공상태보다 전기장은 더 약해지게 됩니다. 물질에 따라서 전기장을 얼마나 더 약하게 하느냐의 크기를 유전율이라고 하며 이 유전율이 클수록 더 많은 전하를 저장할 수 있게 됩니다.

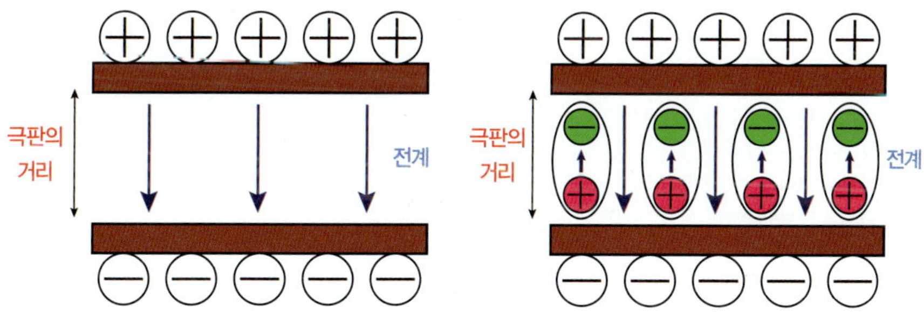

| 그림 116 | 극판 사이에 유전체가 분극 현상을 일으키면서 전하가 축적된다.

질문 있어요

전기는 흐르지 않고 전자와 양성자가 분리만 되는 분극 현상이 발생하는 물질인 유전체를 놓으면 진공상태보다 +와 -가 끌어당기는 힘이 생기기 때문에 진공상태보다 전기장은 더 약해지는 이유가 무엇인지 좀더 자세하게 설명 부탁드려요.

헬스장에 가서 팔 운동을 하기 위해 큰 스프링을 양쪽으로 늘린다고 생각해볼게요. 우리 팔이 강한 힘을 줄수록 스프링은 더 늘어나고, 스프링이 늘어날수록 우리 팔의 힘은 줄어들지만 스프링은 늘어난 만큼 더 큰 에너지를 저장한 꼴이 되지요.

스프링을 유전체라고 생각한다면 유전체에 가한 우리 팔의 힘은 전기장이 됩니다. 유전체에 전기장을 가하면 스프링이 늘어나는 것처럼 분극현상이 생기고 유전체는 분극현상으로 에너지를 저장하지만 외부에서 가해지는 전기장의 세기는 팔 힘이 빠지는 것처럼 더 약해지는 것이죠.

질문 있어요

'유전율이 클수록'이라는 의미가 '전기장이 약할수록'이라는 말과 같은 의미인가요?

그렇지 않습니다. 유전율이 크다는 것은 어떤 물질이 가지고 있는 물리적인 상태값을 설명하고 전기장은 외부에서 가해주는 전기적인 에너지의 크기입니다.

커패시터의 용량은 극판의 거리, 극판의 면적, 극판 사이에 들어가는 유전체의 종류에 따라서 다르게 됩니다. 극판의 거리는 좁을수록 전계의 세기가 더 크게 작용하므로 더 많은 전하가 저장될 수 있습니다. 극판의 면적은 클수록 더 많은 전하가 저장될 수 있으며, 유전율은 클수록 더 많이 전하가 저장됩니다.

공학적 접근

정전 용량

커패시터의 정전 용량은 유전율과 극판의 면적에는 비례하지만, 극판의 간격에는 반비례한다. 극판의 면적과 간격은 늘리고 줄이는 데 한계가 있으므로 커패시터의 정전용량을 크게 하기 위해서는 유전율이 적절한 물질을 극판 사이에 넣는 것이 중요하다.

$$C = \epsilon \frac{S}{d} [\mathrm{F}]$$

여기서, C : 정전용량, ε : 유전율, S : 극판의 면적, d : 극판의 간격

커패시턴스를 결정하는 중요한 변수인 유전체의 비유전율은 진공상태보다 얼마나 더 큰 정전 용량을 가졌는지를 나타냅니다. |그림 116|에서 왼쪽은 극판 사이에 아무것도 넣지 않은 공기 중을 보여주고, 오른쪽은 극판 사이에 비유전율이 약 7인 유리를 넣은 모습을 보여줍니다.

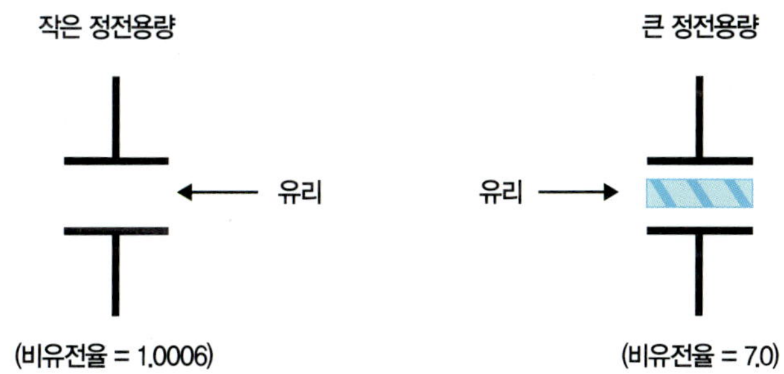

| 그림 116 | 비유전율이 큰 물질일수록 정전용량이 커진다.

비유전율이 공기보다 약 7이 크므로 같은 극판의 면적과 간격이라면 정전용량은 약 7배가 되는 것입니다. 아래 |표 18|은 물질에 따른 비유전율을 보여주고

있습니다. 비유전율이 클수록 더 큰 정전 용량을 만들 수 있습니다.

물질	비유전율	물질	비유전율
진공	1.000	유리	3.5~10
공기	1.0006	실리콘	12
종이	1.2~1.6	게르마늄	16
폴리에틸렌	2.3	물(증류수)	80
변압기 기름	2.2~2.4	산화티탄	100
고무	2.0~3.5	로셀염	100~1000
운모	6.7	티탄산바륨 자기	1000~3000

| 표 18 | 물질과 비유전율

용량성 리액턴스

커패시터도 전기를 자기로 만드는 유도 작용을 하는 인덕터와 마찬가지로 전기를 흘렸을 때 전기를 저장하는 저장 능력만 있는 것은 아닙니다. 직류를 커패시터에 공급하면 한쪽으로만 전계가 형성되므로 전하를 저장하는 역할을 잘 수행하였습니다. 그리고 공급된 전압만큼 전계가 형성되면 더는 전류가 흐르지 않는 상태가 됩니다. 전기적으로는 저항이 아주 큰 상태가 유지되는 것이지요. 그런데 여기에 교류를 흘리면 극성이 1초에 수십 번씩 바뀌므로 전계가 한쪽으로 지속하지 않아서 전하를 축적하기가 어려워집니다. 오히려 주파수가 클수록 전하의 축적이 거의 이루어지지 않기 때문에 전기는 그대로 전선에 흐르는 것과 마찬가지의 상태가 되죠. 이렇게 커패시터에도 교류에서 전기의 흐름을 방해하는 성분이 생기게 됩니다.

질문 있어요

공급된 전압만큼 전계가 형성되면 더는 전류가 흐르지 않는 상태가 되는 이유를 상세히 설명해줄 수 있을까요?

바람은 기압이 높은 곳에서 낮은 곳으로 부는 것처럼 물은 높은 곳에서 낮은 곳으로 흐릅니다. 만일 기압이 같거나 물의 높이가 같다면 바람이 불거나 물은 흐르지 않겠죠. | 그림 117 |처럼 물컵 A와 B는 서로 수위가 다르므로 물컵 A에서 B로 물이 흐르는 것이며 둘의 수위가 같아지면 물은 더 이상 움직이지 않을 것입니다.

커패시터에 전기를 저장하는 것도 이와 비슷합니다. 전원은 전기를 공급하는 쪽이고 커패시터는 일종의 전기를 받아 저장하는 역할이죠. 처음에는 전원쪽이 전계가 높으므로 커패시터 쪽으로 전류가 흐르지만 커패시터에 전기가 충분히 저장된다면 전계가 같으므로 더 이상 전류는 흐르지 않게 됩니다. 일종의 휴대폰 충전기를 생각해 볼 수 있어요. 배터리가 부족할 때는 여러분의 휴대폰이 전기를 계속 가져다 쓰지만 충전이 충분히 되어서 전계가 충전기와 같아지면 더 이상 전류가 흐르지 않게 되는 것이죠. 저 위의 물컵처럼 말이에요.

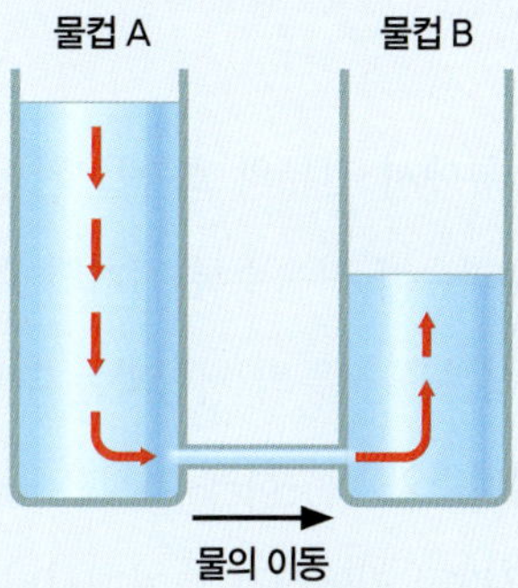

| 그림 117 | 물은 수위가 높은 곳에서 낮은 곳으로 흐르며 수위가 같아지면 더 이상 흐르지 않는다.

질문 있어요

교류에서 전기의 흐름을 방해하는 성분을 기전력이라고 표현해도 될까요?

이러한 역할을 하는 기전력을 반대로 작용하는 기전력이라는 뜻에서 '역기전력'이라고 합니다.

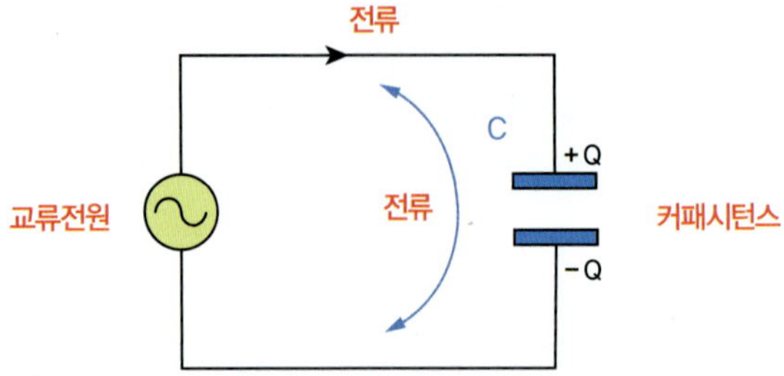

| 그림 118 | 커패시터에 교류를 인가하면 전류의 방향이 바뀌므로 전기의 흐름을 방해한다.

커패시터는 직류에서 전류의 흐름을 완전하게 방해하는 역할을 하고 있으므로, 교류에서는 주파수가 작을수록 전기의 흐름을 방해하는 성분이 크게 나타납니다. 이런 방해 성분을 직류의 저항과는 다르게 표현하기 위해서 'X_C'라고 표기하고 유도성 리액턴스와 비슷하게 이것은 용량성 리액턴스(Capacitive reactance)라고 부릅니다. 용량성 리액턴스는 커패시터에 교류를 공급했을 때 나타나는 특징이며 주파수가 클수록 용량성 리액턴스는 작아집니다.

질문 있어요

유도성 리액턴스와 달리 용량성 리액턴스는 주파수의 크기에 따라서 저항 성분의 크기가 작아지는 이유가 무엇인가요?

커패시터는 직류를 가하면 계속 전하가 축적되죠. 처음에는 전류가 잘 흐르겠지만 전하의 축적이 완료되면 더 이상 전류는 흐르지 않으니 이를 전기적인 관점에서 보면 저항이 무한대(∞)인 것이나 다름이 없습니다. 용량성 리액턴스는 주파수가 0일 때 저항성분의 크기가 최대가 되는 것이죠.

반면에, 교류에서는 주기적으로 극성이 바뀌므로 전하를 축적할 시간적 여유가 없기 때문에 주파수가 커질수록 전기가 더 잘 흘러가는 것처럼 보입니다. 마치 주파수가 커질수록 저항은 제로(0)와 같아 보이죠.

그래서 유도성 리액턴스는 주파수에 비례하고, 용량성 리액턴스는 주파수에 반비례한다고 말합니다.

공학적 접근

용량성 리액턴스

용량성 리액턴스는 주파수와 커패시턴스에 반비례합니다. 주파수가 클수록 커패시터는 단락과 같은 회로가 되어 전류가 흐르는 것을 수월하게 해줍니다. 반대로 주파수가 작을수록 전류는 직류와 유사해져 전기의 흐름을 방해하는 힘이 세지죠. 그래서 커패시턴스와 주파수가 작을수록 전기를 방해하는 힘은 더 커지게 됩니다.

$$X_c = \frac{1}{\omega C} = \frac{1}{2\pi f C} \ [\Omega]$$

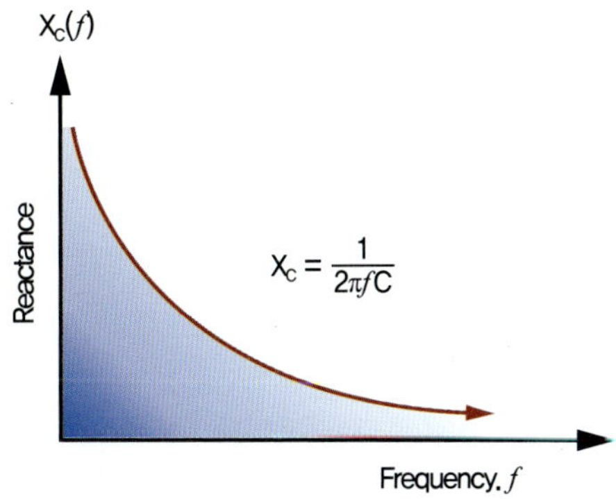

| 그림 119 | 용량성 리액턴스는 주파수의 크기에 반비례한다.

04

임피던스

자 격 증 시험범위	
전기기능사	전기이론 – 교류회로 – RLC 직 · 병렬접속
전기기사	회로이론 – 직류회로
전기기능장	전기이론 – 직류회로 – 직류회로 등

임피던스의 의미

임피던스의 이해

전기회로에서 전기적 특성은 크게 세 가지로 저항, 리액터, 커패시터입니다. 전기의 흐름을 방해하는 저항, 전기를 자기로 변화하는 리액터, 전기를 저장하는 커패시터는 직류를 공급할 때는 제각각 맡은 고유의 역할을 잘 수행하죠. 그런데 교류를 공급할 때는 작은 문제가 발생합니다. 저항이야 원래 전기를 방해하는 성분이었지만, 리액터도 주파수가 변화하면서 전기를 방해하는 힘이 발생하거든요. 자동차가 멈춰 있을 때는 공기의 저항이 별로 문제가 되지 않지만, 빠르게 달릴수록 공기의 저항이 강해져서 자동차의 운동을 방해하는 것과 비슷하죠. 그리고 커패시터로 전기를 방해하는 성분까지 계산하면 교류에서는 리액터와 커패시터로 발생하는 전기의 방해 성분을 리액턴스라고 합니다. 그리고 저항까지 고려한 것을 임피던스(Impedance)라고 합니다.

저항은 문자 'R'을 사용하며 직류와 교류에 공통으로 존재하며 그 크기는 Ω으로 측정합니다. 저항이 있으면 전류를 방해하기 때문에 저항이 클수록 저항에서의 전압강하도 크게 나타납니다. 리액턴스는 문자 'X'를 사용하며 교류에서 나타나는 커패시터와 인덕터의 반응을 설명합니다. 리액턴스도 전기의 흐름을 방해하므로 수학적으로 그 크기는 저항과 같이 Ω으로 표기합니다. 그리고 저항과 리액턴스를 모두 포함하여 전기 흐름에 대한 모든 형태의 방해 성분을 임피던스라고 합니다. 임피던스는 대부분 회로와 구성요소에 존재합니다. 임피던스는 문자 'Z'로 표기하며 그 크기는 Ω으로 표기합니다. 임피던스가 크다는 것은 교류 회로에서 전기의 흐름을 방해하는 성분이 크다는 것을 말하죠.

	직류	교류
전류	$I=\frac{V}{R}$	$I=\frac{V}{Z}$
저항	$R=\frac{V}{I}$	$Z=\frac{V}{I}$
전압	$V=IR$	$V=IZ$

| 표 19 | 직류와 교류에서 옴의 법칙

위 |표 19|를 보면 직류에서는 전기를 방해하는 성분이 저항 R만 존재하지만, 교류에서는 방해 성분을 모두 Z로 나타내므로 식을 다르게 나타낼 수 있습니다. 이 내용은 조금 어려울 수 있으니 편안하게 그림 위주로 봐주세요.

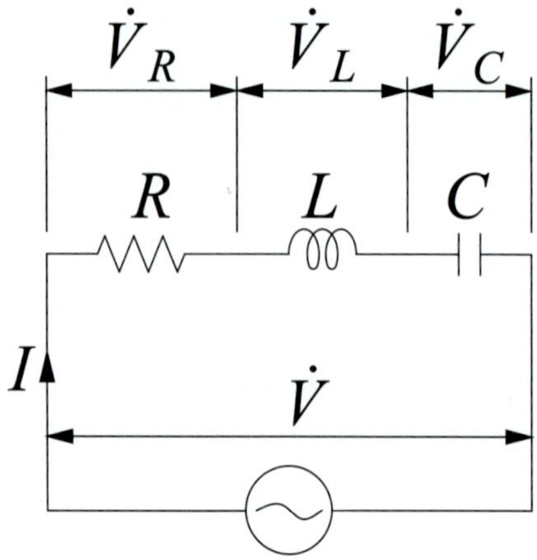

| 그림 120 | R-L-C 직렬 회로

|그림 120|은 RLC(저항, 리액터, 커패시터) 직렬 회로를 나타냅니다. 교류 전압을 공급했을 때 각각 소자에 걸리는 전압도 보여주고 있죠. R에 걸리는 전압을 V_R, L에 걸리는 전압을 V_L, C에 걸리는 전압을 V_C라고 하면 이 전압을 모두 더하면 공급한 전압 V와 같게 됩니다.

공학적 접근

합성 임피던스

저항, 인덕터, 커패시터가 직렬로 연결된 회로를 RLC 직렬 회로라고 합니다. 이 회로에서 저항과 리액턴스의 총합을 임피던스라고 부르고 아래와 같은 식으로 계산합니다.

$$Z=\sqrt{R^2+X^2}=\sqrt{R^2+(X_L-X_C)^2}\ [\Omega]$$

RLC 직렬 회로에서 흐르는 전류

$$I=\frac{V}{Z}=\frac{V}{R^2+X^2}=\frac{V}{\sqrt{R^2+(X_L-X_C)^2}}=\frac{V}{\sqrt{R^2+(2\pi fL-\frac{1}{2\pi fC})^2}}\ [\mathrm{A}]$$

공진 현상

모든 물체는 각각 고유한 진동수를 가지고 있습니다. 눈으로 보기에는 가만히 있는 것처럼 보여도 아주 미세하게 자신만의 일정한 진동을 하는 것이죠. 책상 위에 있는 컵도 사실은 아주 미세하게 진동하고 있답니다. 우리 주변에서 쉽게 볼 수 있는 공진 현상은 그네의 운동입니다. 앞뒤로 흔들리는 그네는 일정한 진동수로 왕복하며 운동하고 있죠. 이때 그네를 더 높이 보내기 위해서는 그네의 진동수에 맞게 외부에서 힘을 밀어야 합니다. 즉, 그네가 가진 진동수와 외부의 진동을 일치시켜야 하죠. 이렇게 하면 그네가 움직이는 진폭이 훨씬 커지게 됩니다. 이런 원리는 라디오를 듣는 것과도 비슷합니다. 우리 주변의 공기 중에는 정말 많은 라디오나 텔레비전 주파수가 돌아다니고 있습니다. 우리가 가진 라디오의 수신장치로 특정한 주파수를 맞추면 일종의 공진 현상이 생겨서 그 음악을 들을 수 있죠.

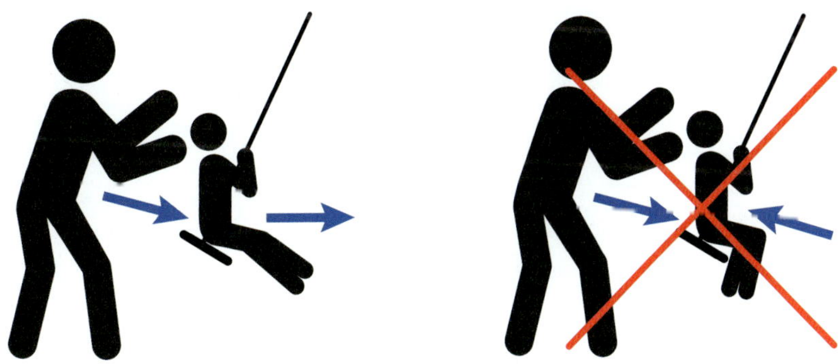

| 그림 121 | 그네의 움직임과 밀어주는 힘이 같을 때 그네는 더 높게 움직인다.

이런 것과 전기는 어떤 관계가 있을까요? 앞서 살펴본 RLC가 직렬로 연결된 직렬 회로에서 임피던스를 구하는 식을 조금 더 자세히 살펴보겠습니다. 임피던스는 저항과 리액턴스의 벡터적인 합에 의하여 계산할 수 있습니다. 벡터적인 합은 우리가 잘 아는 피타고라스 정리를 이용하는 것이죠. 임피던스를 제곱한 것이 리액턴스와 저항을 각각 제곱해서 더한 것과 같습니다. 이것을 임피던스 삼각형이라고 합니다.

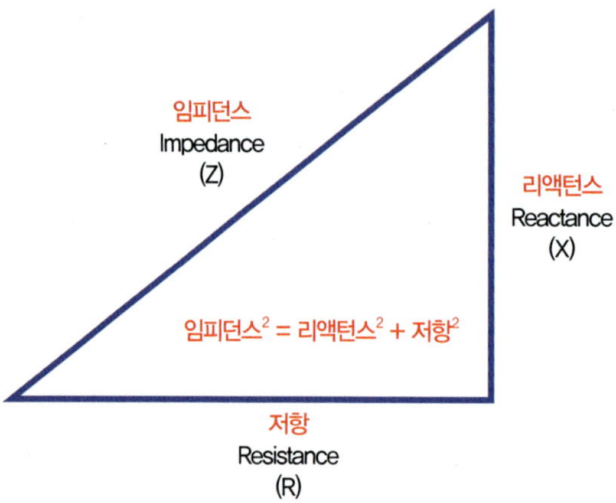

| 그림 122 | 임피던스 삼각형은 저항과 리액턴스의 관계를 설명한다.

여기서 임피던스의 식 $Z=\sqrt{R^2+X^2}=\sqrt{R^2+(X_L-X_C)^2}$ [Ω]가 나오게 되는 것이죠. 그런데 이 식을 자세히 보면 리액턴스가 유도성 리액턴스 X_L, 용량성 리액턴스 X_C의 차로 계산된다는 것을 볼 수 있습니다. 그렇다면 이 두 리액턴스가 같아지면 계산식의 결과는 어떻게 바뀔 수 있을까요? 리액턴스 성분은 0이 되고 임피던스는 결국 저항만 남게 되는 일이 발생하죠. 이렇게 RLC 직렬 회로에서 유도성 리액턴스와 용량성 리액턴스가 같아지는 것을 '직렬 공진'이라고 합니다. 직렬

공진에서는 전기를 방해하는 3개의 요소인 저항, 유도성 리액턴스, 용량성 리액턴스에서 리액턴스가 제외되어 전기를 방해하는 요소는 저항 1개만 남게 됩니다. 이렇게 되면 전기를 방해하는 성분이 가장 작아서 전류는 크게 흐르게 됩니다. 이것을 간단히 말하면 직렬 공진에서는 임피던스는 최소가 되고 전류는 최대가 된다고 표현합니다.

질문 있어요

리액턴스가 유도성 리액턴스와 용량성 리액턴스의 차로 계산된다는 사실을 상기해 볼까요?

전기적 공진 현상은 인덕터와 커패시터의 특징으로 결정됩니다. 둘은 주파수에 대해 완전히 반대되는 특징을 가지고 있죠. 인덕터는 주파수가 낮을수록 전류를 잘 통과하고, 커패시터는 주파수가 높을수록 전류를 잘 통과시키게 됩니다. 이렇게 다른 특성이 있는 두 소자가 서로 직렬로 연결되면 어떤 일이 생길까요?

특정 주파수일 때 유도 리액턴스와 용량 리액턴스는 서로 반대의 작용을 하므로 RLC 직렬 회로에서는 둘의 차이로 리액턴스의 값이 결정됩니다. 둘의 차에 제곱을 하니 둘 중 누가 더 커서 그 결과가 음수가 되든, 양수가 되든 절댓값만 남게 되지요.

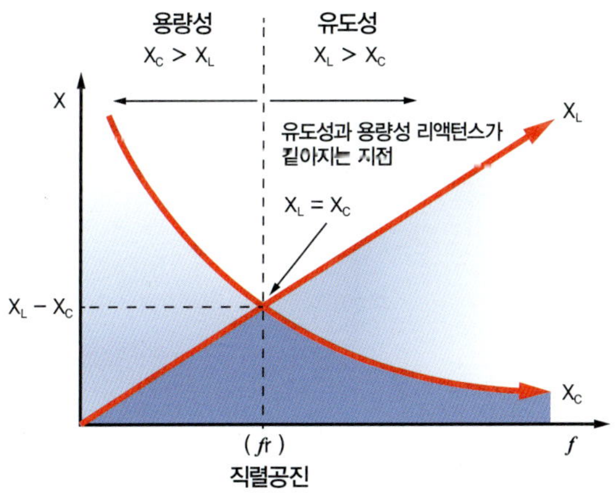

| 그림 123 | 용량성 리액턴스와 유도성 리액턴스가 같아지는 지점이 공진 주파수이다.

|그림 123|은 주파수에 따른 유도성 리액턴스와 용량성 리액턴스를 그래프로 나타냅니다. 유도성 리액턴스는 주파수에 비례하므로 주파수인 가로축이 커질수록 유도성 리액턴스도 증가합니다. 그렇지만, 용량성 리액턴스는 주파수에 반비례하므로 오히려 크기가 작아지는 모양이 됩니다. 이런 그래프에서 두 직선이 만나는 지점이 있는데 바로 그 지점에서 직렬 공진이 일어납니다. 직렬 공진이 생기는 주파수를 공진 주파수라고 합니다.

질문 있어요

공진 현상과 전기의 연관 관계를 이해하는 것이 어렵죠?

복잡한 신체기관으로 만들어진 우리의 몸도 쪼개고 깊이 들어가면 하나하나의 세포로 이루어져 있듯이, 전기도 현상을 이해하기 위해서 깊은 관찰의 과정을 거치면 결국 전기장과 자기장의 관계가 남게 됩니다.

전기가 만드는 자기장, 자기가 만드는 전기장의 관계가 전기를 이해하는 시작점이죠. 전기는 전선을 통해서 이동하므로 전화로 치면 유선전화이고, 자기는 전선이 없더라도 그 힘이 공중으로 전달되므로 전화로는 무선전화에 해당한다고 할 수 있습니다. 그래서 전파와 같은 통신을 이해하려면 자기장의 특성을 알아야 하고, 이런 특성이 우리가 라디오에서 음악을 들을 수 있는 원리를 설명합니다. 에너지를 보내는 쪽의 고유진동수와 받는 쪽의 고유진동수가 일치하는 현상인 공진 현상이 일어날 때 비로소 라디오는 특정 주파수의 라디오파를 증폭하여 수신할 수 있는 것이죠. 텔레비전의 수신, 통신장치가 모두 이런 공진과 관련이 있고, 넓게 나아가서는 무선충전의 원리에도 적용할 수 있습니다.

공학적 접근

직렬 공진

용량성 리액턴스와 유도성 리액턴스가 동일한 리액턴스 X=0인 점이 존재합니다. 그러므로 직렬공진일 경우 다음 관계식이 성립합니다.

$$X = X_L - X_C = \omega L - \frac{1}{\omega C} = 2\pi f L - \frac{1}{2\pi f C} = 0$$

공진 주파수는 다음과 같은 식으로 구할 수 있다.

$$f_0 = \frac{1}{2\pi\sqrt{LC}}\ [\mathrm{Hz}]$$

05

쇼트와 단락

자 격 증 시험범위	
전기기능사	전기이론 – 교류회로 – RLC 직·병렬접속
전기기사	회로이론 – 직류회로
전기기능장	전기이론 – 직류회로 – 직류회로 등

단락이란

단락이란 무엇인가?

단락은 전기사고의 일반적인 유형 중의 하나이지만 가장 위험한 사고로 분류됩니다. 전기회로는 스위치가 개방되어 있을 때 공기의 절연으로 전류가 흐르지 않습니다. 그러나 전기가 흐르고 있을 때 정상적인 회로보다 짧은 구간에서 전선의 절연이 손상되는 이유 등으로 회로가 짧게 연결되는 것을 단락(Short, 短絡)이라고 합니다. 원래 구간은 길었으나 단락으로 전기회로가 짧아졌기 때문에 이를 영어로는 쇼트(Short)라고 부릅니다. 단락 사고가 발생하면 원래 회로보다 경로가 짧아지므로 전기를 방해하는 저항이나 임피던스 성분이 급격하게 감소하게 됩니다. |그림 124|

에서도 원래 전류가 전구를 지나지 않고 그 전에 단축된 길로 이어지므로 급격한 전류가 흐르게 되며, 이 전류를 단락 전류(Short-circuit current)라고 부릅니다.

단락 전류
단락회로에 흐르는 전류를 말하는 것으로 정격전류보다 매우 큰 전류가 흐른다. 전원이나 회로가 손상될 우려가 있으며 이를 방지하기 위하여 퓨즈나 차단기로 보호할 수 있다.

| 그림 124 | 원래의 회로보다 짧게 연결된 것을 단락(Short)이라고 한다.

단락 사고가 발생할 때 흐르는 단락 전류는 전원과 전선으로만 구성된 회로의 저항에 반비례하여 흐릅니다. 전류는 저항이 크면 적게 흐르고, 저항이 작으면 많이 흐르기 때문입니다. 저항이 사실상 0에 수렴한다면 단락 전류는 급격하게 큰 전류가 되므로 주로 회로를 구성하는 선로인 구리 전선이 과열되어 화재가 발생할 수 있습니다. 화재가 발생하지 않더라도 단락 전류가 흐른 선신은 이미 손상을 받을 확률이 높으므로 전선의 상태를 점검하여 이상이 있는 경우 전선을 서둘러 교체하거나 이상 부위를 강화한 후 전원을 다시 투입하여야 합니다. 그만큼 단락 사고는 위험하므로 평소에 단락 사고를 방지하는 것이 중요합니다.

단락 사고를 방지하기 위해서는 정기적인 검사를 통해서 전기기기나 기구의 상태를 점검하고 전선이나 케이블의 손상이나 노화를 살펴봅니다. 그리고 전기회로에서 평소와는 다르게 이상한 냄새, 불꽃, 소리가 들린다면 해당 부위를 꼭 살펴볼 필요가 있습니다. 이렇게 점검을 통하여 평소 이상 유무를 확인하는 것은 사고가 발생한 후 정상으로 복귀하는 데 드는 비용보다 훨씬 저렴하게 전기를 사용할 수 있게 합니다.

| 그림 125 | 단락 사고는 화재를 발생할 수 있다.

| 그림 126 | 손상된 전선

단락 사고를 미리 예방하는 것이 최선입니다. 하지만 그렇지 못하고 일단 발생한 사고에 대해서는 회로에 적절한 차단기나 퓨즈(Fuse) 를 설치하는 것으로 사고가 확대되는 것을 방지할 수 있습니다. 전기회로에 퓨즈나 차단기를 설치하면 정격전류 이상의 전류가 흘렀을 때 퓨즈는 녹아서 끊어지고(용단), 차단기는 트립(Trip)되므로 전기회로를 보호할 수 있습니다.

단락이 되었을 때 흐르는 고장 전류인 단락 전류의 크기는 회로 해석을 통해서 미리 알 수 있습니다. 단락 전류의 크기를 알아야 회로에 이상이 생겼을 때 회로를 정상적으로 보호할 수 있는 보호기기의 용량을 선정할 수 있으므로 아래와 같은 방법으로 단락 전류를 계산합니다.

퓨즈
과전류 보호 장치의 하나로 단락 전류 및 과부하 전류를 자동으로 차단하는 부품. 납, 납과 주석의 합금, 아연 따위로 만들며, 전류가 강하면 녹아서 전기회로를 단절시킴으로써 위험을 방지할 수 있다.

트립
차단기가 계전기 등으로 동작하여 회로가 열리는 것을 말한다.

공학적 접근

절연저항 측정시 유의사항

① 사용전압이 저압인 전로에서 정전이 어려운 경우 등 절연저항 측정이 곤란한 경우에는 누설전류를 1㎃ 이하로 유지할 것

② 신설 시의 절연저항 값은 1㏁ 이상일 것

③ 최대 누설전류 한도 : 저압 전선로 중 절연 부분의 전선과 대지 간 및 전선의 심선 상호 간의 절연 저항은 사용전압에 대한 누설전류가 최대 공급전류의 1/2000을 넘지 않도록 유지할 것

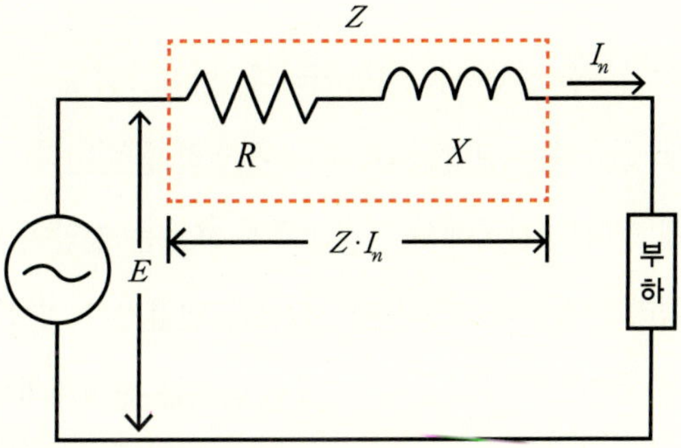

$$\%Z = \frac{Z \times I_n}{E} \times 100[\%]\,[\mathrm{AT}]$$

Z : 회로의 임피던스, I_n : 정격전류, E : 전압

변압기의 단락시험 (Short circuit test)

단락의 원리를 이용하면 변압기의 특성을 알 수 있는 시험을 할 때 유용합니다. 변압기는 전원이 들어가는 1차 측과 부하가 연결되는 2차 측 회로가 서로 전기적으로는 분리된 2개의 회로로 구성됩니다. 그렇지만 변압기의 전기적 특성을 이해하기 위해서는 서로 분리된 회로로 취급하는 것보다는 하나의 단일회로로 묶

어서 분석하면 훨씬 편리하게 이해할 수 있습니다. 이렇게 표현하는 것을 변압기의 등가회로라고 합니다.

변압기의 등가회로를 완성하기 위해서는 부하를 걸지 않아도 변압기가 항상 소비하는 전류인 무부하 전류 이외에도 철손, 동손, 임피던스 등을 알아야 합니다. 이것을 알기 위해서 하는 시험에는 무부하시험과 단락시험이 있습니다. 무부하시험은 변압기 2차 측을 말 그대로 부하를 아무것도 걸지 않은 무부하 상태에서 전원을 인가하여 시험하는 방식입니다.

단락시험은 2차 측을 단락시킨 후 진행하는 시험입니다. 변압기의 2차 측 권선을 단락시킨 다음 1차 측에 공급되는 전압을 0V부터 천천히 올립니다. 그렇게 되면 정격전압이 되기 전에도 어느 지점에서 정격전류가 흐르는 전압이 되는데 그 전압을 임피던스 전압이라고 합니다. 임피던스 전압은 변압기가 정상적으로 동작할 때 변압기 내부의 전압강하를 나타내며, 이때 가리키는 전력계의 지시값이 변압기 내부의 전력손실이 됩니다. 즉, 변압기 내부의 동손 성분과 임피던스 등을 구할 수 있으며 이러한 시험을 이해하기 위해서도 단락이라는 단어가 가지는 의미를 알 필요가 있습니다.

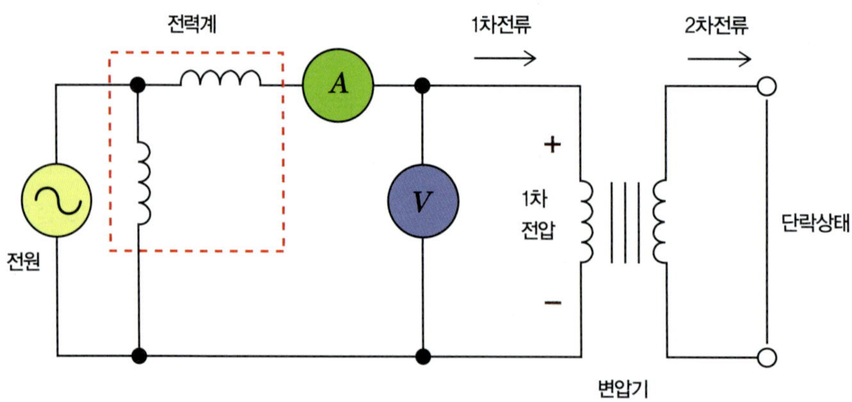

| 그림 127 | 변압기의 단락시험 회로도

06

과부하는 부하가 과한 것?

자격증 시험범위	
전기기능사	전기설비 - 배선재료
전기기사	한국전기설비규정 - 저압전기설비
전기기능장	전기설비설계 기초 및 시공 - 전기설비시공

부하(Load, 負荷)란?

경제활동에서는 무엇인가를 만들어내는 사람을 생산자라고 합니다. 농산물은 농사를 짓고 수확하는 농부가 생산자, 휴대전화와 같은 전자제품은 제조하는 회사가 생산자가 되지요. 그렇게 본다면 전기는 발전소나 발전사업을 하는 사람을 생산자라고 부릅니다.

소비자는 어떤 사람일까요? 농산물을 사거나 먹는 사람, 휴대전화를 구매하여 사용하는 사람이 소비자인 것처럼 전기에서는 전기를 사용하는 사람이 소비자입니다. 그리고 여기서 조금 더 깊게 들어가서 전기를 소비하는 기기를 부하(Load, 負荷)라고 부릅니다. 넓은 의미에서는 자동차에 타는 사람, 선박에 적재하는 화물도 모두 부하라고 부를 수 있습니다. 하지만 우리가 논의할 때는 범위를 한정하여 부하는 전기회로에서 전력을 소비하는 부분 즉, 전기기계, 전기장치 등을 총칭하는 의미로 사용합니다.

우리 가정에서 쉽게 보는 전력을 소비하는 장치인 전등, 에어컨, 선풍기, 냉장고도 모두 부하라고 부릅니다. 그래서 전기를 소비하는 부분인 부하의 반대말은 전기를 공급하는 원천인 전원이라고 부릅니다. 전원과 부하를 연결하는 길이 일종의 회로가 되는 것이지요.

부하라고 다 같은 부하는 아닙니다. 부하는 사용하는 유형에 따라 저항 부하, 용량성 부하, 유도성 부하로 나눌 수 있습니다. 저항 부하는 부하의 특징이 저항과 같이 전기에너지를 주로 열에너지로 소비하는 형태의 부하를 말합니다. 공급된 전기는 부하에서 주로 열로 소비하는데 보통 전기다리미, 전기히터, 전구, 전기장판과 같은 부하가 여기에 속합니다. 이런 부하는 공급한 전압과 전류의 위상은 변하지 않습니다. 그리고 유도성 부하가 있습니다. 유도성 부하는 주로 유도작용으로 동작하는 부하로서 유도전동기, 형광등, 변압기, 모터 등이 있습니다. 유도부하의 특징은 전압과 전류의 위상차가 생겨서 전류가 전압보다 위상이 늦게 된다는 것입니다. 그리고 용량성 부하가 있습니다. 용량성 부하는 부하에 흐르는 전류가 전압보다 위상이 앞선 것으로 주로 커패시터의 부하에서 이런 특징이 나타납니다. 전류와 전압의 위상 차이에 따른 차이점에 대한 자세한 설명이 필요해 보입니다.

과부하와 과부하의 문제점

과부하란?

지나치게 신경을 많이 쓰거나 복잡한 일이 생겼을 때 머리가 아프죠. 이럴 때는 '머리에 과부하가 걸렸다'라는 표현을 쓰기도 합니다. 이런 표현은 할 수 있는 능력보다 더 처리해야 할 일이나 짊어져야 할 일이 많을 때 종종 사용하죠. 이런 개념이 전기에서도 사용됩니다. 전기기기, 전기장치들이 다룰 수 있는 정상치를 넘는 부하를 과부하(Over load, 過負荷)라고 합니다. 어느 전기회로가 전력을 100W만큼 보낼 수 있는데, 더 많은 전력이 흐르게 된다면 그것을 전기회로에서는 과부하가 걸렸다고 표현합니다. 또, 예를 들어 전동기와 같은 기기에서도 들어 올릴 수 있는 무게가 10kg인데 더 많은 무게가 걸려 있다면 정상치를 넘은 상태로, 과부하라고 표현하죠.

가정에서도 과부하를 조심해야 합니다. 멀티탭과 같은 장치에 허용할 수 있는 한도보다 더 많은 전류가 흐른다면 그 상태가 과부하 상태가 됩니다. 사람도 처리할 수 있는 한계보다 더 많은 일을 하면 몸에 무리가 생기는 것처럼 전기회로도 처리할 수 있는 정상한계보다 더 많은 일을 하면 전기회로나 전기기기가 과열되거나 이상이 생기게 됩니다. 그래서 대부분의 기기나 장치는 정격 부하 용량을 초과하여도 이상 없이 운전할 수 있는 약간의 과부하 허용 용량을 가지고 있습니다. 그리고 더 큰 이상에 대해서는 전기를 차단하여 회로나 기기를 보호하는 장치로써 퓨즈, 차단기, 과부하 계전기 등의 장치를 부착하기도 합니다.

보통의 전기회로에서는 과부하가 발생하면 필요 이상의 전류가 흐르면서 가장 먼저 전선에 이상이 생기게 됩니다. 전선은 안전하게 흘릴 수 있는 최대전류를 '허용전류'라고 부릅니다. 전선은 평소에도 전류가 흐르면 전선의 저항 성분 때문에 열이 발생하는데, 이 허용전류가 넘게 되면 발열 때문에 전선이 녹거나 화재가 발생할 수도 있게 됩니다. 그래서 전선에서는 과전류가 장시간 흐르게 하는 것을 막을 필요가 있죠.

아래 표는 전선의 굵기와 공사 방법에 따른 전선의 허용전류를 보여줍니다. 예를 들어 공사 방법 중 A1은 단열벽 속의 전선관에 설치한 절연전선입니다. 이 경우 2.5㎟ 전선의 허용전류는 19.5A가 됩니다.

도체의 공칭 단면적 ㎟	표 B.52.1의 설치 방법						
	A1	A2	B1	B2	C	D1	D2
	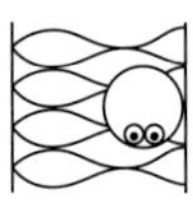					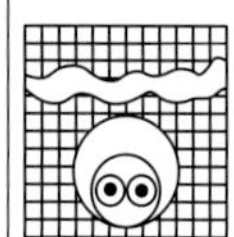	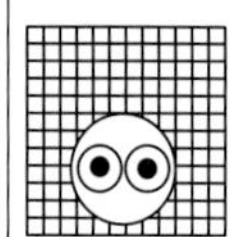
1	2	3	4	5	6	7	8
1.5	14.5	14	17.5	16.5	19.5	22	22
2.5	19.5	18.5	24	23	27	29	28
4	26	25	32	30	36	37	38
6	34	32	41	38	46	46	48
10	46	43	57	52	63	60	64
16	61	57	76	69	85	78	83
25	80	75	101	90	112	99	110
35	99	92	125	111	138	119	132
50	119	110	151	133	168	140	156
70	151	139	192	168	213	173	192
95	182	167	232	201	258	204	230
120	210	192	269	232	299	231	261
150	240	219	300	258	344	261	293
185	273	248	341	294	392	292	331

240	321	291	400	344	461	336	382
300	367	334	458	394	530	379	427

* PVC 절연, 2개 부하 도체, 구리, 도체 온도 : 70°, 주위온도 : 기중 30°, 지중 20°기준
* KS C IEC60364-5-52

| 표 20 | 표 B.52.1의 설치방법에 따른 전선의 허용전류

과전류의 가장 큰 원인 중의 하나가 바로 과부하입니다. 부하가 많이 걸리면 그에 따라 전류도 많이 흐르게 되어 전선이나 기계장치에는 부담이 더 커지게 됩니다. 그래서 과전류가 흐르게 될 때 회로의 전력을 차단하는 배선차단기를 장치하거나, 전동기와 같은 동력장치에서는 특정 동작을 수행하는 과부하 계전기를 장치하여 사고를 예방할 수 있습니다. |그림 128|과 같은 배선차단기는 아마 여러분께서 쉽게 보셨을 것입니다. 배선차단기는 가정으로 전기가 들어오는 입구에 여러 개 설치되어 있어서 전기를 끊고 연결하는 스위치 작용도 하지만, 과부하가 걸릴 때 안전하게 회로를 보호하는 역할도 합니다.

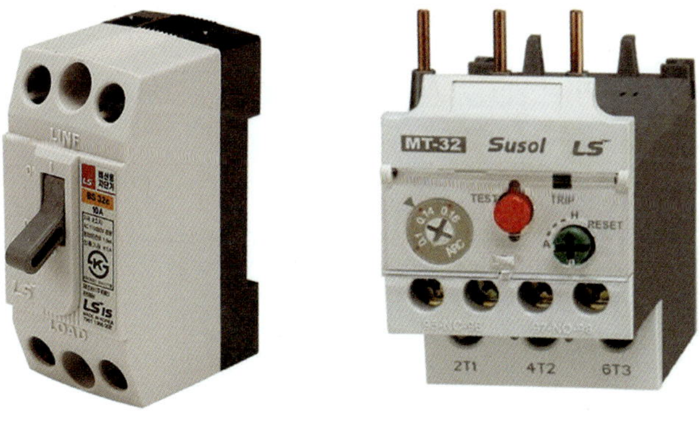

| 그림 128 | 배선차단기와 과부하 계전기로 회로를 보호할 수 있다.

과부하 보호와 누전차단기

누전차단기 동작 원리

누전차단기는 동작 원리가 배선차단기와 조금 다릅니다. 어떤 부하에 들어가는 전류와 나오는 전류는 그 크기가 같아야 하는데, 만일 두 전류의 크기가 다르다면 이것을 누전이라고 판단하고 전기를 차단하는 것이 누전차단기입니다. 물이 흘러가는 파이프를 생각해보죠. 물이 수도꼭지에서 출발해서 파이프를 타고 이동을 할 때 만일 중간에 파이프에서 구멍이 생기면 물이 구멍을 통해서 새어 나오게 됩니다. 이런 현상을 물이 새어나간다고 하여 누수(Water leak, 漏水)라고 합니다. 수도꼭지에서 보낸 물이 10L인데, 중간에 1L의 누수가 발생하였다면 도착하는 점에서의 물은 9L가 되는 것입니다. 이것을 출발점과 도착점의 물의 양으로도 비교할 수 있습니다.

누수
물이 새거나 새어 나오는 물을 말한다.

만일 출발점에서 물의 양을 측정하였는데 10L였으나, 도착점에서 9L라면 그것은 어떤 뜻일까요? 네, 바로 중간에서 1L만큼의 누수가 발생했다는 의미가 되겠지요. 이렇게 중간에 누수가 발생했다면 어서 빨리 물의 공급을 멈추고 누수의 지점을 찾아 수리하여야 손실이 더 커지는 것을 막을 수 있을 것입니다.

| 그림 129 | 파이프의 중간에서 누수가 발생하면 입력과 출력이 다르다.

전기도 이와 비슷한 사고가 있습니다. 전기회로는 순환하는 구조로 되어있으므로 어떤 부하에 입력하는 전류와 출력하는 전류의 크기는 항상 같아야 합니다. 그런데 회로의 중간에 전선이 손상되거나 이상이 생겨서 전류가 다른 곳으로 새어나가게 되는 일이 발생할 수 있습니다. 이렇게 전기회로에서 전류가 순환하지 않고 정해진 길을 가지 않는 것은 물이 새어나가는 누수와 유사한 상황이 됩니다. 그래서 이와 같은 현상을 누전(Electric leakage, 漏電)이라고 부르고, 그 전류를 누설전류(Leakage current, 漏泄電流)라고 합니다.

파이프에서 물이 새는 누수 현상의 원인은 주로 파이프의 손상이나 연결 부위의 파손으로 발생하는데, 전기회로의 누전도 이와 비슷합니다. 전류를 흐르게 하는 전선의 도체를 감싸는 절연체의 상태가 좋지 못하거나, 물이나 습기 등으로 전기의 저항이 낮아지게 되면 전류가 정해진 길을 벗어날 수가 있습니다.

이렇게 누전이 발생하면 전기가 원하는 곳으로 흐르지 않기 때문에 전기기기가 오작동하거나 전기가 잘못 흐른 곳은 화재나 고장이 발생할 수도 있습니다. 무엇보다도 위험한 것은 사람에게 누설전류가 흘렀을 때 감전으로 인해 최대 사망까지 이를 수 있다는 점입니다.

누전
전기회로에서 절연이 불완전하여 전기가 정해진 회로에서 벗어나 다른 곳으로 흐르는 현상을 말한다. 주로 전선의 절연 불량, 전선 피복의 손상, 습기 등에 의하여 발생한다.

누설전류
도체가 아닌 절연체에 흐르는 전류로서 절연 불량이나 기기의 이상으로 발생한다. 누설전류가 흐르면 전력손실뿐만 아니라 감전이나 화재 등 여러 가지 재해로 사고가 확대될 수 있다.

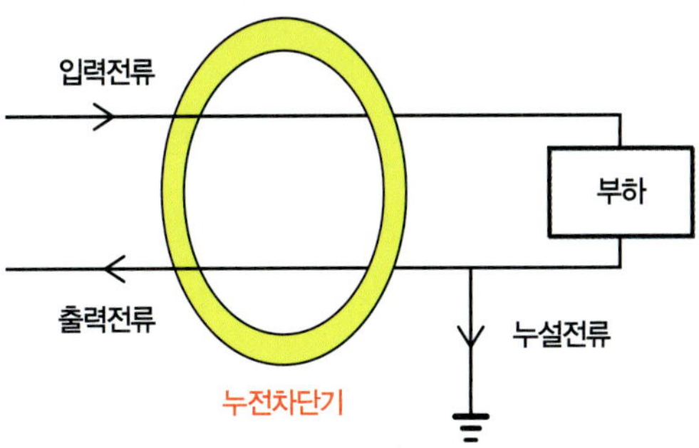

| 그림 130 | 누전차단기는 입력전류와 출력전류의 차이로 누설전류의 여부를 알아낸다.

|그림 130|에서는 누전차단기의 동작 원리를 보여줍니다. 정상적인 회로에서는 부하에 들어가는 입력전류와 부하에서 나오는 출력전류의 크기가 같아서 아무런 문제가 없습니다. 그러나 전기회로에서 어떤 문제로 인하여 누설전류가 발생하면 입력전류와 출력전류의 크기가 달라지므로 누전차단기는 이 전류의 크기 차이를 누전이라고 인식하고 회로를 차단하게 됩니다. 그렇게 되면 누설전류로 발생하는 화재나 감전사고를 미리 예방할 수 있으므로 누전차단기는 소중한 생명과 재산을 보호하게 됩니다.

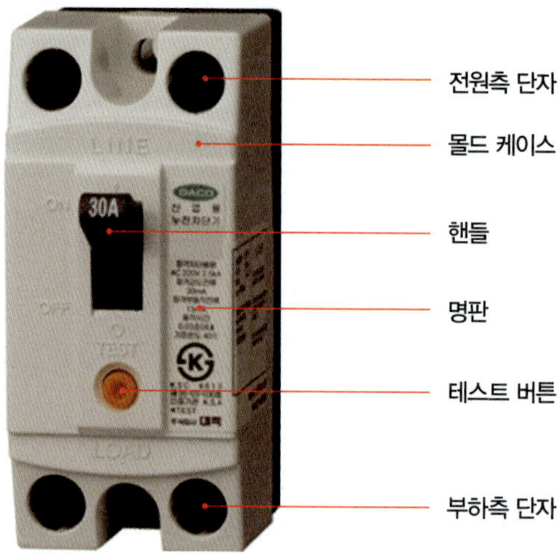

|그림 131| 누전차단기 각 부분의 명칭

누전을 예방하기 위해서는 전선의 절연수준이 항상 어느 정도 수준을 유지하는지 확인할 필요가 있으며, 만일 누전사고가 발생하더라도 안전하게 전기를 차단하여 회로를 보호할 수 있는 누전차단기를 설치하여야 합니다. 누전차단기의 설치와 관련된 규정은 한국전기설비규정 '211.2.4 누전차단기의 시설'을 참조하기 바랍니다.

누전차단기만 제대로 설치되어 있어도 전기적 이상이 발생했을 때 누전차단기가 아주 빠르게 회로를 차단하여 이상이 생기는 것을 막아줍니다. 누전차단기의 겉모습을 보면 작은 점처럼 보이는 '테스트 버튼'이 있는데 바로 이 버튼이 혹시 이상이 생겼을 때 누전차단기의 정상 동작이 가능한지를 확인하는 버튼입니다. 이 버튼을 눌렀을 때 핸들이 정상적으로 OFF가 되면 누전이 발생했을 때 누전차단기가 정상적으로 동작하는 것을 보증할 수 있습니다. 여러분 댁에 있는 누전차단기도 가끔 이 버튼을 눌러서 정상 동작하는지 확인해 보시기 바랍니다.

잠깐 만요

누전차단기의 설치 방법

① 전기기기의 금속제 외함, 금속제 외피 등 금속 부분은 누전차단기를 접속한 경우에도 접지한다.

② 누전차단기는 분기회로 또는 전기기기마다 설치하는 것을 원칙으로 한다. 다만, 정상운전시 누설전류가 적은 소용량 부하의 전로에는 분기회로에 일괄하여 설치할 수 있다.

③ 누전차단기는 배전반이나 분전반 등에 설치하는 것을 원칙으로 한다. 다만, 꽂음 접속기형 누전차단기는 콘센트에 연결하거나 부착하여 사용할 수 있다.

④ 지락보호 전용 누전차단기는 과전류를 차단할 수 있는 퓨즈 또는 차단기 등을 조합하여 설치한다.

⑤ 누전차단기의 영상변류기에 다른 배선이나 접지선이 통과되지 않도록 설치한다.

⑥ 서로 다른 중성선이 누전차단기 부하측에서 공유되지 않도록 설치한다.

⑦ 중성선은 누전차단기의 전원측에 접지시키고, 부하측에는 접지되지 않도록 한다.

⑧ 누전차단기의 부하측 단자는 연결되는 전기기기의 부하측 전로에 연결하고, 누전차단기의 전원측 단자는 전원이 공급되는 인입측 전로에 연결한다.

⑨ 단상용 누전차단기는 3상 회로에 설치하지 말아야 한다.

⑩ 누전차단기는 설치 전에 반드시 개로시키고, 설치 후에 폐로시켜 작동시킨다.

⑪ 누전차단기의 설치가 완료되면 회로와 대지 간의 절연저항을 측정한다.

07

전선

자 격 증 시험범위	
전기기능사	전기설비 - 배선재료 및 공구
전기기사	한국전기설비규정 - 저압전기설비
전기기능장	전기설비설계 및 시공 - 전기설비시공

전선의 종류

전선의 이해

집에서 물을 사용하기 위해서 수도 파이프가 필요하다면 전기에는 전류를 흘려보내기 위한 전선(Electric wire, 電線)이 필요합니다. 전선은 전기나 신호를 보내기 위해서 사용하는 도체와 선류를 통틀어 이르는 말입니다. 같은 전기라고 하더라도 전선의 크기에 따라서 전선에 걸리는 전압과 흐르는 전류는 천차만별이므로 상황에 따라서 전선도 아주 다양한 종류를 사용합니다.

전선
전류가 흐르도록 하는 도체(導體)로써 쓰는 선이다.

그럼 좋은 전선이란 무엇일까요? 먼저 우리가 옷 입을 때를 한번 생각해보죠. 옷의 가장 기본적인 기능은 외부의 기온변화로부터 몸을 보호하기 위한 것이기 때문에 따뜻한 것이 좋다고 무조건 두툼한 옷만이 제대로 기능을 다하는 옷이라고는 할 수 없죠. 기온이 몹시 춥거나 혹은 더울 때 입는 옷이 다르듯이 온도에 따라 보온성을 다르게 갖춰서 입어야 하고, 결혼식이나 장례식과 같이 옷의 색상이나 화려함도 상황에 따라서 다르게 입어야 어울리는 옷도 있습니다. 그리고 등산이나 운동과 같은 역동적인 상황에서는 기능성 의류를 입어야 더 좋은 우리 몸의 활동성을 보장할 수 있죠. 마지막으로 가격이라는 요소도 포함돼서 기능에 맞는 적절한 가격의 옷도 좋은 옷이라고 할 수 있습니다.

전선도 비슷합니다. 전선도 가장 기본적인 기능으로 전류를 잘 흘리는 목적을 가지고 세상에 나왔지만, 무조건 전기가 잘 통하는 도전율 높은 전선이 좋은 전선이라고만 할 수는 없습니다. 도전율 이외에도 전선의 강도가 얼마나 튼튼한지, 공사를 진행하기에 적합한 가공성을 갖추고 있는지, 내구성이 좋은지, 무게가 가벼운지, 전선접속이 편리한지, 화학적 변화에는 잘 견디는지, 그리고 가격의 적절성까지 고려해서 여러 가지를 비교해보고 상황과 조건에 맞는 전선을 사용해야 좋은 전선입니다. 전선의 종류가 셀 수도 없이 많으니 전선을 어디에 어떻게 사용할지 정확하게 파악하고, 상황에 맞는 조건을 최대한 만족하는 전선을 고르는 지식과 기술이 필요합니다.

구분	전선의 종류
전력선	• 송전선 : 발전소에서 생산된 전력을 변전소까지 보냄. • 배전선 : 변전소에서 소비지인 공장, 주택, 상가, 빌딩 등에 전기를 보냄. • 옥내전선 : 전기 소비지 내부에서 각종 전기기구에 전기를 보냄.
통신선	• 전화통신선 : 전화통신 기기에 전류를 보내어 통화가 되도록 함. • 정보통신선 : 인터넷이나 디지털 기기 간에 정보를 보냄.

| 표 21 | 전선의 구분

발전소에서 만들어 크기가 큰 전기를 보내는 전선을 송전선이라고 합니다. 송전선은 주로 철탑을 이용하여 큰 전기를 보내는 역할을 하죠. 송전선에서 보낸 전기는 변전소에서 받아서 조금 더 크기가 낮은 전압으로 바뀌며 이렇게 바뀐 전압을 시내 곳곳으로 이동시키는 역할은 배전선이 맡습니다. 배전선은 시내를 돌아다니며 전기를 공급하는 만큼 송전선보다는 더 안전에 신경을 쓰게 되어 절연 등의 성능을 보강합니다. 그리고 최종 소비지인 건물로 들어오는 전기는 옥내전선을 통해서 전기기기로 전기에너지를 전송하게 됩니다. 이처럼 같은 전력선이라고 하더라도 보내는 구간에 따라서 사용하는 전압, 절연 성능, 가공의 편리성 등을 구분하여 전선을 사용합니다.

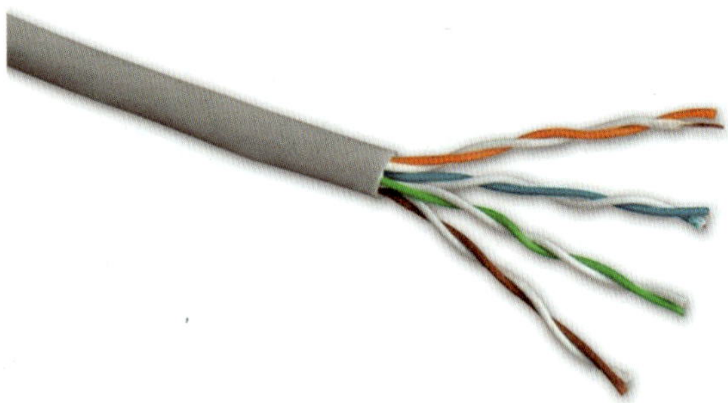

| 그림 132 | 인터넷 통신에 사용하는 UTP 케이블

큰 전기에너지를 전송하는 전력선에 비해서 통신선은 도체가 훨씬 가늘고 작습니다. 통신선은 주로 통화를 위한 전화통신선과 데이터를 전송하는 역할을 하는 정보통신선을 사용합니다. 흔히 보는 정보통신선은 인터넷을 사용하기 위해서 컴퓨터에 연결하는 통신선인 UTP 케이블(Unshielded Twisted Pair cable)이 있습니다. 일반 전화나 근거리 통신망(LAN)에서 신호를 전달해주는 역할을 하며, 대부

분 두 가닥의 선을 꼰 여러 개의 쌍으로 구성되어 있습니다.

보통 전선의 재료로는 전기가 잘 흐르는 구리, 알루미늄, 은 등을 사용하지만, 특별한 경우에는 금이나 합금처럼 다른 재료를 사용하기도 합니다. 전선 자체를 만지면 위험하므로 일반적으로 도체는 전기가 통하지 않는 절연물로 싸여 있습니다. 전선의 종류는 소선의 수, 피복 여부, 도체의 재질 등으로 나눌 수 있습니다. 소선의 수는 몇 가닥으로 전선이 이루어져 있느냐를 의미하며 단선과 연선으로 나뉩니다.

UTP 케이블
외부의 전계, 자계 또는 다른 전송선에서 유도되는 전계, 자계의 영향을 차단하기 위한 도전성 피복을 둘러싸지 않은 연선으로 비차폐 전선이라고도 부른다.

근거리 통신망
사무실이나 연구실, 건물, 공장 따위와 같이 제한된 지역 내에 분산 배치된 컴퓨터를 비롯한 각종 정보 통신 기기를 통신 회선으로 연결하여 정보를 교환하는 정보 통신망이다.

단선과 연선

단선은 도체의 소선이 한 가닥으로 구성된 것이며, 연선은 여러 가닥으로 이루어져 있습니다. 연선은 구부러지는 특성이 단선보다 좋아서 대부분의 굵은 전선에는 연선을 많이 사용합니다. 가정에서 사용하는 헤어드라이어나 청소기의 전원코드에 연선을 사용하죠. 단선과 연선 모두 공칭은 전선의 면적을 기준으로 ㎟로 나타냅니다. 보통 제곱을 뜻하는 '스퀘어'라고 부르기도 합니다.

단선은 하나의 선으로 이루어져 있고, 모양은 보통 원형이므로 전선의 지름으로 치수를 나타내기도 합니다. 이때는 ㎜를 기준으로 사용합니다. 예를 들어 단선인데 2㎜라면 전선의 지름이 2㎜라는 것이지요. 그런데 호칭과 전선의 지름이 완전히 일치하지 않을 때도 있으니 주의해야 합니다. |그림 133|에서는 단선과 연선의 구성 차이를 보여주고 있습니다. 구리 도체가 한 가닥인 단선과 일곱 가닥으로 이루어진 연선의 구성을 볼 수 있습니다.

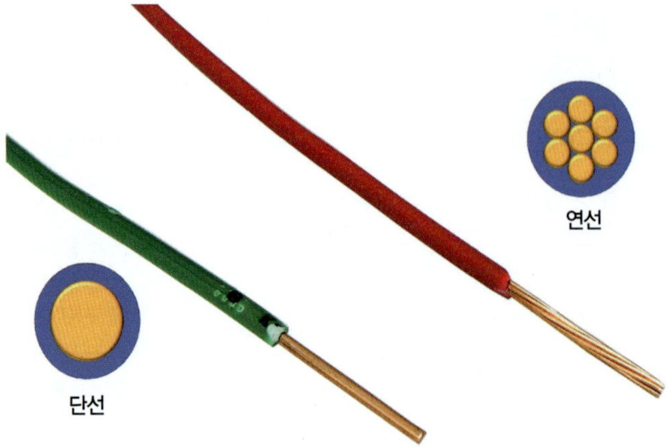

| 그림 133 | 단선과 연선

전선의 굵기가 굵어질수록 단선은 구부리기가 쉽지 않아서 전기공사를 할 때 많은 어려움이 있습니다. 그래서 단선은 보통 전기공사에서 10㎟까지만 사용하고, 그것보다 큰 것은 대부분 연선을 사용합니다. 아래 | 표 22 | 에서는 단선과 연선의 공칭에 대해서 보여주고 있습니다.

단선	연선	
1.5㎟	1.5㎟	35㎟
2.5㎟	2.5㎟	50㎟
4.0㎟	4㎟	70㎟
6.0㎟	6㎟	95㎟
10㎟	10㎟	120㎟
–	16㎟	150㎟
	25㎟	185㎟

| 표 22 | 450/750 일반용 단심비닐절연전선 단선과 연선의 공칭 면적

질문 있어요

공칭이란 무엇인가요?

공칭이란 부품이나 장치를 명시하거나 인지하는 데 사용되는, 일반적으로 불리는 명칭입니다. 공칭값은 설비나 기기의 성능, 동작량 등에 대하여 주어지는 명목상(혹은 분류상)의 값으로, 실제의 동작에서의 값과는 달라 동작 조건, 환경 조건 등에 따라 어느 정도의 변화폭을 갖는 것이 보통입니다. 공칭값의 예를 들면 공칭전압, 공칭전류, 공칭강도, 공칭응력 등이 있습니다.

나전선, 절연전선, 케이블

전기에너지를 전송하는 전선은 보통 케이블이라는 말과 혼용해서 사용합니다. 그러나 이 둘은 전기를 통하게 하는 매개체 역할을 하는 기능만 같은 것이지, 구조적으로는 완전히 다른 모습을 하고 있습니다. 그리고 절연이 되어있지 않은 나전선이라는 것도 있죠. 나전선은 피복이 없는 전선을 말합니다. 우리는 일반적으로 도체에 모두 피복이 되어 있는 전선을 사용하지만, 피복이 되어 있지 않은 나전선을 사용하는 경우도 있습니다. |그림 134|와 같이 철탑으로 전력을 전송하는 송전선에는 ACSR(강심알루미늄연선)이라고 부르는 알루미늄 전선이 사용됩니다.

|그림 134| 송전선에는 ASCR이라는 피복이 없는 나전선을 사용합니다.

이 전선은 워낙 사용하는 전압이 높아서 피복을 해도 웬만해서는 효과를 보기가 어렵습니다. 또 철탑 사이의 거리가 수백 미터로 워낙 거리가 멀어서 전선에 피복의 무게까지 더해진다면 철탑이 감당해야 할 무게가 큰 부담이 됩니다. 이러한 기술적인 어려움도 있지만, 송전철탑의 전선은 일반 사람이나 기기 등이 직접 접촉하여 전기적인 이상을 일으킬 우려가 상당히 적기 때문에 굳이 큰 비용과 기술적인 어려움을 감수하며 피복을 통한 절연을 하지 않고 나전선을 사용합니다. 나전선은 안전문제 때문에 건물 안에서는 사용이 허가되지 않습니다. 그렇지만 아주 뜨거운 열에 의해서 피복이 손상될 수밖에 없는 전기로, 피복 절연물이 부식하는 화학적 작업 장소, 전기가 노출된 전선에 직접 흘러야 하는 버스덕트, 라이팅 덕트, 접촉 전선에서는 예외적으로 사용이 허용되며, 그 이외는 모두 절연전선을 사용해야 합니다.

일반적으로 우리 주변에서 볼 수 있는 전선은 절연전선입니다. 절연전선의 도체는 주로 연동을 사용하며 절연은 염화비닐 혼합물을 이용하고 있습니다. 절연전선은 도체 위에 절연체를 덮었기 때문에 나전선에 비해 감전이나 누전사고를 방지할 수 있습니다. 따라서 사용하는 전압이나 전류가 커질수록 절연체의 성능도 중요하며 사용하는 온도, 습도 등 사용하는 환경에 따라 특수한 절연체를 사용하는 때도 있습니다. 만일 절연전선의 피복이 손상된다면, 손상된 부분의 절연을 보강하는 수리를 하거나 전선을 교체하여 사고가 확대되는 것을 방지하여야 합니다.

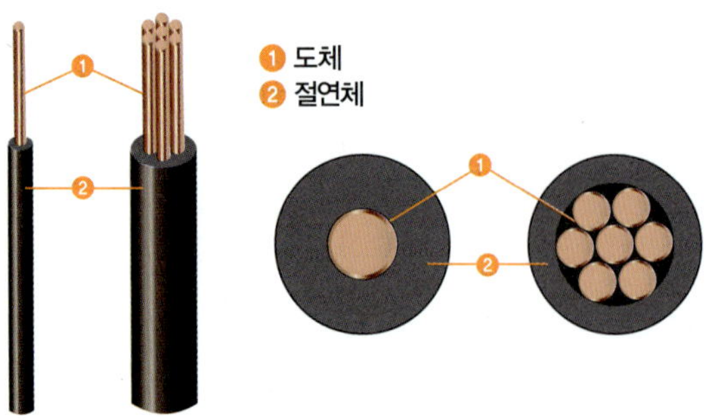

| 그림 135 | 절연전선의 구성

케이블(Cable)은 전선보다 피복이 조금 더 강화된 형태의 전선입니다. 절연전선이 옷을 한 겹만 입었다면 케이블은 속옷, 겉옷, 외투까지 골고루 입은 전선이라고 할 수 있습니다. 사용하는 용도와 전압에 따라 다양한 이중 피복을 하고 있으므로 절연전선보다 가격이 비싸며 기계적 강도도 높습니다. 통신용으로 사용하는 케이블은 외부로부터 전자기장의 영향을 덜 받도록 차폐층(쉴드)을 가지고 있습니다.

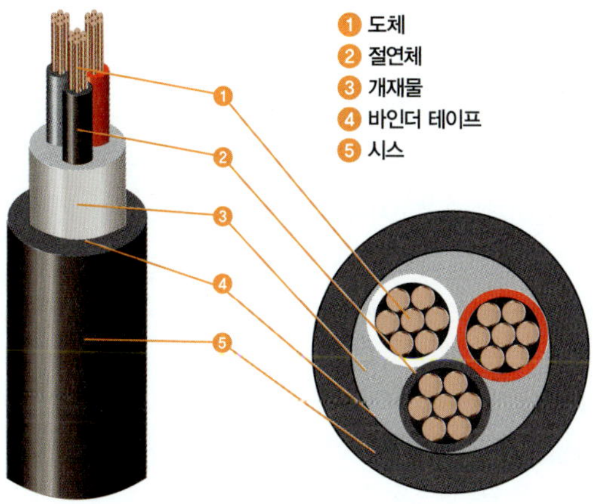

| 그림 136 | 0.6kV/1kV CV 케이블의 구성 예

전선의 접속

짧은 밧줄을 길게 만들고 싶을 때는 적절한 매듭을 하면 긴 밧줄을 만들 수 있습니다. 전선도 비슷합니다. 전선을 사용하는 중 전선의 길이가 짧거나 확장을 위해서 회로를 분기하려면 전선의 피복을 벗기고 전선을 접속해야 합니다. 가정에서 전선을 접속하는 경우 두 가닥을 손으로 간단하게 꼬아서 테이핑처리로 마감하는 것이 보통이지만, 이 작은 접속에도 관련된 규정들이 있으니 이를 꼭 기억해

두어야 합니다. 왜냐하면, 자칫 편리한 방법으로만 전선을 접속하면 그 부분에 전기절연이나 강도가 약해져서 나중에 전기적인 문제가 발생할 수 있거든요. 전기적인 문제는 항상 작은 문제로 그치는 것이 아니라 감전이나 화재 등의 큰 사고로 이어진다는 것을 생각하면 작은 전선의 접속도 얼마나 중요한지 알 수 있습니다. 한국전기설비규정 '123. 전선의 접속'에서는 아래와 같은 규정을 지켜서 전기적 저항이 증가하지 않도록 기준을 제시하고 있으니, 이와 같은 규정들은 바로 사용하지는 않더라도 꼭 읽어볼 필요가 있습니다.

잠깐 만요

한국전기설비규정 123. 전선의 접속

전선을 접속하는 경우에는 전선의 전기저항을 증가시키지 아니하도록 접속하여야 하며, 또한 다음에 따라야 한다.

① 나전선 상호 또는 나전선과 절연전선 또는 캡타이어 케이블과 접속하는 경우에는 다음에 의할 것.

가. 전선의 세기[인장하중(引張荷重)으로 표시한다. 이하 같다.]를 20% 이상 감소시키지 아니할 것. 다만, 점퍼선을 접속하는 경우와 기타 전선에 가하여지는 장력이 전선의 세기에 비하여 현저히 작을 경우에는 적용하지 않는다.

나. 접속부분은 접속관 기타의 기구를 사용할 것. 다만, 가공전선 상호, 전차선 상호 또는 광산의 갱도 안에서 전선 상호를 접속하는 경우에 기술상 곤란할 때에는 적용하지 않는다.

② 절연전선 상호·절연전선과 코드, 캡타이어 케이블과 접속하는 경우에는 제1의 규정에 준하는 이외에 접속되는 절연전선의 절연물과 동등 이상의 절연성능이 있는 접속기를 사용하거나 접속부분을 그 부분의 절연전선의 절연물과 동등 이상의 절연성능이 있는 것으로 충분히 피복할 것.

③ 코드 상호, 캡타이어 케이블 상호 또는 이들 상호를 접속하는 경우에는 코드 접속기·접속함 기타의 기구를 사용할 것. 다만 공칭단면적이 10 ㎟ 이상인 캡타이어 케이블 상호를 접속하는 경우에는 접속부분을 제1 및 제2의 규정에 준하여 시설하고 또한, 절연피복을 완전히 유화(硫化)하거나 접속부분의 위에 견고한 금속제의 방호장치를 할 때 또는 금속 피복이 아닌 케이블 상호를 제1 및 제2의 규정에 준하여 접속하는 경우에는 적용하지 않는다.

④ 도체에 알루미늄(알루미늄 합금을 포함한다. 이하 같다)을 사용하는 전선과 동(동합금을 포함한다.)을 사용하는 전선을 접속하는 등 전기화학적 성질이 다른 도체를 접속하는 경우에는 접속부분에 전기적 부식(電氣的腐蝕)이 생기지 않도록 할 것.

⑤ 도체에 알루미늄을 사용하는 절연전선 또는 케이블을 옥내배선·옥측배선 또는 옥외배선에 사용하는 경우에 그 전선을 접속할 때에는 KS C IEC 60998-1(가정용 및 이와 유사한 용도의 저전압용 접속기구)의 "11 구조", "13 절연저항 및 내전압", "14 기계적 강도", "15 온도 상승", "16 내열성"에 적합한 기구를 사용할 것

이번에는 간단한 전선 접속 방법을 소개하겠습니다. |그림 137|은 단선의 종단 접속인 쥐꼬리 접속 방법을 보여줍니다. 종단이라는 말은 전선이 끝나는 부분이라는 뜻입니다. 이 방법은 2~4가닥의 전선으로 구성된 두 개의 선을 쉽게 접속하는 방법으로 가장 널리 이용되고 있습니다. 일정하게 피복을 벗긴 다음 전선을 반으로 나누어 90도로 벌립니다. 두 전선에 일정한 힘을 가하여 2~3회 꼬면 선선의 가공이 끝나는데, 이때 끝부분을 절연테이프를 이용하여 마감하거나 와이어 커넥터를 이용하여 접속하면 절연 처리까지 깔끔하게 마무리할 수 있습니다. 이 접속 방법은 주로 정크션박스(Junction box) 등에서 사용할 때 접속이 편리하지만, 기계적 강도가 약해 전선에 큰 힘을 주지 않는 곳에서 사용해야 합니다.

정크션박스
흔히 조인트박스(Joint box)라고 하며 전선관이나 전선을 접속할 때 사용하는 박스이다.

1단계	2단계	3단계	4단계
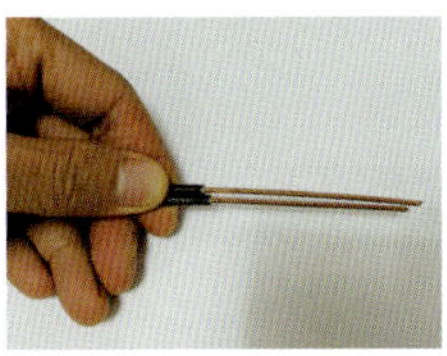	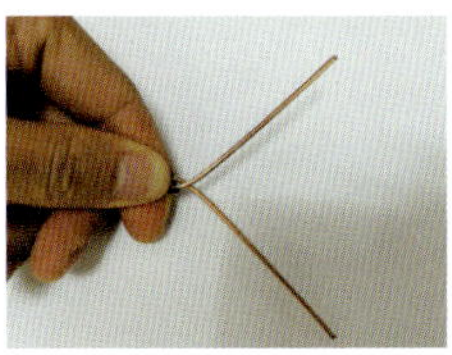	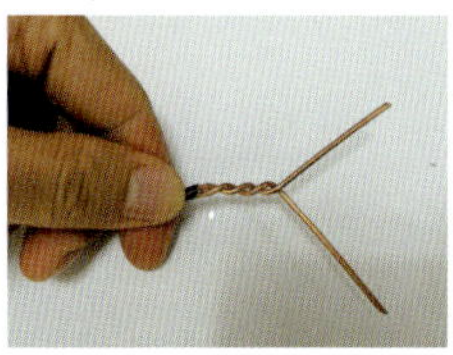	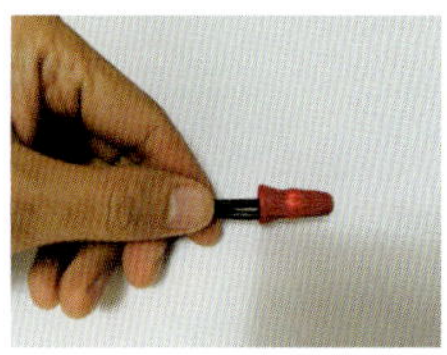
접속할 선의 피복을 적절히 벗긴다.	두 선을 90℃ 각도로 벌린다.	두 선을 2~3회 꼰다.	적당한 길이로 자르고 와이어 커넥터를 삽입한다.

| 그림 137 | 단선의 쥐꼬리 접속

쥐꼬리 접속이 전선이 끝나는 종단 부분의 접속 방법으로 사용된다면, 전선이 길게 연결되는 직선 접속의 대표적인 접속 방법으로는 트위스트 접속이 있습니다. |그림 138|은 트위스트 접속 방법에 대해서 보여줍니다. 트위스트 접속은 두 전선의 피복을 벗긴 다음 중간에서 약 2회 정도 꼽니다. 그리고 한쪽 선을 반대로 감으며 양쪽으로 모두 5회 이상 감으면 쥐꼬리 접속보다 큰 강도를 가질 수 있습니다. 전선의 끝부분을 마무리하고 절연을 위해서 절연테이프로 충분하게 전선을 감으면 접속은 완성됩니다.

1단계	2단계	3단계	4단계
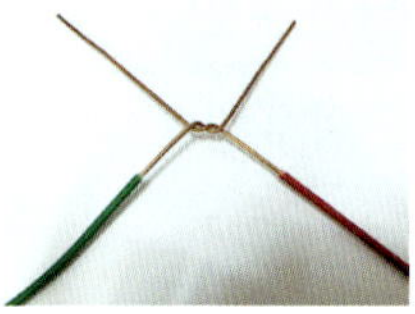	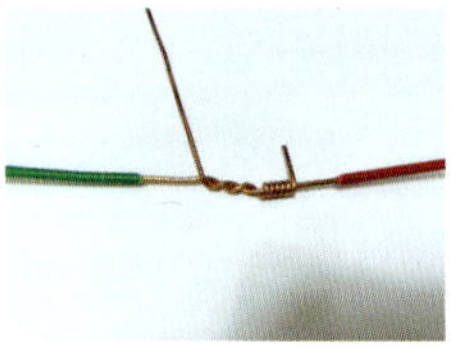	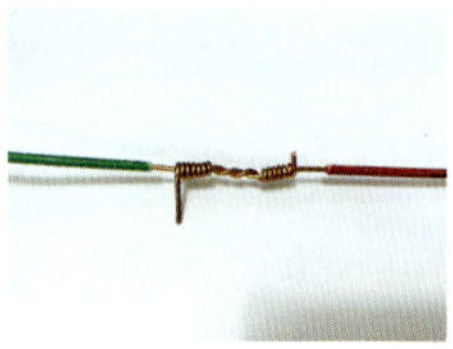	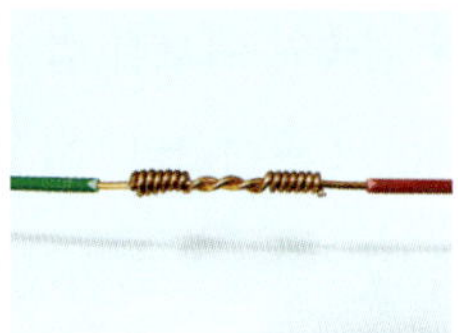
두 선의 중심을 2~3회 꼬아준다.	한쪽 선을 반대에 감는다.	다른 한쪽을 마저 감는다.	끝부분을 잘라내고 마무리한다.

| 그림 138 | 단선의 트위스트 접속

08

껐다 켰다, 스위치와 차단기

자격증 시험범위	
전기기능사	전기설비 – 배선재료
전기기사	한국전기설비규정 – 저압전기설비
전기기능장	전기설비설계 기초 및 시공 – 전기설비시공

스위치와 차단기의 차이

집에서 전등을 켤 때는 '스위치를 켠다.'라고 말합니다. 그리고 거실이나 방마다 벽에는 전등을 켜고 끌 수 있는 스위치가 붙어있죠. 그렇지만, 전기회로를 전체적으로 끊는 역할은 차단기가 하게 됩니다. 앞에서 살펴본 배선차단기나 누전차단기가 바로 그런 역할을 하죠.

이런 관점에서 보면 차단기와 스위치는 모두 전기회로를 끊고 연결하는 동작을 합니다만 서로 다른 점도 있습니다. 그렇다면 차단기와 스위치는 무엇이 다른 것일까요?

스위치는 보통 개폐기라고도 부르며 영어로는 Switch(스위치)라고 합니다. 스위치는 손으로 버튼이나 핸들을 올리고 내리거나, 누르거나 틀어서 동작을 시킵

니다. 주로 켜거나 끄는 이분법적인 동작을 하죠. 단상의 전기회로는 두 선으로 전기에너지를 보내며 동작하는데 이 중 하나의 선만을 이용해서 여닫는 기기가 바로 스위치입니다. 그래서 스위치는 용량이 비교적 작으면서 사용자가 자주 사용하는 곳에 설치하게 됩니다. 여러분 가정의 조명 스위치를 보더라도 높이나 위치가 누구나 쉽게 조작할 수 있는 곳에 있죠. 하루에도 몇 번씩 스위치를 작동하므로 스위치는 내구성이 강해야 하고 밖으로 보이는 부분에는 전기적인 위험이 없도록 설계가 되어 있어야 합니다. 아래 |그림 139|는 여러분들이 한 번쯤 사용해 봤을 만한 다양한 스위치를 보여줍니다.

| 그림 139 | 다양한 스위치 종류

3로 스위치의 원리

아파트나 주택의 현관에는 자동으로 사람을 감지하여 스위치를 동작하는 센서등이 많이 사용되고 있습니다. 센서등은 빛의 밝기와 함께 인체의 존재 여부를 감지하게 되는데, 인체를 감지하게 되면 일정 시간 동안 램프를 점등시키는 동작을 합니다. 사람의 몸에서 나오는 소량의 적외선을 감지하여(PIR센서; Passive Infrared Sensor) 스위치를 동작하는 방식으로 감지 각도의 범위 안에서 적외선의 변화가 있을 때 1 신호 값을, 변화가 없을 때 0 신호 값을 출력하게 됩니다.

PIR 센서
수동형 적외선 센서를 의미하며 프레넬 렌즈를 통해 9~12도의 예각으로 일정 구간의 인체 이동을 감지한다. 감지 각도 범위 안에 적외선(빛)의 변화가 있으면 High(1) 신호를, 없으면 Low(0) 값을 출력한다.

| 그림 140 | 센서등은 사람이 없을 때는 꺼지고 사람이 있을 때는 켜진다.

차단기는 조금 다릅니다. 배선차단기, 누전차단기라고 부르는 차단기의 겉모습을 살펴보면 스위치보다도 더 투박한 모습을 가지고 있죠. 차단기는 전기회로를 연결하고 끊는 단순한 역할 뿐만 아니라 회로가 이상이 있을 때 능동적으로 회로를 차단하는 역할까지 합니다. 그래서 스위치는 보통 회로의 1개선 만을 끊지만, 차단기는 모든 회로를 끊도록 구성되어 있습니다. 수동으로 개폐하는 기능은 물론이고, 단락 사고나 누전사고 등의 이상이 생겼을 때 회로를 자동으로 끊을 수 있으므로 구조가 더 복잡하고 가격이 스위치보다는 비쌉니다. 그렇지만 일반적으로는 자주 차단기를 동작시키지 않기 때문에 스위치가 조작이 편리한 장소에 있는 반면, 차단기는 배전반이나 분전반과 같은 한적한 곳에 위치하게 됩니다.

집안에서도 전기적으로 이상이 생기거나 전기공사로 인해서 회로를 차단할 일이 아니라면 차단기를 조작하는 경우는 별로 발생하지 않습니다. 하지만 간단한 배선이라도 전선을 연결하거나 콘센트나 스위치를 바꿀 때는 반드시 차단기의 전원을 내려서 안전을 충분히 확보해야 합니다.

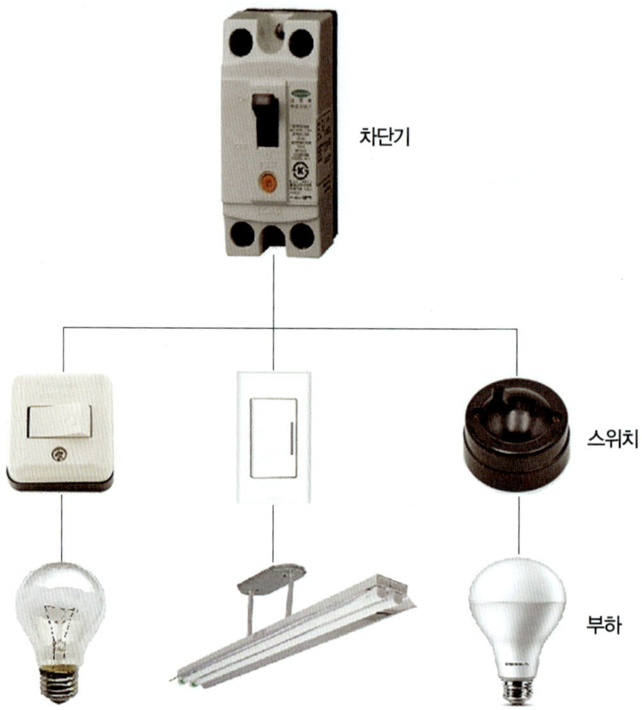

| 그림 141 | 차단기는 스위치의 상위 회로에 위치한다.

차단기로 스위치의 역할을 대신할 수도 있지 않을까요? 네, 맞습니다. 스위치 대신 차단기를 사용해도 전기회로의 개폐 역할에는 사실상 아무런 문제가 없습니다. 어떤 곳에서는 밖에 전등을 켜고 끄는 역할로 배선차단기를 설치한 곳도 가끔 볼 수 있으니까요. 하지만, 닭 잡

는데 소 잡는 칼을 쓸 필요는 없죠. 작은 전류를 개폐하는 용도로써 스위치로 충분한데 구조가 복잡해서 가격이 비싼 차단기를 쓰는 것은 오히려 경제적이지 않습니다. 또한, 차단기의 겉모습을 보면 구조적으로 전기가 통하는 금속체 부분이 밖으로 보여서 노약자 등이 이용하기에는 위험이 따릅니다. 반면 스위치는 전기가 흐르는 부분은 모두 완벽하게 부도체로 가려져 있어서 누구나 안전하고 쉽게 사용할 수 있기 때문에 차단기를 써야 할 곳은 차단기를, 스위치를 써야 할 곳은 스위치를 사용해야 경제적이고 안전한 전기생활을 누릴 수 있습니다.

아래 |표 23|은 스위치와 차단기의 차이를 설명한 내용입니다.

항목	스위치(Switch, 개폐기)	차단기(Breaker)
의미	• 열 개(開), 닫을 폐(閉) • 회로를 여닫는 기기	• 막을 차(遮), 끊을 단(斷) • 회로의 이상 시 전류를 차단함.
동작 형태	회로의 한 선만을 차단	전원선로 2선을 모두 차단
개폐 동작	정상적인 회로에서 회로를 ON-OFF 할 수 있음.	비정상적인 상태에서도 회로를 ON-OFF 할 수 있음.
기능	전원의 투입 · 개방 기능만 있음.	고장전류(과부하, 단락사고)차단 능력 포함
위치	사용자가 자주 사용하는 편리한 위치에 설치	일반적으로 배전반이나 분전반에 설치
조작 빈도	높은 빈도로 조작	낮은 빈도로 조작
가격	싸다.	비싸다.
공통점	• 부하에 전원을 투입하거나 차단 • 아크를 없애는 기능이 있음.	

|표 23| 자기회로와 전기회로의 대응 관계

09

버튼과 램프의 색깔

자격증 시험범위	
전기기능사	전기설비 – 배선재료 및 공구
전기기사	한국전기설비규정 – 저압전기설비
전기기능장	전기설비 설계 및 시공 – 전기설비설계

버튼과 램프의 색상

엘리베이터의 버튼을 누르면 원하는 층으로 이동할 수 있고, 문을 여닫을 수 있습니다. 작은 버튼 하나로 큰 기계를 동작시키는 것이 참 신기하기도 하죠. 우리는 이와 같은 것을 '조작한다'고 표현합니다. 엘리베이터를 누르는 버튼스위치로 조작하는 것이지요. 그리고 현재의 상태를 표시해주는 램프도 있습니다. 엘리베이터가 올라가고 있는지, 내려가고 있는지 상태를 알려주기도 하고 현재 어느 층을 지나고 있는지 층수를 표시하기도 합니다. 이렇게 자동으로 움직이는 기계는 현재 상태를 LED나 디스플레이처럼 복잡한 형태로 알려주기도 하지만, 램프의 색깔만으로 표시하는 때도 있습니다. 복잡한 글씨를 읽을 수 없는 상황에서는 색깔만으로 기능이나 상황을 판단해야 할 때가 있으니까요. 예를 들어 자동차의 방향지시등도 색깔이 주황색으로 정해져 있습니다. 그러므로 자동차 주행 중에 앞의 차가 주황색이 깜빡이면 깜빡이는 방향으로 움직일 것이라고 예측하여 안전한 운행을 할 수 있죠.

주황색
자동차 안전기준에 관한 규칙 제44조(방향지시등) 6항에서는 자동차의 방향 지시등의 색깔에 대해서 규정하고 있다. 자동차 방향지시등의 색은 '황색 또는 호박색으로 할 것'

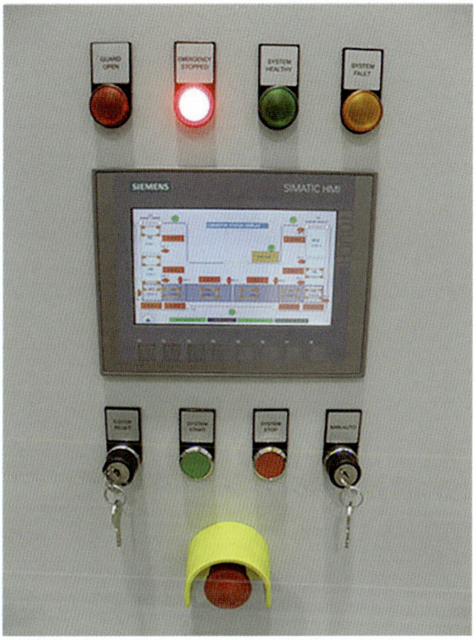

| 그림 142 | 제어반에 여러 색깔의 버튼과 램프가 있다.

기계나 전기설비를 제어하기 위해서 사용하는 설비를 제어반이라고 합니다. 기계나 전기설비에서도 현재 기계의 상태를 나타내 주기 위해서 다양한 색깔의 램프를 사용하고 있고, 램프의 상태를 보면서 사용자는 적절한 대응을 할 수 있죠. 버튼도 마찬가지입니다. 자동차의 비상깜빡이 버튼이 눈에 잘 띄는 빨간색이라서 긴급상황에 적절히 대응할 수 있는 것처럼 버튼의 색깔도 기능에 따라서 다른 색을 사용하도록 규정하고 있습니다. 이와 관련된 내용은 산업용 기계설비의

전기장치 설치에 관한 기술 기준에서 아래와 같이 규정하고 있습니다.

누름버튼의 설치와 색상

누름버튼의 색상은 의미에 따라 아래 |표 24|에서 정한 색상을 지켜야 합니다.

색상	의미	설명	적용 예
적색	비상	• 위험한 상태 또는 비상시 작동 • 정지	• 비상정지 스위치 • 정지도 가능하나 비상정지 기구 근처에는 적용 금지
노랑	비정상	비정상 상태 유발시 작동	비정상 상태를 해소하기 위한 표시 차단된 자동사이클기능 재기동 표시
녹색	안전	정상 상태에서 작동, 기동	안전기능의 기동
청색	강제	강제적 동작이 필요한 상태의 작동	복귀 기능 스위치
흰색	지정된 의미 없음.	비상정지 이외의 일반적인 기능 개시 (주 참조)	기동 스위치(선호됨), 정지 스위치
회색			기동 스위치, 정지 스위치
흑색			기동 스위치, 정지 스위치(선호됨)

| 표 24 | 누름버튼 스위치의 색상 구분 및 의미

[누름버튼의 색상에 관한 규정]

① 모양이나 구조상으로 식별되는 누름버튼 스위치의 경우에는 흰색, 회색, 흑색을 동일한 색상으로 사용될 수 있다.(기동 및 정지 스위치에 흰색 사용)

② 기동(START/ON) 스위치의 색상은 흰색, 회색, 흑색을 선정하되, 가능한 흰색으로 하도록 한다. 단, 녹색의 사용도 가능하나, 적색은 사용해서는 안 된다.

③ 적색은 비상정지 스위치에만 사용되어야 한다.

④ 정지(STOP/OFF) 스위치의 색상은 흑색, 회색, 흰색을 선정하되 가능한 흑색이 선정되도록 한다. 단, 적색도 허용되나 비상정지 기구에 근접한 곳에서는 적용하지 않아야 한다.

⑤ 흰색, 회색, 흑색은 교대로 기동과 정지 기능을 하는 누름버튼 색상으로 사용할 수 있다. 단, 이와 같은 기능 스위치에 적색, 황색, 녹색은 사용할 수 없다. 기동 및 정지의 복합제어 교대로 기동 및 정지 기능을 수행하는 누름버튼 스위치 또는 기타 유사 제어장치는 운전시 위험한 상태를 유발할 우려가 없는 기능에서만 사용되어야 한다.

⑥ 누름버튼을 누르고 있는 동안만 작동하고 누름을 멈추면 작동을 멈추는 형식의 누름버튼 스위치에는 흰색, 회색 또는 흑색을 사용할 수 있다. 단, 적색, 황색, 녹색은 사용되어서는 안 된다.

⑦ 복귀 기능 누름버튼 스위치의 색상은 청색, 흰색, 회색을 선정하도록 한다. 단, 정지 버튼 색상을 흰색, 회색, 흑색의 사용이 가능하나, 가능한 한 흑색을 선정토록 하고, 녹색은 사용되어서는 안 된다.

⑧ 안전 또는 정상 상태를 나타내는 곳에는 녹색을 사용한다.

⑨ 주의 또는 비정상 상태를 나타내는 곳에는 노란색을 사용한다.

⑩ 청색은 의무적인 중요한 기능용으로 사용한다.

스위치 종류에 따른 색상의 표시는 다음과 같습니다.

색상	의미	기능	적용	기타
녹색	정상	기동	시퀀스의 기동, 전동기의 기동	
적색	비상	정지, 비상정지	시퀀스의 정지, 모든 시스템의 정지	전동기 정지
노랑	비정상	리셋	사이클 완료 후 부분적인 리셋	
흰색			상기 색상에서 규정하지 않은 이외의 동작	

| 표 24 | 스위치 종류의 색상 표시 방법

표시등의 설치와 색상

램프와 같은 표시등은 의미에 따라 아래 |표 26|에서 정한 색상을 지켜야 합니다. 다만, 제조자 또는 공급자와 사용자 사이에 별도 합의한 경우에는 그에 따릅니다.

색상	의미	설명	조작 방법	적용 예
적색	비상	위험한 상황	위험상황에서 즉시 작동 (비상정지 스위치 작동)	한계값을 초과한 압력, 온도, 전압 강하, 정지 위치 이탈 등
노랑	비정상	비정상 상태 (긴급 상태)	감시 및 조치 (기능 재설정 등)	정상값을 초과하는 압력, 온도 보호장치의 트리핑
녹색	안전	정상 상태	선택 사양	운전 가능한 정상 상태에서의 압력 · 온도
청색	강제	조작자의 작동하는 상태 표시	강제 작동	지정한 값으로 지시
흰색	중립	기타 상태(적색, 황색, 녹색, 청색 적용 모호시 사용)	감시	일반 정보

| 표 26 | 표시등 색상 및 의미

램프의 색상 표시는 다음과 같습니다.

※ 표시등 색상 표시

색상	표시 종류	약호	기타
백색	전원 표시(상태)	WL(White Lamp), PL(Pilot Lamp)	
녹색	정상 표시(상태)	GL(Green Lamp)	'RUN' 표시로 사용함.
적색	비상 표시(상태)	RL(Red Lamp)	전원/정지 용도로 사용함.
오렌지색	경보 표시(경보)	OL(Orange Lamp)	
노랑	비정상 표시(고장)	YL(Yellow Lamp)	대기중 표시로 사용함.

| 표 27 | 램프의 색상 표시

10

조명과 LED

자 격 증 시험범위	
전기기능사	전기설비 – 전기응용시설공사
전기공사	전기응용 – 조명
전기기능장	전기설비 설계 및 시공 – 한국전기설비규정

LED의 특징

LED 조명을 위한 SMPS의 이해

전기는 우리 생활에 큰 편의를 제공해줍니다. 여러 가지 전기 제품들이 있지만 이 가운데 가장 기본적인 것을 찾는다면 바로 조명을 들 수 있죠. 만약 어둠을 밝히는 조명이 없는 일상을 상상한다면 적지 않은 혼란이 머릿속에 그려지네요. 전기에너지와 관련한 산업이 중요한 시대적 흐름이 되면서 조명에 대한 관심도 많이 높아지고 있습니다. 조명을 단순하게 어둠을 밝히는 용도가 아니라 공간의 분위기를 만드는 특별한 기능으로 여기게 되었거든요. 그래서 조명도 일반 가정에서 사용하는 간단한 방식을 넘어 쾌적한 업무 환경을 위한 사무실, 상품의 구매 욕구를 높이는 상업시설, 공연의 질을 올리는 무대 조명, 자연과 멋스러움을 강조하는 조경 조명까지 사용 분야가 점점 늘고 기술의 수준도 깊어지고 있습니다.

조명의 관심이 높아진 중심에는 LED 조명이 있습니다. LED 조명은 불과 10여 년 전만 하더라도 생소한 기술이었지만 기업과 공공기관을 중심으로 에너지 효율을 높이는 차원에서 LED 설치에 속도를 내었고, 이제는 일반 가정에서도 흔하게 볼 수 있는 조명시설이 되었습니다.

| 그림 143 | 다양한 색상의 LED

LED는 Light Emitting Diode의 약자이며 발광다이오드라고도 부릅니다. 발광다이오드는 전기에너지를 빛 에너지로 변환시켜주는 반도체로서 순수한 파장의 빛을 가지는 단색 광원체입니다. 초기에는 붉은 계열의 빛만 낼 수 있었지만, 현재는 여러 대역의 빛을 낼 수 있게 되었습니다. 반도체 재료인 실리콘(Si), 게르마늄(Ge)에 특정한 불순물을 혼합하면, 반도체 내부에 여유 전자가 생기거나 들어갈 공간이 발생합니다. 이렇게

실리콘
비금속인 탄소족 원소의 하나. 4원자가로 작용하며 지각 무게의 4분의 1 정도를 차지한다. 벼, 대나무, 속새 풀 따위의 식물체와 털, 손톱, 이 따위의 동물체에도 포함되어 있다. 공업적으로는 규석(硅石)이나 규사(硅沙)에 코크스를 섞어 전기로에서 가열 및 환원하여 만든다. 다이오드, 트랜지스터 따위의 반도체를 만드는 데에 널리 쓴다. 원자 기호는 Si, 원자 번호는 14, 원자량은 28.0855이다.

게르마늄
회백색의 금속 원소. 부스러지기 쉬우며, 황화 광물을 제련하거나 석탄을 태울 때 부산물로 얻는다. 특수한 조건에서만 금속으로서의 물리·화학적 성질을 나타내는 반도체이며, 반도체 소자·트랜지스터·광학 유리·각종 합금 따위의 주요 재료로 쓰인다. 원자 기호는 Ge, 원자 번호는 32, 원자량은 72.59. 표준 용어는 '저마늄'이다.

반도체를 결합시킨 것을 pn접합 다이오드라고 부릅니다. 여기에 순방향 부하를 가하면 전자는 에너지가 높은 곳에서 낮은 곳으로 이동하고, 이동할 때 생기는 에너지 차에 발생하는 부분에 반응하는 파장의 빛을 방출하게 됩니다.

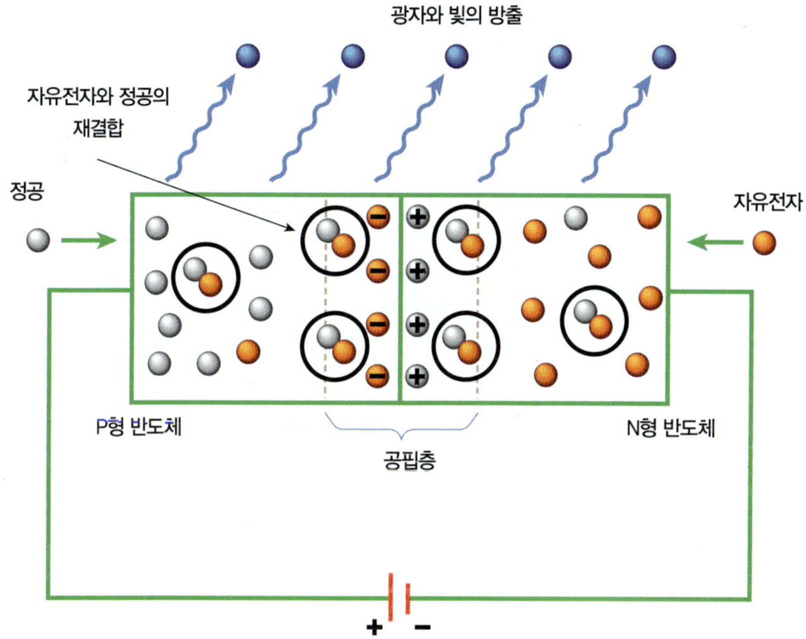

| 그림 144 | LED의 동작원리

LED 조명은 기존 형광등과 같은 조명보다 가격이 조금 비싸지만, 더 밝고 수명도 긴데다 발열 또한 적고 제어가 편리한 장점을 갖고 있습니다. 이렇게 많은 장점이 있는 까닭에 사용이 급격하게 증가하고 있습니다. 아래 | 표 28 |은 시대별 조명의 혁신을 가져온 백열전구, 형광등, LED를 비교한 내용입니다.

	백열전구	형광등	LED
모양			
개발	1879년	1938년	1996
소비전력	40W	15W	7W
효율	14 lm/W	61 lm/W	100 lm/W
평균수명	1년	6~10년	15~20년
특징	• 한때 인류역사상 최고의 발명으로 손꼽힘. • 수명이 짧고 에너지 손실이 많음.	• 현대사회에서 가장 널리 사용되는 조명 중 하나. • 수은 등 환경오염의 문제를 내포	• 높은 에너지 효율, 친환경 조명 • 빛의 색상, 온도, 밝기 등 제어가 가능

| 표 28 | 시대별 조명의 혁신

LED가 시대적으로 주목받는 이유는 다음과 같습니다.

첫째, 광변환 효율이 높아 소비전력이 매우 작습니다. LED 조명은 같은 밝기에서 전구보다 약 1/5, 형광등보다는 약 1/2 수준으로 소비전력이 낮죠. 따라서 무엇보다도 전기요금을 크게 절약할 수 있는데, 조명기구를 조금 사용하는 일반 가정에서는 그 효과를 체감하기가 쉽지 않지만, 수백~수천 개의 조명기구를 사용하는 빌딩이나 대형시설에서는 LED로 전구를 교체하는 것만으로도 적지 않은 비용을 줄일 수 있습니다.

둘째, 작은 광원이므로 소형화, 박형화, 경량화가 가능합니다. LED의 기본 모양은 작은 전기소자이므로 광원이 작은 특징을 이용하여 큰 조명기구뿐만 아니라 작은 조명기구나 얇은 조명기구를 만드는 것도 가능합니다. 무게도 가벼우므로 조명을 매달거나 기구에 부착하는 방식을 편하게 적용할 수 있습니다. 또한, LED를 직·병렬로 확장하게 되면 옥외 간판과 같이 대형화면도 쉽게 구성할 수 있습니다.

셋째, 수명이 깁니다. LED의 수명은 최대 백열등의 약 80~100배, 형광등의 약 10배 이상으로 알려져 있습니다. 긴 수명은 조명기구의 직접비용을 줄여줄 뿐만 아니라 이를 유지관리하는 간접비용까지 줄여주기 때문에 비용을 크게 줄일 수 있습니다.

넷째, 예열 시간이 불필요하고 점등, 소등 속도가 매우 빠릅니다. 전구와 형광등은 조명 방식의 특성상 약간의 예열 시간이 필요하고, 꺼지는 과정에서도 완전 소등까지는 일정한 시간이 필요합니다. 이러한 점등 특성은 가정과 같이 일반적인 조명을 사용하는 곳에서는 크게 문제 될 것이 없지만, 조명의 켜짐과 꺼짐을 반복하여 특정 신호를 만들거나 표시를 보여주는 곳에서는 기능의 한계를 가지게 됩니다. 그러나 LED 조명은 반도체 소자이므로 응답 속도가 매우 빠르고 반복 및 펄스 동작이 가능하여 일반조명에서도 고속 동작이 가능한 것은 물론이고, 이를 이용하여 전광판이나 디스플레이 같은 분야에도 널리 사용할 수 있습니다.

다섯째, 점등회로나 구동장치 등의 기구가 간단합니다. LED는 조명기구의 크기가 작으므로 이를 점등하거나 제어하는 기구나 회로도 간단하게 구성할 수 있습니다. 이런 특성을 이용하여 가는 선이나 면을 나타내는 공간조명에서도 효율적인 설치가 가능합니다.

여섯째, 충격에 강하고 안전합니다. 전구는 겉유리와 필라멘트가 충격이나 진동에 약하고, 형광등도 약한 충격에도 쉽게 깨지는 특징이 있습니다. 그래서 보관이나 운송 시 유의하여야 하고, 진동이나 물체와 충돌하여 충격이 있을 우려가 있는 곳에서는 조명을 보호하는 장치를 덧붙여 사용해야 했습니다. 그러나 LED는 필라멘트나 유리와 같은 구성요소가 절대적으로 필요하지 않아 외부로부터 충격이 가해지는 등의 물리적 특성이 있거나 진동이 있는 곳에서도 안전하게 사용할 수 있습니다.

일곱째, 조명의 제어가 편리합니다. LED는 반도체 소자들을 이용한 PWM(Pulse Width Modulation) 제어로 전력손실 없이 조명의 밝기를 조절할 수 있고 다양한 색깔도 나타낼 수 있습니다. 따라서 기존 조명이 할 수 없었던 다양한 연출을 가능하게 합니다.

PWM 제어
전압이나 전류를 가변하는 방식이 아닌, 풀 레벨 전압으로 ON/OFF 주기를 바꿈으로써 출력의 평균 전압을 제어하는 방식. 조명에서는 일정한 주기 내에 ON 시간을 변화시켜 밝기를 조절하며 이러한 방식은 정전압, 정전류 방식보다 발열이 적고 전력 효율이 높다.

여덟째, 친환경 재료를 사용합니다. LED는 전구나 형광등과 비교하면 수은이 없고 방전용 가스를 사용하지 않아 친환경적이므로 수명이 다한 뒤 사후처리가 편리한 장점이 있습니다.

항목	LAMP TYPE	SMD TYPE
모양	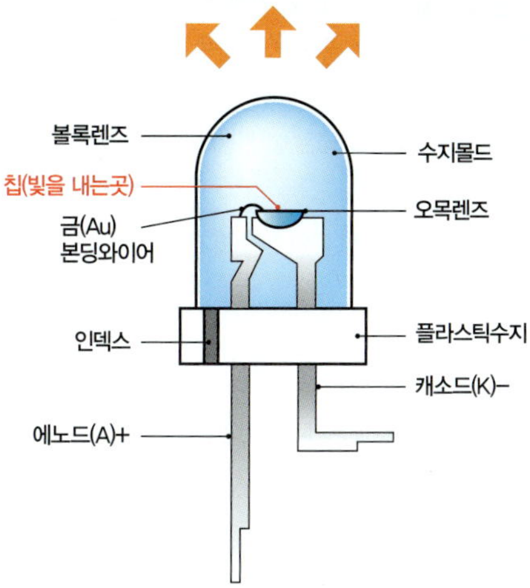	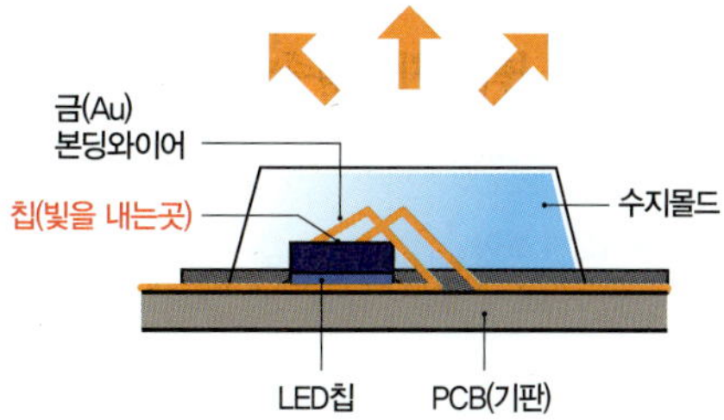
특징	• 전원을 공급하기 위한 전기적 연결선과 이를 고정하기 위한 플라스틱 몸통으로 구성 • 플라스틱 몸통의 상부는 칩에서 발생하는 빛을 효과적으로 집속시키기 위하여 볼록렌즈의 형태를 가짐	• 칩에서 발생하는 열을 효과적으로 방출하기 위하여 금속판을 덧붙임. • 보통 LED 패키지(Package)라고 부름. • 칩에서 나온 빛을 최대한 외부로 빼낼 수 있는 기능이 추가적으로 요구됨.

| 표 29 | LED 타입별 특징

LED의 활용 분야

LED는 백열전구나 형광등보다 가진 장점이 많아 다양한 분야에서 사용되고 있습니다. 가정용 조명을 넘어서 표시장치나 신호등, 자동차, 디스플레이까지 활용의 폭을 넓히고 있습니다. 최근에는 특수 농업, 의료, 특수광원 등에 사용되면서 다른 조명을 넘어 우위를 점할 수 있는 경쟁력을 충분히 확보하였습니다. 다음 | 표 30 | 은 LED 조명의 사용 분야와 특징을 정리한 것입니다.

분야	예시	특징
일반조명 분야	가정용 조명	• 세계적으로 에너지 절약과 환경문제에 관심이 고조됨에 따라 일반조명을 형광등에서 LED 조명으로 대체하고자 하는 움직임이 적극적으로 진행 중 • 직관형 LED 램프 _ 호환형, 전구식 램프 _ 호환형, 평판램프가 있음.
	건축 조명	• 가정뿐 아니라 상업지역, 넓은 실내 등에서 효율적인 조명으로 사용
표시장치 분야	전광판	• 교육기관, 관공서, 기업체 등의 정보 표시 및 안내용으로 사용 • 내용의 수정 및 순환이 가능하여 현수막 등을 대체함. • 유형별로 풀컬러(Full Color), 보급형 전광판(PC형/리모콘형), 시스템(산업용) 현황판, 특수형/주문형 등이 있음. • 용도별로 실내용, 특수형/주문형, 차량용 등이 있음.
신호등 · 자동차 분야	교통시설물 등	• 신호등이나 표지판처럼 교통시설물 등 적극 교체 중
디스플레이 분야	키패드, 지시계, LCD 백라이트 등	• 키패드, 지시계, LCD 창의 백라이트, 카메라 플래시 등에 사용
기타 LED 응용 분야	기타 응용 분야	• 의료, 농업, 환경 분야 등에 LED 조명 시스템 사용

| 표 30 | LED 조명의 사용 분야와 특징

LED는 반도체를 구성하는 재료에 따라 빛의 색깔과 파장이 결정됩니다. 파장에 따라서 적외선, 가시광선, 자외선에 해당하는 에너지를 방출하고 있고, 그런 파장의 특징을 이용하여 다양한 분야에도 사용됩니다. 우선 눈에 보이는 가시광선 LED는 적색, 녹색, 청색, 백색 등을 만들어 다양한 조명에 사용됩니다. 그리고 적외선 LED는 외형은 같은 LED처럼 생겼지만, 가시광선이 아닌 적외선을 발생시켜 리모컨, 적외선 통신, CCTV 적외선 카메라 등에 사용됩니다. 자외선을 발생하는 자외선 LED는 살균, 피부치료 등 생물 · 보건 분야에서 사용하며 의료용으로도 많이 활용됩니다.

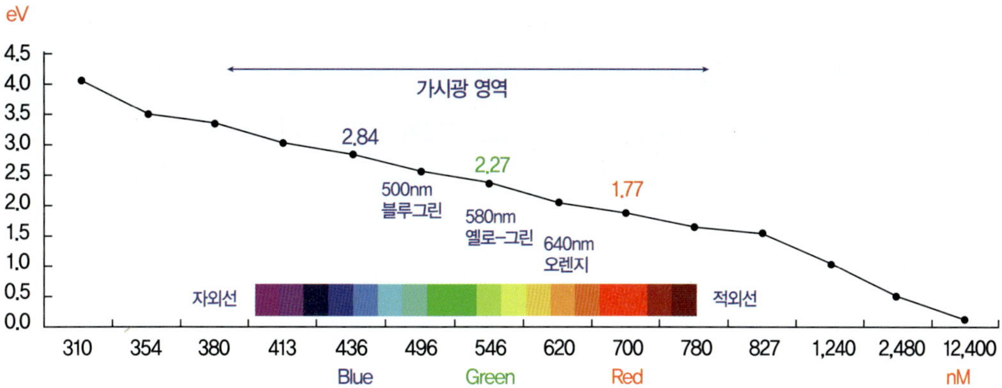

| 그림 145 | 가시광선의 영역

LED 조명 교체

최근에 신축된 건축물은 조명의 효율과 에너지 절감의 이유로 대부분 LED 조명을 사용하고 있습니다. 그리고 오래전에 지은 건물들도 조명기구를 LED로 교체하고 있죠. LED 조명은 에너지 효율이 뛰어날 뿐만 아니라 수명이 길어 유지보수가 간단하고 점검의 빈도가 낮아 유지적인 측면에서도 적지 않은 장점이 있습니다. | 표 31 | 은 기존의 백열전구, 할로겐램프, 다운라이트, 평판조명, 형광등 대비 LED 조명의 전력률과 에너지 절감률을 비교한 것입니다.

종류	기존 조명	LED 조명	전력율 비교	절감율
백열전구			60W 7W	88%
할로겐램프			50W 5.1W	90%
다운라이트			26W 16W	38%
평판조명			108W 55W	49%
형광등			36W 22W	25%

| 표 31 | LED 조명의 에너지 절감률

그렇다면 기존에 형광등을 사용하고 있는 곳에서 LED 조명기구를 사용하려면 어떻게 해야 할까요? LED 조명기구로 교체하는 방법은 크게 등기구 전체를 교체하는 방법, 모듈만 교체하는 방법, 전구만 교체하는 방법이 있습니다. 가장 대표적인 방법은 등기구를 교체하는 방식입니다. 이 방법은 전등 기구 전체를 교체해야 하므로 가장 비용이 많이 들지만, 주변환경과 어울리는 조명기구를 선택할 수 있고, 적절한 조도를 얻을 수 있습니다. 비용을 조금 줄이고 싶다면 LED 모듈을 교체하는 방식이 있습니다. 현재 일반 가정에서도 많이 쓰는 방법인데, 기존의 조명기구는 그대로 사용하면서 기구 내부에 있는 형광등용 안정기와 부속들을 모두 제거하고 LED 모듈과 부속을 설치하는 방법입니다. 사용하던 등기구를 이용하기 때문에 외형의 변화는 없고 비용이 절약되지만, 부속 제거와 설치의 과정을 거치므로 공사 시간이 오래 걸리는 단점이 있습니다. 마지막으로 램프 교체 방식이 있습니다. 램프 교체 방식은 기존의 등기구와 안정기 등의 내부 부속을 그대로 사용하면서 형광등용 안정기와 호환이 되는 LED 램프만으로 조명 광원만 교체하는 방식입니다. 앞서 소개한 두 방식보다 가장 간단한 공사 방식이지만 전원을 공급하는 장치는 그대로 두고 광원만 교체하기 때문에 실제 효율은 조금 감소하며 가격이 다소 비싸 유지보수의 어려움이 있습니다.

교체 방식	등기구 전체 교체	LED 모듈 교체	램프 교체
외형		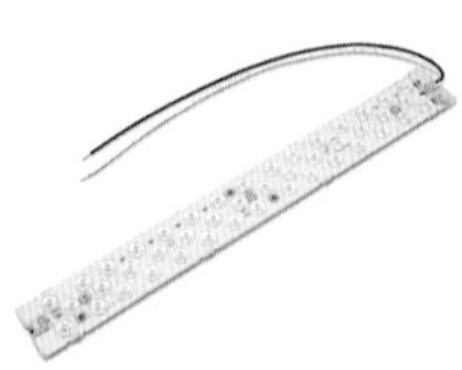	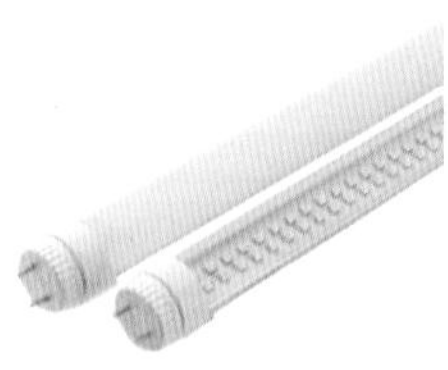
방법	· 기존에 설치된 등기구 전체를 탈착하고 새로운 LED 등기구로 교체하는 방식	· 기존의 등기구에서 기구의 외형은 유지한 채 안정기와 형광등 관련 부속을 제거하고, LED 관련 부속으로 내부 구성 부품을 교체하는 방식	· 광원인 램프만 LED 방식으로 교체하는 방식

장점	· 주변환경과 조화를 이룸. · 모듈 교체보다 작업 용이 · 적절한 조도 얻기 용이	· 등기구 교체에 비해 비용 절약	· 시간과 비용 절약 · 공사 용이
단점	· 비용이 많이 듦. · 램프 교체 방식보다 작업 어려움	· 공사 시간이 오래 걸림. · 기존 등기구와 구조적으로 적합한 LED 관련 부속을 구비하여야 함.	· 효율 감소 · 유지보수가 편리하지 않음.
유의사항	· 기존의 등기구가 LED 제품과 호환 가능한지 확인한다. · 원하는 조도를 얻기 위한 LED의 용량을 정확하게 계산한다. · 발열에 대한 대책을 세운다. · 교체에 필요한 재료와 공사 방법을 충분히 준비한다.		

| 표 32 | LED 조명의 교체 방식과 장단점

LED 조명 교체 실습

작업 1

공구와 재료를 준비합니다.

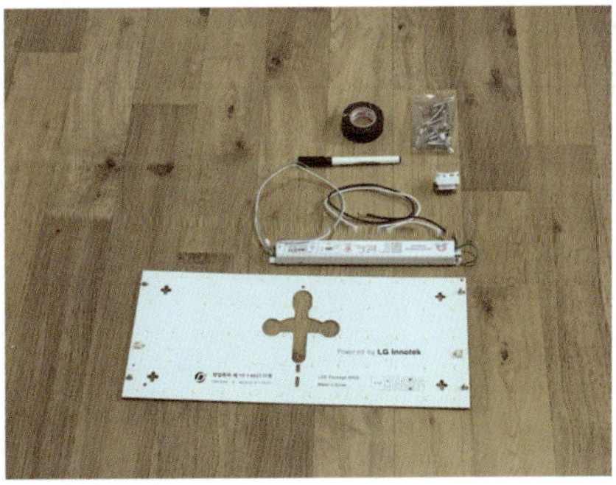

작업 2

보호구를 착용합니다.

작업 3

조명 스위치를 개로(OFF) 합니다.

작업 4

분전반의 조명기구 차단기를 개로(OFF)합니다.

작업 5

조명기구의 커버를 제거합니다.

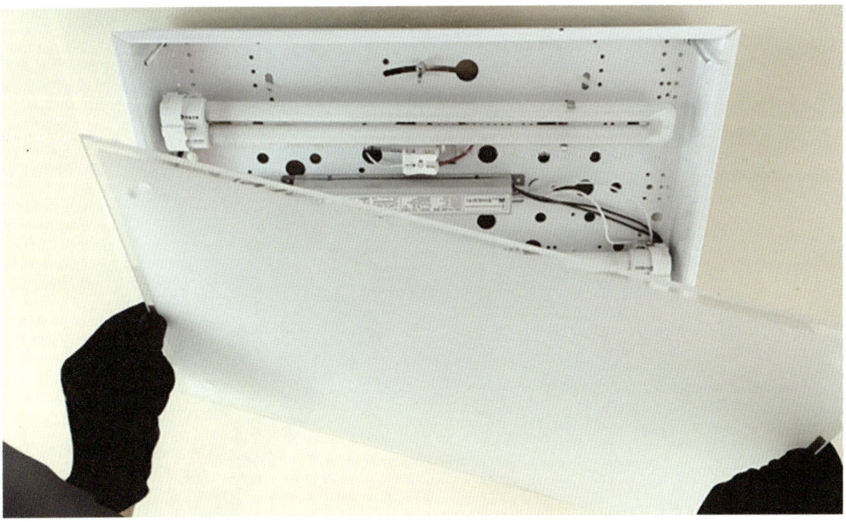

작업 6

형광등 안정기의 전원선을 단자에서 분리합니다.

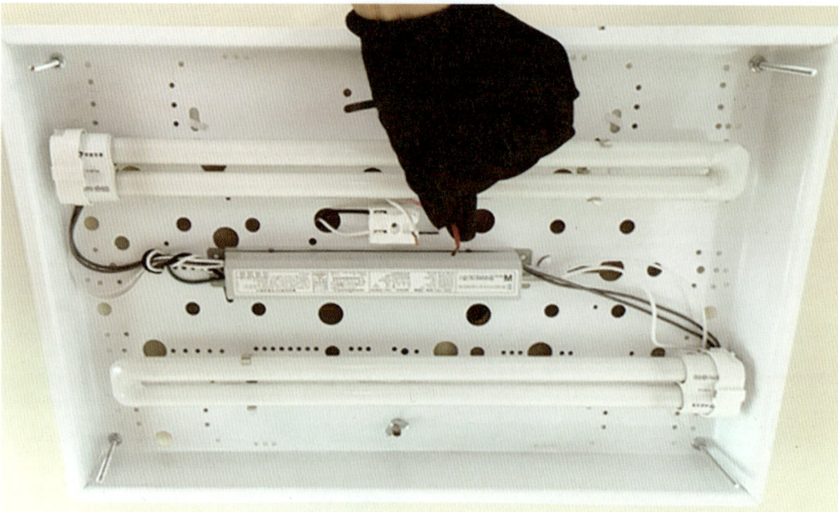

작업 7

형광등을 기구로부터 분리합니다.

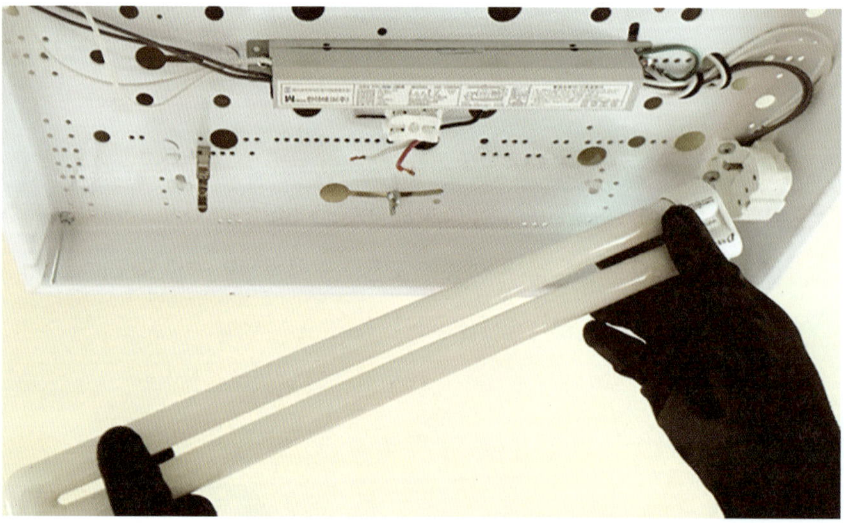

작업 8

등기구 고정볼트를 풀어 등기구를 분리합니다.

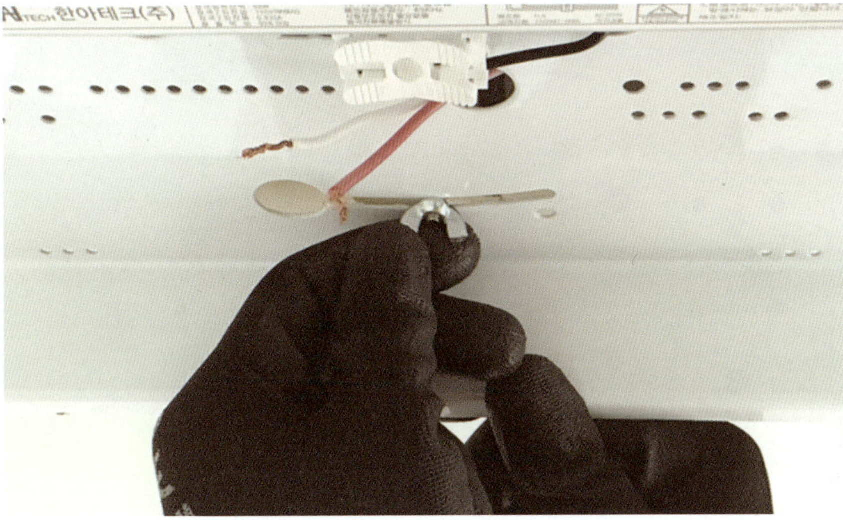

작업 9

형광등 부속품인 소켓을 분리합니다.

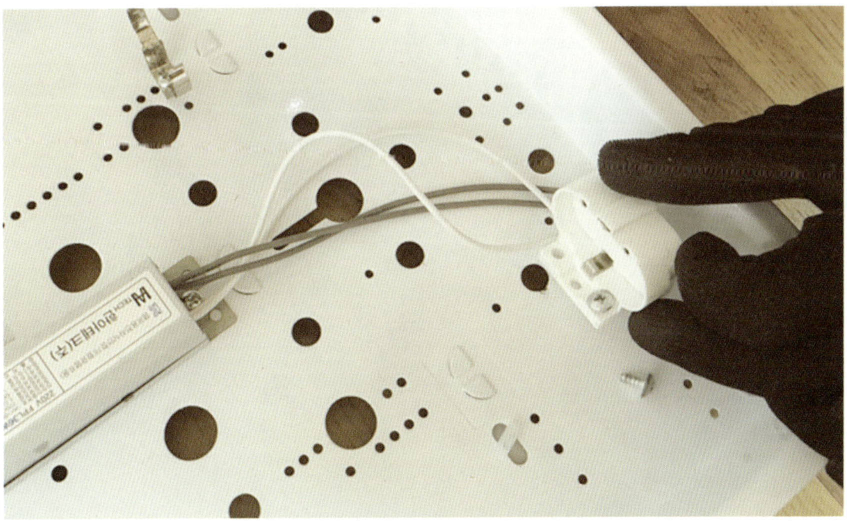

작업 10

형광등 안정기를 분리합니다.

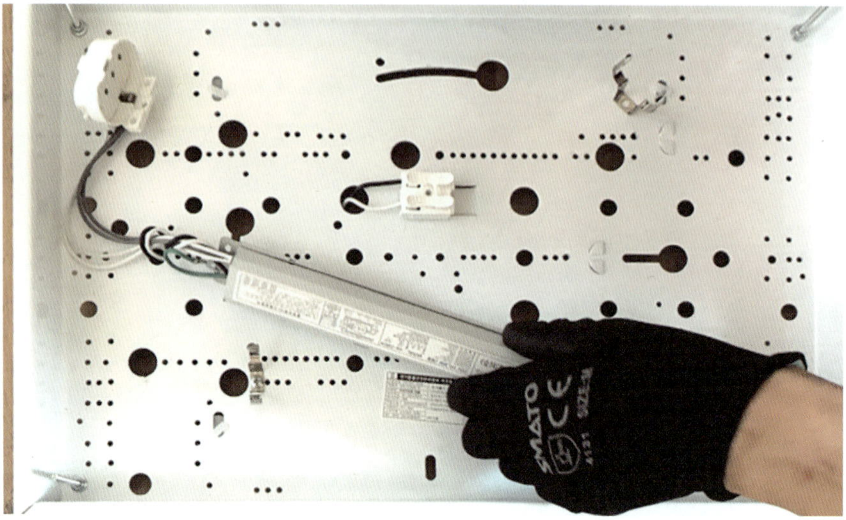

작업 11

이 외의 부속을 분리합니다.

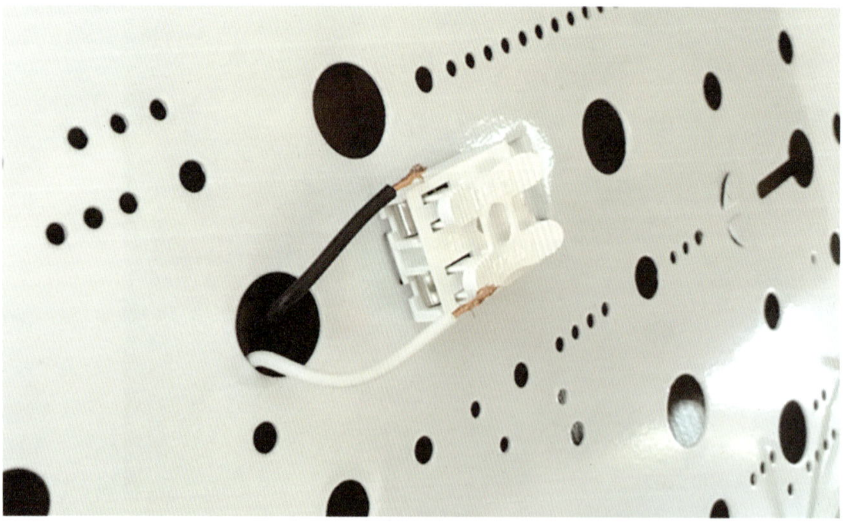

작업 12

LED 모듈과 전원공급장치의 설치 위치를 열적 특성을 감안하여 선정합니다.

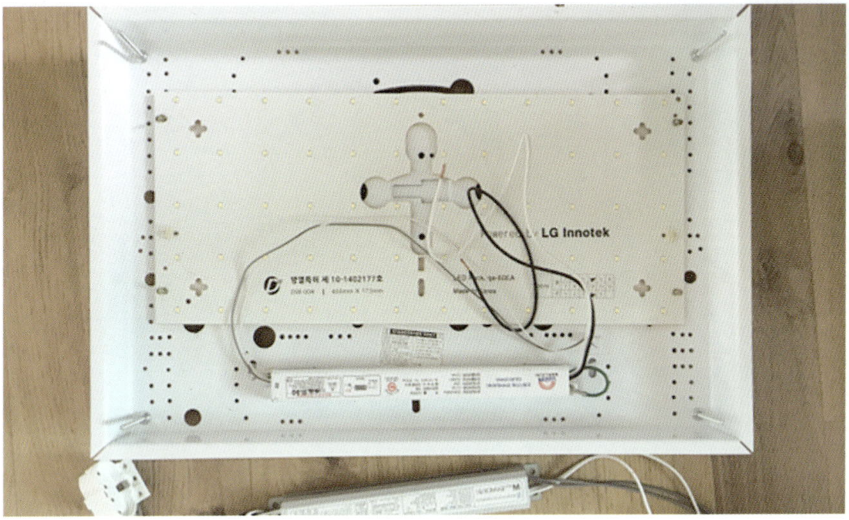

작업 13

기구의 위치를 표시한 후 타공 위치를 표시합니다.

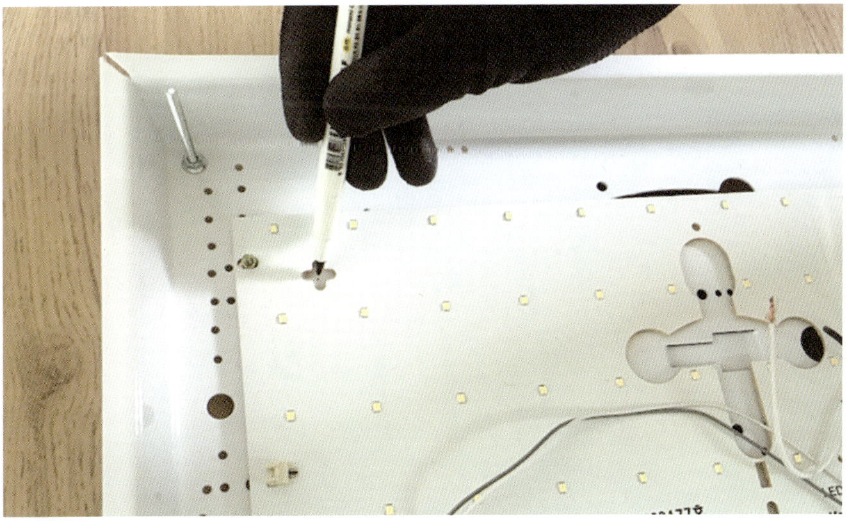

작업 14

드릴을 이용하여 기구를 고정합니다.

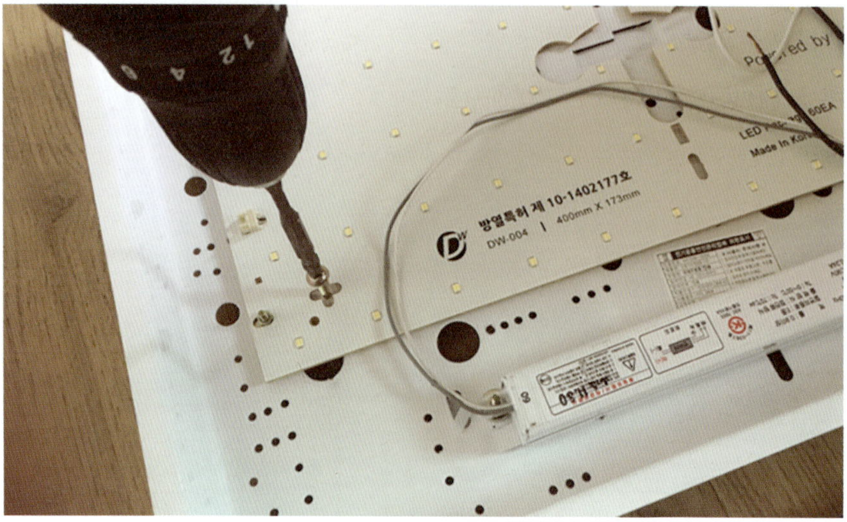

작업 15

LED 전원공급장치 출력 측을 LED 모듈에 접속합니다.

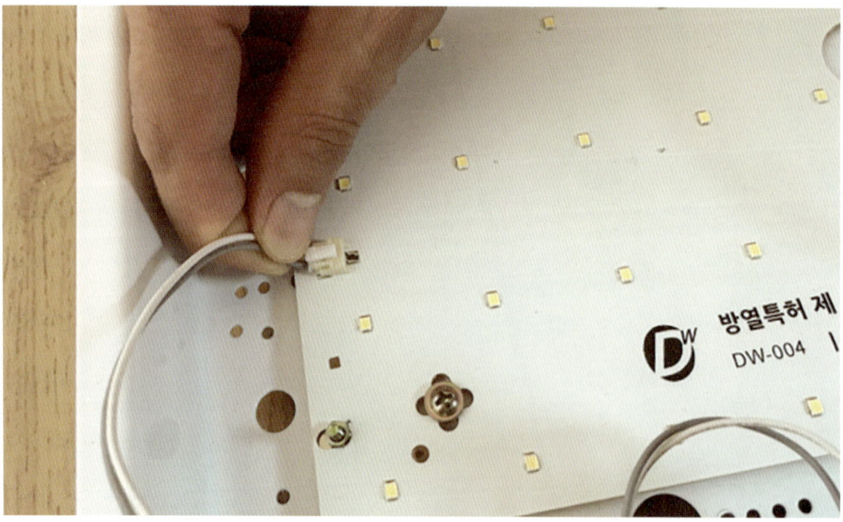

작업 16

LED 전원공급장치 입력 측 단자를 적절한 위치에 고정합니다.

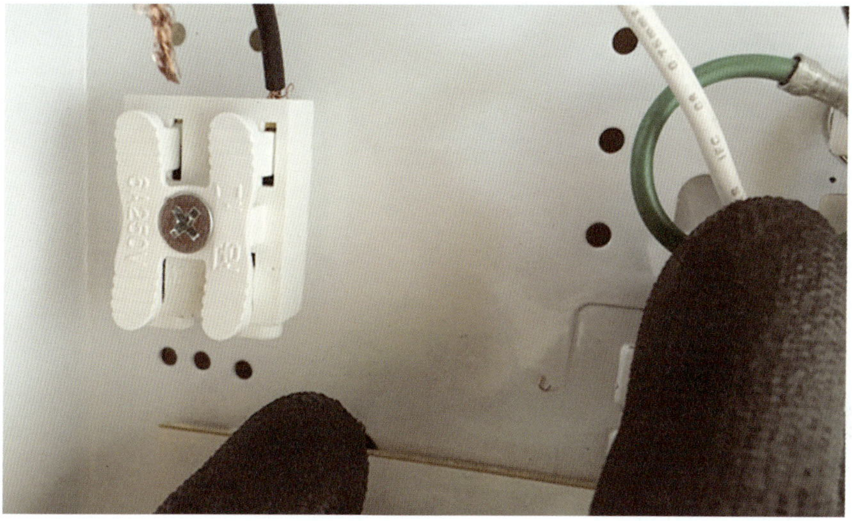

작업 17

케이블 타이를 이용하여 배선을 정리합니다.

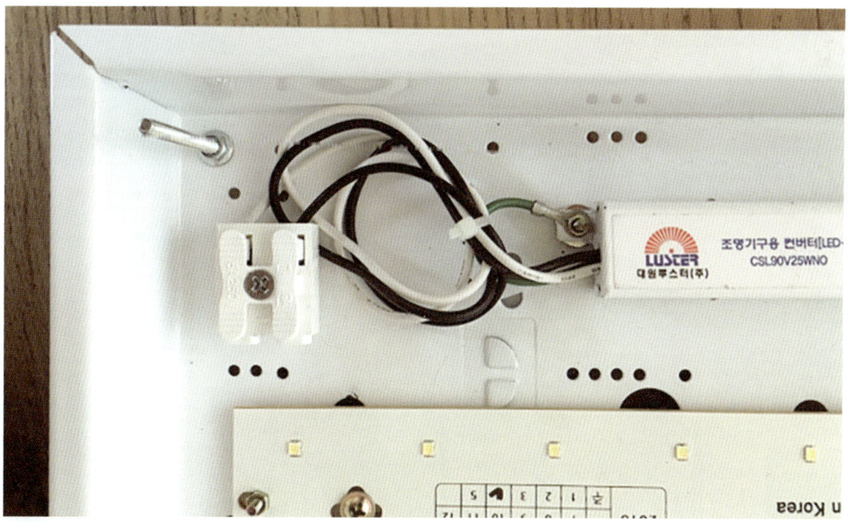

작업 18

조명기구를 지지대에 부착하고 볼트로 고정합니다.

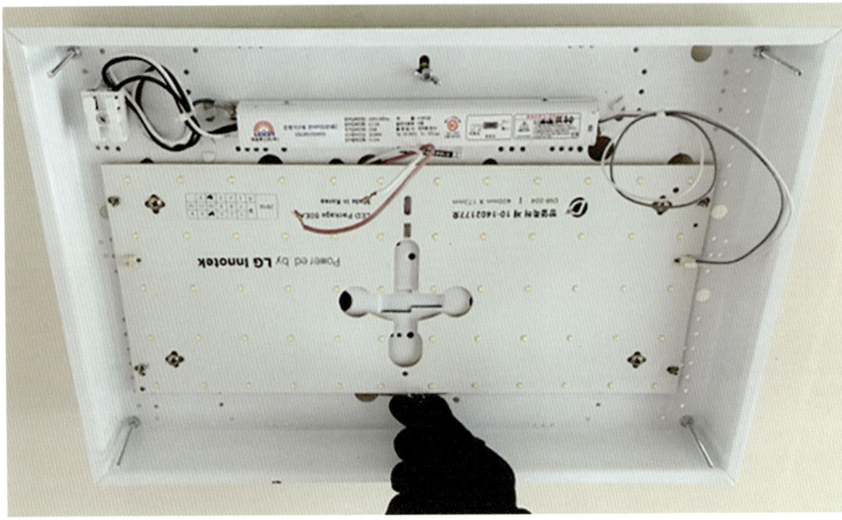

작업 19

전원 배선을 LED 전원공급장치 입력 측에 연결합니다.

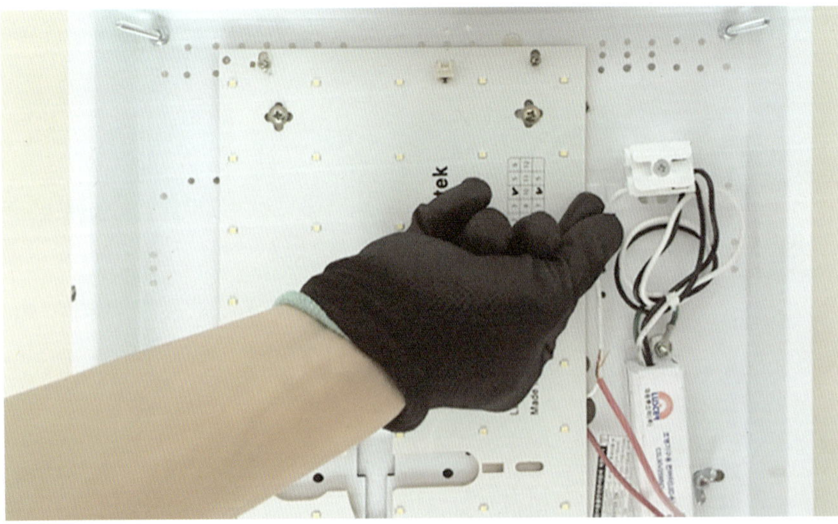

작업 20

커버를 덮고 외관을 확인합니다.

작업 21

점검사항을 확인합니다.

작업 22

교체 전후의 사진 비교

11

콘센트와 플러그

자격증 시험범위	
	전기기능사 전기설비 – 배선재료
	전기기사
	전기기능장 전기설비설계 및 시공 – 한국전기설비시공

최신 기술의 콘센트

발전소에서 만든 전기를 소비하는 건축물까지 가져온 이후는 어떻게 될까요? 전자제품이나 기기와 사용하기 위해서는 전원과 기기를 서로 접속하여야 합니다. 청소기를 사용하기 위해서는 먼저 청소기의 플러그를 집에 있는 콘센트에 꽂음으로써 전기에너지를 청소기에 공급하여야 하죠. 청소기뿐만 아니라 집에서 사용하는 다양한 전기제품들은 모두 이처럼 콘센트를 통해서 전기에너지를 공급받습니다. 그래서 새로 가구나 가전을 배치할 때도 자연스럽게 콘센트의 위치를 생각합니다. 콘센트가 위치한 곳과 가까운 곳에 두어야 할 가전이나 가구가 있기 때문이죠.

늘 일상과 함께해서 전기의 소중함을 모르지만 만약에 가정이나 사무실에 콘센트가 없다면 어떨지 상상해 보셨나요? 콘센트는 전기에너지가 필요한 전자기기나 용품들에 전원을 공급하기 위해 꼭 필요한 장치이니 콘센트가 없거나 위치가 적절하지 않다면 상당한 불편함을 느끼게 됩니다. 그리고 콘센트는 전원이 항시 준비되어 있으므로 안전하게 사용하지 않으면 전기사고를 일으키는 위험한 요소가 되기도 합니다. 그래서 콘센트의 특징을 잘 알아두는 것만 하더라도 안전하게 전기를 사용할 수 있죠.

콘센트는 전기부하에 상용전원을 연결하기 위해서 만들게 되었습니다. 콘센트라는 이름은 사실 우리나라에서만 사용하는 일본식 영어입니다. 정확한 용어는 Wall socket(월 소켓)이나 Elecrical outlet(일렉트릭컬 아울렛)이라고 합니다. 콘센트는 'concentric plug(콘센트릭 플러그)'의 줄임말인데, 이 말을 일본사람들이 줄여 콘센토(コンセント)라고 발음한 것이 우리나라에도 들어와 '콘센트'가 되었습니다. 지금은 국어 표기에서도 콘센트가 명사로 사용되고 있지만, 국제사회에서는 쓰지 않는 말이니 사용하는 데 주의가 필요합니다.

| 그림 146 | 2핀 플러그와 소켓

| 그림 147 | 하비의 '분리형 첨부 플러그'

현대적인 콘센트는 1925년 독일의 Schuko(슈코) 시스템이 개발되면서부터 시작합니다. 현대적인 콘센트가 갖는 요소인 둥근 핀 2개의 플러그와 이를 연결하는 소켓으로 구성되어 있습니다. 세계적으로 여러 개의 표준이 있으며 콘센트와 플러그의 모양은 국가별로 다르게 사용하고 있습니다. 플러그와 콘센트의 외부구조는 전기도체로부터 사용자를 안전하게 보호하여야 하며 외부환경이나 충격에도 쉽게 손상되지 않아야 합니다. 그리고 내부구조는 전기적 · 기계적으로 안전하여야 합니다.

Schuko(슈코)
Schuko(슈코)는 AC 전원 플러그 및 소켓 시스템을 지칭하는 등록상표이다.

콘센트와 플러그의 역사를 살펴보면 그렇게 오래되지 않았습니다. 콘센트는 1883년 최초의 플러그와 소켓이 도입된 이래 1885년 2핀 디자인의 발생으로 현대적인 개념에 가까워집니다. 1903년에는 미국에서 하비의 '분리형 첨부 플러그'로 2핀 플러그와 어댑터의 특허출원이 이루어졌습니다. 전원을 공급하는 곳에 꽂아서 사용하는 방식의 플러그가 아니라 돌려서 끼우는 방식의 전구와 같은 플러그의 모양을 갖춘 것이죠. 이후 1925년 독일 Schuko 시스템 플러그 방식이 개발되고 1928년에는 접지소켓의 발명으로 전기적 안전성이 높아지게 됩니다.

콘센트와 플러그의 구조를 조금 더 자세하게 살펴볼까요? 외형을 보면 콘센트는 전원을 공급하는 쪽이므로 안전을 위하여 전극이 외부로 노출되지 않는 구조입니다. 하지만 안전을 위한 접지 전극은 외부로 노출되어 있죠. 예전에는 젓가락과 같은 도전성 물질을 콘센트에 꽂아서 감전되는 사고가 종종 있었다고 합니다. 그래서 현재의 콘센트들은 사용하지 않을 때는 구멍이 막혀 있다가 플러그를 꽂아 구멍 2개에 동시에 힘이 들어가야 도체와 만날 수 있는 구조로 되어있습니다. 플러그는 전원을 받는 쪽이므로 전원 전극이 외부로 노출되어 있으며 접지 전극은 안쪽으로 약간 숨겨져 있는 모습을 하고 있습니다. 콘센트는 고정되어 있는 반면, 플러그는 자주 움직이며 사용하기 때문에 플러그의 외형은 크게 모나거나 걸리적거리는 부분이 없도록 제작됩니다.

	콘센트(Socket-Outlet)	플러그(plug)
모양		
구조	· 일반적으로 꽂음 구조로 설계 · 전원 전극이 노출방지 · 접지 전극이 노출	· 커넥터 소켓과 연결하여 전기회로 구성 · 전원 전극이 노출 · 접지 전극이 노출방지
관련규정	플러그의 핀에 꽂도록 설계된 칼받이를 갖고 또 케이블 접속용 단자를 갖고 있는 기구류 (KS C IEC 60884-1:2010)	유연성 전선의 전기적인 접속과 기계적 유지를 위해서 콘센트의 칼받이에 꽂도록 설계된 핀을 갖고 있는 접속 기구류 (KS C IEC 60884-1:2010)

| 표 33 | 콘센트와 플러그의 특징 비교

잠깐 만요

플러그와 콘센트의 연결 구조와 특징

① 플러그의 전극이 외부로 노출되지 않도록 충분한 깊이의 구조를 가짐.
② 플러그가 연결되었을 때 부하 측과 전원 측 간의 접지극이 연결되도록 함.
③ 비 전도성의 노치로 막힌 상태에서 두 연결핀이 동시에 접촉될 때 삽입됨.
④ 플러그에 중량이 가해질 때 구조가 변형되지 않도록 함.

콘센트의 계통 연결도는 |그림 148|과 같습니다. 일반 가정으로 들어온 2개의 전원선과 함께 접지선은 콘센트의 접지극으로 연결됩니다. 그리고 기계에서 누전사고가 발생하면 이상 전류는 콘센트의 접지극을 통해서 주상변압기의 접지선과 회로를 연결하여 감전을 보호하게 되죠.

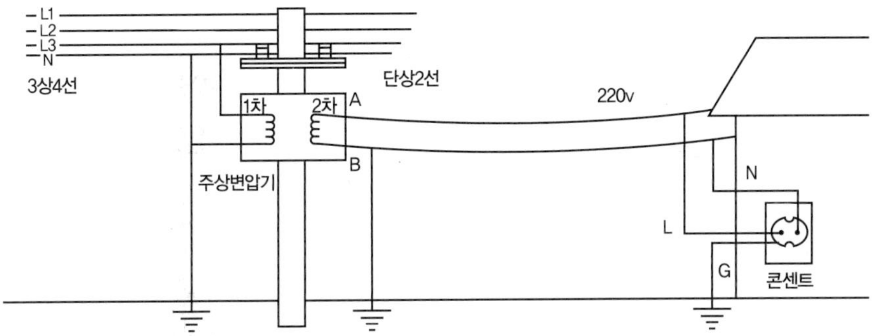

| 그림 148 | 콘센트 접지의 계통도

|표 33|은 다양한 콘센트의 종류를 보여줍니다. 콘센트는 사용 장소와 목적에 따라 다양한 형태가 있습니다. 가정에서는 주로 벽에 들어가 있는 매립형 콘센트를 사용합니다. 매립형은 외관이 깔끔하고 물리적인 충격에 영향을 덜 받아 가장 권장되지만, 매립공사를 하기 어렵거나 건축물의 시공 이후에 추가로 장착한다면 노출형 콘센트를 사용할 수도 있습니다. 그리고 고정되어 있는 콘센트와 전기제품이 거리가 떨어져 있을 때는 이동형 콘센트로 길이를 연장할 수도 있습니다. 이동형 콘센트는 주로 임시로 사용할 때 이용하므로 만일 지속해서 전기기구에 전원을 공급해야 한다면 노출형 콘센트를 시공하는 것이 바람직합니다. 회의실이나 책상에서 노트북이나 빔프로젝터를 이용하거나 휴대전화 등을 충전하기 위해서 전원을 공급하는 탁상형도 있습니다. 탁상형은 먼지나 이물질이 들어갈

우려가 있고 미관을 고려하여 평소에 사용하지 않을 때는 위치를 숨길 수 있는 기능이 갖춰진 제품이 많이 있습니다. 매립형 콘센트는 벽에만 고정하지 않고 바닥에 고정하는 때도 있습니다. 면적이 큰 사무실은 곳곳에 골고루 전기를 분배하는 것이 벽에 매립된 콘센트만으로는 한계가 있으므로 미리 바닥에 전원설비를 시공하여 바닥에서도 전원을 연결하여 쓸 수 있도록 합니다. 바닥 매립형 콘센트는 전원설비뿐만 아니라 인터넷이나 전화설비도 함께 바닥에 덕트를 설치하여 콘센트와 연결하기 때문에 큰 면적의 공간에서도 전원을 공급받을 수 있습니다. 앞서 소개한 제품들과 함께 기능성을 보강한 방우형 콘센트도 있습니다. 방우형 콘센트는 사방에서 튀어 오르는 물에 대한 보호 기능은 없지만, 덮개가 있어 위에서 떨어지는 물로부터 전기적인 접촉 부분을 보호하게 되어있습니다. 주로 욕실이나 화장실과 같이 물을 사용하는 곳에서 사용하고 있습니다.

구분	형태	설명
매립형	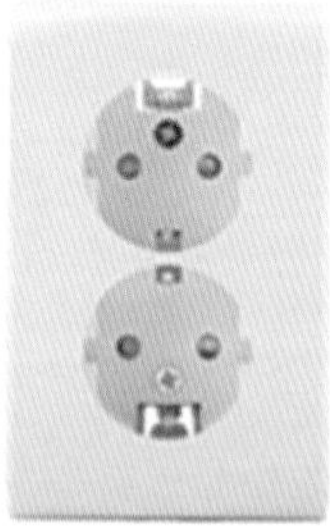	기구의 몸체가 은폐된 형태로서 벽에 매립하여 사용함.
노출형		기구의 몸체가 노출된 형태로서 벽, 천장 등에 고정하여 사용함.

이동형	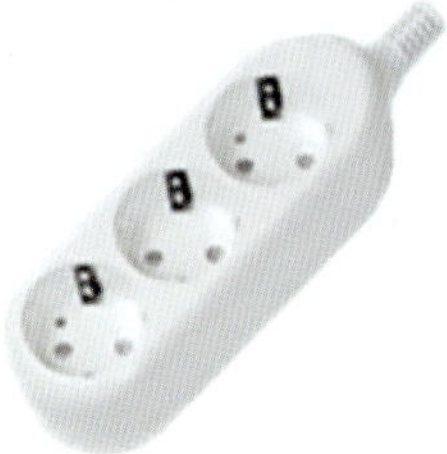	기구가 고정되지 아니하여 자연스럽게 이동하여 사용할 수 있음.
탁상형		테이블 등에 고정되어있어 미관상 깔끔하게 사용할 수 있음.
바닥 매립형		바닥에 덕트 등의 공사를 미리 한 후 전원을 인출할 수 있음.
방우형	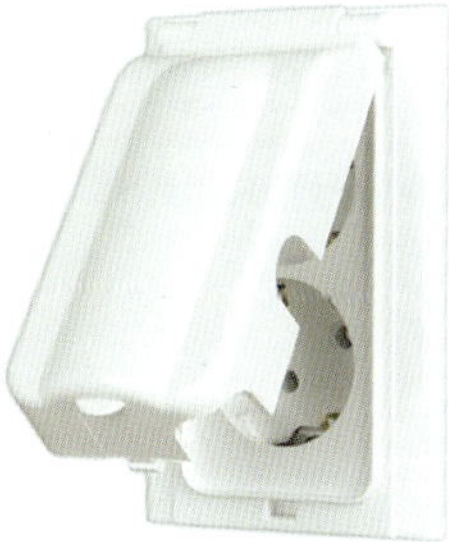	덮개가 있어 물이 튈 우려가 있는 화장실이나 욕실에서 사용함.

| 표 34 | 콘센트의 종류

12

우리집 현관에 있는 분전함

배선차단기
제대로 알기

일반 집의 현관에는 차단기가 모여 있는 작은 박스가 있습니다. 이 박스는 전기요금을 산정하는 전력량계에서 나온 전선이 우리 집에 들어오는 정식 관문 역할을 합니다. 차단기가 모여 있는 박스를 분전함이라고 합니다. 주로 현관에 있는데 어떤 곳은 보기가 싫다는 이유로 신발장 안의 깊숙한 곳이나 액자로 가려놓은 곳도 있죠. 사실, 그렇게 숨겨놓는 것이 미관상으로는 좋을지 모르겠지만 전기안전적인 측면에서 보았을 때는 아주 위험한 일이기도 합니다.

분전함은 집의 곳곳으로 가는 전기회로가 분배되는 출발점과도 같은 곳입니다. 그래서 안방이나 거실에서 어떤 문제가 발생해서 차단기가 내려간다면 바로 분전함으로 달려와서 분전함의 차단기를 먼저 살펴보아야 하죠. 그리고 누전이 생겨서 차단기가 동작했을 때도 분전함의 차단기 동작 상태를 살펴봐야 하므로 차단기는 점검이 쉽고, 이상이 생겼을 때 교체가 쉬운 곳에 위치하는 것이 안전한 것이랍니다.

분전함이 지나치게 숨겨져 있으면 분전함에서 먼지나 이물질이 쌓여서 전기적 화재가 발생하는 발화점이 될 수 있으므로 안전을 위해서도 꼭 평소 관심을 두고 살펴보기 편한 곳에 두어야 합니다. 그런데 아파트와 주택에서는 건설사에서 이미 정한 곳에 분전함이 시공되어 있어, 분전함의 안전을 위해서 우리가 할 수 있는 일은 제한되어 있습니다. 어쩔 수 없이 현재 분전함이 신발장과 같은 곳에 있다면 분전함 앞에는 신발이나 물건을 적재하지 않고 조작이나 점검이 편리하도록 공간을 확보하여야 합니다. 그리고 분전함을 주기적으로 열어보고 혹시 먼지가 쌓이지는 않았는지, 화재의 염려가 없는지, 전선이 손상된 곳은 없는지, 차단기의 상태가 나쁘지 않은지 확인할 필요도 있습니다.

| 그림 149 | 가정용 분전함의 모습

분전함을 혹시 두꺼비 집이라고 불렀던 것을 알고 있나요? 아직도 분전함이나 차단기를 두꺼비집이라고 부르는 경우를 종종 볼 수 있습니다. 왜 이런 이름으로 부르게 된 것일까요? 이 말의 유래는 정확하지 않지만, 차단기의 모습과

관계가 있습니다. 전기가 우리나라 가정에 초기에 보급될 때 사용하던 차단기는 현재의 차단기와 모습이 매우 다릅니다. 초기의 차단기는 커버 나이프 스위치(Covered knife switch)라고 하여 스위치의 핸들을 손으로 올리고 내리면 칼날과 받침대가 연결되고 끊어지는 접촉식 구조로 만들어졌습니다. 칼(Knife)이 덮개(Cover) 안에 있으므로 커버 나이프 스위치라고 부른 것이지요. 이런 커버 나이프 스위치의 생김새가 마치 두꺼비와 같이 볼록한 모양을 하고 있어서 이 스위치나 이 스위치의 집합체인 분전함을 두꺼비집이라고 부르게 된 것입니다.

커버 나이프 스위치는 회로를 여닫는 스위치의 역할과 함께 과전류가 흐르게 되면 안에 설치된 퓨즈가 녹아 내려서 과전류로부터 회로를 보호합니다. 그래서 과전류로 퓨즈가 끊어지면 커버 나이프 스위치를 먼저 열고 커버를 열어 녹아버린 퓨즈를 빼내고, 새로운 퓨즈를 갈아 끼워 넣은 후 다시 커버를 닫고 스위치를 닫는 과정을 거치게 됩니다. 비교적 가격이 싼 편이라 초창기 전기 보급에 중요한 역할을 하였으나, 전기 이상이 있을 때마다 퓨즈를 일일이 교체해야 했으므로 이용이 다소 번거로운 것은 피할 수 없었습니다.

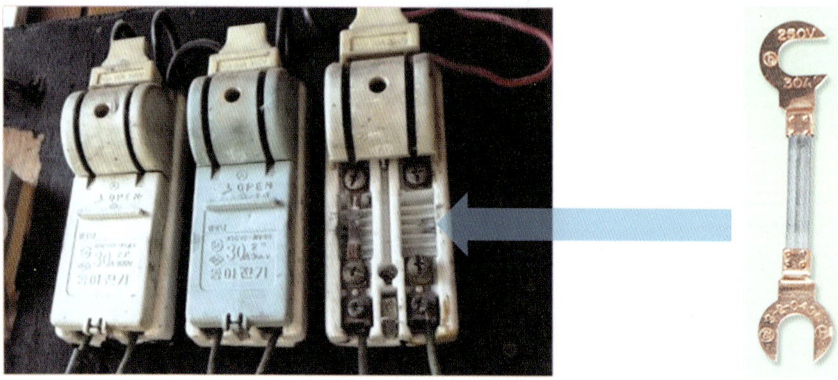

| 그림 150 | 커버 나이프 스위치는 퓨즈를 교체해서 사용한다.

이와 같은 방식의 번거로움을 해소하기 위한 방법으로 배선차단기(MCCB; Molded Case Circuit Breaker)가 등장합니다. 배선차단기는 전류가 흐르면 열이 발생하는 열적 특성에 의해서 레버가 자동으로 동작하는 형태가 일반적입니다. 과전류에 의해서 차단기가 동작하면 원인을 살펴본 후 다시 차단기의 레버를 올리면 전기가 재투입되므로 쉽고 빠르게 원상태를 복구할 수 있습니다. 차단기의 레버는 2단계로 동작하여 수동으로 내려가 있을 때는 쉽게 올릴 수 있지만, 자동으로 동작되었을 때는 일단 아래로 한 번 더 내렸다가 다시 올려야 전원이 공급됩니다.

이런 배선차단기의 방식은 퓨즈가 없어도 동작하기 때문에 여분의 퓨즈를 준비할 필요도 없고, 무엇보다 안전하게 원래의 상태를 유지할 수 있으며, 수명이 길고 안정적으로 다른 부가 동작이 가능하다는 점에서 커버 나이프 스위치를 완전히 대체하였습니다. 배선차단기와 누전차단기의 외형은 거의 같은 모습을 하고 있으나 누전차단기는 테스트 버튼이 외부에 있다는 부분이 약간 다릅니다.

| 그림 151 | 배선차단기와 누전차단기

방식	동작 원리
열동 전자식	온도 변화에 따라 변형되는 바이메탈을 이용, 과전류 상태일 때 구부러져 동작
완전 전자식	ODP(Oil Dash Pot)를 이용, 용기 내부에 오일을 넣은 과전류 검출 장치, 오일의 점도 변화를 이용하여 차단 시간 변경
전자식 방식	전류 검출용 CT를 장착하여 고전류 여부 검출, 정격전류, 동작 시간 등의 조정 편리

| 표 35 | 배선차단기의 동작 방식

차단기는 왜 많이 필요할까?

분전함에는 차단기가 여러 개 들어있으며, 일반 가정의 분전함에는 최소 3개 이상의 차단기가 들어가는데 왜 이렇게 많은 차단기가 필요할까요? 한 개의 차단기로 집에 있는 모든 전기기구를 제어하면 차단기 설치 비용도 절약할 수 있을 것 같은데 말이죠.

가정의 전기 흐름을 회로도로 간략하게 표현하면 | 그림 152 | 와 같습니다. 여러 개의 차단기는 가정에서 공간이나 역할별로 각각의 부하를 맡아서 담당하고 있습니다. 그리고 자신이 담당하고 있는 부하에서 문제가 발생하면 해당 차단기만 동작하여 고장이 있는 회로만 즉시 전기 공급을 중단합니다. 이와 같은 동작 방식을 통하여 정상적인 회로는 지속해서 전기 공급을 유지할 수 있죠. 여러 대의 차단기가 있어 고장 난 회로만 전기 공급을 끊는 방식을 '고장구간축소'라고 부릅니다. 일부분의 구간에서 발생한 이상이 정상적인 회로까지 사고가 확대되는 것을 방지한다는 뜻이죠.

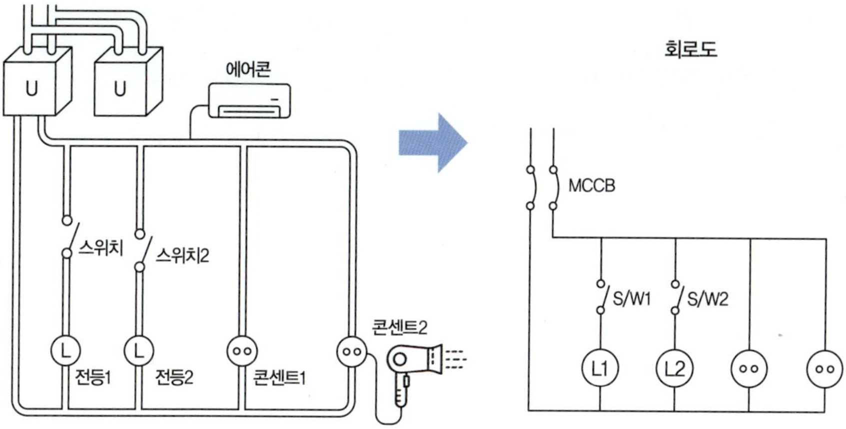

| 그림 152 | 가정의 전기 흐름과 회로도

우리집 전기의 흐름

그렇다면 만일 한 개의 차단기에 모든 부하가 연결되어 있다면 어떻게 될까요? 집의 어느 한 곳의 콘센트에서 전기 이상이 발생했을 때 주 차단기가 동작하여 집안의 모든 전기 공급을 중단하면, 단지 콘센트 한 개의 문제로 집의 모든 전등은 물론 냉장고와 같은 기기까지 모든 전기제품의 작동이 멈추게 되기 때문에 전기 문제를 복구할 때까지 우리는 아주 큰 불편함을 겪게 될 것입니다. 따라서 가정뿐만 아니라 대부분이 전기를 사용하는 곳에서는 부하의 종류나 사용하는 장소에 따라서 그룹으로 묶어 차단기를 설치하여 관리토록 합니다. 꼭 전기적 이상이 아니더라도 전기 수리를 하거나 점검이 필요할 때도 해당 구간만을 차단함으로써 정전 시간을 최소화하여 불편함을 줄일 수 있습니다.

차단기는 꼭 전기적인 이상이 있을 때만 동작하는 것이 아닙니다. 차단기도 다른 전자제품처럼 정상적인 환경에서 동작하더라도 정해진 수명이 있어서 고장이 나는 경우가 있습니다. 종종 차단기가 자꾸 내려가서 차단기와 연결된 회로의 전기적 이상을 아무리 찾아도 발견할 수 없는 경험을 하게 되는데, 이럴 때는 차단기 자체의 고장 여부도 확인해야 합니다. 배선차단기와 누전차단기는 일반적인 환경에서 수명이 약 10~15년이며, 먼지나 열이 많은 열악한 환경에 있다면 수명이 더 줄어듭니다. 따라서 안정적인 동작을 확보하기 위하여 1년에 한 번 정도 정기 점검을 통하여 차단기의 상태를 확인하고, 이상이 있다는 것을 확인하면 교체해 주어야 합니다.

아래 |표 36|은 배선차단기와 누전차단기의 주기적인 점검사항에 관한 내용을 보여주고 있습니다. 차단기의 수명은 주변환경과 차단기의 상태에 따라서 달라지므로 주기적으로 단자 나사가 풀렸는지, 먼지가 쌓였는지, 개폐가 자연스럽게 동작하는지, 절연 성능이 유지되는지를 확인할 필요가 있습니다. 특히 산업현장에서는 차단기의 수명이 다하여 전기적 이상이 발생하지 않았는데도 불구하고 전기 공급이 차단되는 경우가 발생할 수 있습니다. 산업현장에서 전기 공급이 중단되면 연결된 기계나 장비들이 동작하지 않기 때문에 생산공정이나 안전에 큰 손실을 줄 수 있으므로, 전기기술자는 주기적으로 차단기를 점검하거나 보수할 필요가 있습니다.

점검 사항	점검 요령	조치 사항
단자 나사의 풀림	• 단자 나사, 전선 조임 나사 등이 풀리지 않았는지 확인한다. • 표준공구를 사용한다.	• 나사의 재질 및 크기에 따라 규정 토크로 단자를 조인다.
먼지	• 배선차단기의 표면, 특히 전원 측 표면에 먼지 기름 등이 쌓여있나 확인한다.	• 클리너로 먼지를 제거하고 건조하고 깨끗한 천으로 닦는다. • 중성 세제 사용 • 부식성 세제 사용 금지

개폐	• 상시 폐로된 차단기는 수 회 개폐하여 그리스의 경화 등에 따른 마찰 증가를 방지한다. • 접점의 약동 작용에 따른 접촉저항을 안정시킨다.	• 개폐가 유연하지 않은 것은 교체 또는 보수한다.
절연저항	• 500V 절연저항계로 상간 및 대지 간의 절연저항을 측정한다. • 도체는 외측에 측정한다.	• 5MΩ 이하의 것은 원칙적으로 신품과 교환하고 저항이 저하된 원인을 조사한다.

| 표 36 | 배선차단기와 누전차단기의 점검사항

13

전기는 어떤 일을 하는가?

자격증 시험범위	
전기기능사	전기이론 - 전류의 열작용과 화학작용
전기기사	회로이론 - 전기회로의 기초
전기기능장	전기이론 - 정전기와 자기

전류의
3대 작용

어떤 일을 하는 데 필요한 능력을 에너지라고 부릅니다. 우리 인류가 사용하는 에너지에는 형태에 따라서 열에너지, 운동에너지, 위치에너지 등이 있습니다. 그리고 일상생활에서 가장 많이, 가장 유용하게 사용하는 에너지가 바로 전기에너지입니다. 전기에너지는 전기회로를 통해서 에너지가 운반되고 소모됩니다. 발전소에서 전기에너지를 생산하면 그 에너지를 적절하게 수송하여 소비자는 열, 빛, 운동 등의 다양한 에너지의 형태로 소비하게 됩니다. 마치 일을 해서 돈을 버는 것이 발전소라면 그 돈으로 먹을 것이나 옷을 사고, 세금을 내는 것이 전기에너지를 소비하는 것과 비슷하다고 할 수 있습니다.

전기에너지를 이동시켜서 전기장판으로 가져오면 열에너지를 만들 수 있고,

전구로 가져오면 빛에너지, 선풍기처럼 모터로 가져오면 운동에너지를 만들 수 있습니다. 이처럼 전기에너지는 적절한 기계나 기구를 이용하면 다른 에너지로 변환이 편리하고 깔끔하므로 일상생활에 없어서는 안 될 소중한 존재가 되었습니다. 초기의 전기에너지는 전등을 켜거나 모터를 돌리는 정도의 단순한 일을 해냈다면 지금은 기술과 산업이 고도화됨에 따라 컴퓨터나 휴대전화처럼 연산작용이나 통신을 가능하게 합니다. 전기자동차, 인공위성, 반도체 산업도 모두 전기에너지가 있으므로 가능한 과학기술 분야입니다. 그래서 이런 전기에너지의 중요성을 빗대어 '물이 모든 생명체의 근본이자 시작, 불이 인류문명의 시작이라면, 전기는 현대문명의 시작이다.'라는 말도 있습니다.

전기에너지가 하는 일은 크게 세 가지로 분류할 수 있습니다. 이것을 전기에너지의 3대 작용이라고 하는데, 바로 전류의 발열 작용, 전류의 자기 작용, 전류의 화학 작용입니다.

전류의 발열 작용

도체에 전류가 흐르면 전자가 도체를 이루는 원자 이온들과 상호작용을 하며 줄열이라는 열이 발생하게 됩니다. 즉, 전기에너지가 열에너지로 변환되는 것이지요. 이런 원리를 이용하여 니켈과 크롬의 합금인 니크롬선(Nichrome)과 같이 전기저항이 크고 고온에서도 산화되지 않는 금속을 이용하면 높은 열을 낼 수 있는 전열 기구를 만들 수 있습니다. 전기 다리미, 전기 토스터, 전기 난로, 전기 장판 등은 모두 전류의 발열 작용을 이용한 전기제품입니다.

니크롬선
니켈과 크로뮴의 합금으로 만든 선. 전기로와 같은 공업용 고온 발열체, 가정용 전기풍로 따위의 절연선으로 쓴다.

전기회로만 연결이 되면 스위치나 온도 조절기와 같은 단순한 제어를 통해서 편리하게 온도 조절을 할 수 있으므로 가스나 석유를 이용한 것보다 훨씬 편리하고 정확한 온도제어가 가능합니다. 그리고 전기인두기처럼 원하는 부분만 집중하여 온도를 높일 수 있으니 정밀한 제어도 가능합니다.

전류의 자기 작용

전류는 자석처럼 자기장을 만들 수 있는데, 이것을 전류의 자기 작용이라고 부릅니다. 전선과 같은 도체에 전류가 흐르면 그 주위에는 자석과 같은 자기장이 만들어지며, 이때 전선을 더 많이 감게 되면 자기장은 감은 횟수가 많아질수록 더 큰 자기장을 만들게 됩니다. 전자석을 만들기 위해서 수십에서 수백 회의 전선을 감는 이유도 더 큰 자기장을 얻기 위해서이지요. 이렇게 전기가 만드는 자기장인 전자석을 이용하여 전기 모터, 스피커, 변압기뿐만 아니라 TV, 라디오, 휴대전화의 통신도 가능하게 합니다.

자석은 자기장의 크기나 방향을 쉽게 바꿀 수 없는 반면, 전류의 자기 작용을 이용하면 전류가 흐르고 있는 동안에만 자기장을 만듭니다. 그리고 전류의 방향에 따라서 자기장의 방향도 쉽게 바꿀 수 있으므로 전기를 이용한 자석인 전자석이 널리 사용될 수 있습니다.

전류의 화학 작용

전류가 흐름으로써 다양한 화학적 변화가 일어나는 현상을 이용한 것이 전류의 화학작용입니다. 대표적인 것으로 배터리나 전기분해가 있습니다. 배터리는 양극과 음극 사이에서 전류의 화학작용으로 이온을 움직이게 하여 전기를 사용하거나 충전할 수 있습니다. 그리고 화합물에 전압을 걸어 산화–환원 반응을 일으키게 하면 물질의 분해가 이루어지는데 이를 전기분해라고 합니다.

배터리는 화학에너지와 전기에너지의 상호 변환이 가능하여, 이를 이용하여 현대사회에서 휴대전화, 노트북, 전기 자동차 등의 전기제품을 유선 상태가 아니어도 사용할 수 있도록 합니다. 그리고 전기분해는 수소나 산소의 생산, 금도금과 같은 도금산업을 가능하게 합니다.